建筑工程图识读

主　编　宋　瑛
副主编　杨暖波
主　审　蒲　净

中国建筑工业出版社

图书在版编目（CIP）数据

建筑工程图识读/宋瑛主编. —北京：中国建筑工业
出版社，2014.4
ISBN 978-7-112-16423-3

Ⅰ．①建… Ⅱ．①宋… Ⅲ．①建筑制图-识图法
Ⅳ．①TU204

中国版本图书馆 CIP 数据核字（2014）第 028221 号

本书是根据目前建筑业广大从业人员的实际需要编写，主要是满足施工企业一线员工对各类建筑工程图的识图需求。

本书共 6 章。第 1 章建筑综述，简要介绍了相关的建筑知识。第 2 章建筑识图基础知识，主要介绍了与识读建筑工程图有关的建筑制图标准、投影基础知识、建筑形体表达等。第 3 章识读建筑施工图、第 4 章识读结构施工图、第 5 章识读设备施工图、第 6 章识读装饰施工图，则结合建筑制图的基本知识、规则，系统、详细地分析、介绍了建筑施工图的识读步骤和方法。为了及时巩固学习成果，每章后还分别附有各种类型的思考练习题。书后还附录专业词汇中英文对照，以便读者扩展"走向世界"的知识视野。

本书依据最新规范编写，内容系统全面、重点突出、通俗易懂、图文并茂，极具实用性、借鉴性和资料性。

本书可供建筑安装企业和房地产公司员工技术培训使用，可供工程技术、工程管理、工程监理、工程预算、工程开发、工程审计及物业管理人员提高专业能力使用，也可供大专院校建筑专业学生学习、参考。

责任编辑：吉万旺　张　健
责任设计：张　虹
责任校对：陈晶晶　党　蕾

建筑工程图识读
主　编　宋　瑛
副主编　杨暖波
主　审　蒲　净
*
中国建筑工业出版社出版、发行（北京西郊百万庄）
各地新华书店、建筑书店经销
北京红光制版公司制版
北京中科印刷有限公司印刷
*
开本：787×1092 毫米　1/16　印张：16½　字数：409 千字
2016 年 7 月第一版　　2016 年 7 月第一次印刷
定价：**38.00** 元
ISBN 978-7-112-16423-3
（25261）

本书编写人员

宋　瑛　杨暖波　陈大鸿

杨　骥　雷霄凰　李成兵

前　言

　　随着我国经济建设的飞速发展，建筑业已成为当今最具活力的行业之一，不计其数的各类建筑物在祖国大江南北拔地而起，形成独具特色的"中国天际线"。

　　建筑既是建筑物和构筑物的通称，也是工程技术和建筑艺术的综合产物。建筑的形式和空间组合是一个统一体。建筑不仅为了实现它的使用目的，即提供人们生产、生活或其他活动的房屋或场所，同时还包含了某种意境。建筑的外形美和内在美的统一，使我们的生存空间具有丰富的美学内涵。因此，一个优秀的建筑设计不仅能改善人们的生活和周边环境，还能给人以美的享受和情趣。随着经济建设的迅猛发展和人民生活水平的不断攀升，建筑设计和建筑施工作为一门独立且最具实用性的学科越来越被人们重视。

　　建筑识图是建筑施工的基础，也是建筑施工中必须掌握的重要技能。随着我国建筑业的迅猛发展，新技术、新工艺、新材料的不断应用，新标准、新规范的充实修订，施工实践对工程技术人员和从业员工的管理水平和技术能力必然有了更高的专业要求。因此，大批建筑队伍中的新生力量迫切渴望学习和掌握建筑工程的基本理论和基本技能。为了保证建筑设计构思的准确实现，保证建筑工程项目的优质完成，建筑施工人员必须充分重视和掌握各类建筑工程图的正确识读。尤其是刚参加工作的一线施工人员，尽快熟悉和看懂施工图纸显得尤为重要，这是从事建筑业的必备素质。

　　为了帮助建筑施工一线员工及有关人员在较短的时间内快速掌握识读各类建筑工程图的步骤和方法，我们编写了本书，以满足建筑施工一线员工的专业需求。

　　本书第1章为建筑综述；第2章为建筑识图基础知识；第3章至第6章为各种施工图的分析和识读，如表明建筑的形状大小、平面布置、细部构造、建筑材料的建筑施工图；建筑的各种承重构件的结构施工图；建筑的给水排水、供暖、通风、空调、电气、燃气设备及室内外装饰等方面的施工图。在本书的编写过程中，我们努力吸取和反映建筑学科的最新成果，充分考虑施工一线员工的学习特点，力求系统全面、重点突出、图文并茂、通俗易懂。

　　本书第1章、第4章、附录由太原市建筑设计研究院宋瑛编写；第2章、第3章由中铁建设集团有限公司杨暖波、陈大鸿编写；第5章、第6章由太原市第一建筑工程集团有限公司杨骥、雷霄凰、李成兵编写。全书由宋瑛统稿。

　　本书在编写中，参考、引用了一些著作、专论、规范和资料（参考文献附后），在此向各位专家、学者、作者致以衷心感谢。

　　本书承蒙教授级高工、著名建筑学家、太原市建筑设计研究院院长蒲净先生主审，并提出了许多建设性的修改意见，在此致以衷心感谢。

　　对本书的编写、出版给予热情支持和多方帮助的上官安星、巫荣耀、张晨、郝钦桐、冯光太、张嘉熙、王中文、王家立、吴建义、徐用生、梁向宏、单建春、樊永胜、程睿、胡志强、张扬、张耀、李辉、栾钰、赵晋东、何亮、魏岳山、师永国、尹琦、高彩霞、朱剑伟、师睿、贾勇、王培玲、郭丽静、冀东光、史永明、杨福平、张晓辉、郭迎春、李卫宇、孙晓斌、王泽峰、田挚媛、崔凤玲、黄弘勇、曲海燕、牛丽荣、舒娟、张丽华、冯燕、王天明、张志攀、陈剑、葛丽芳等，在此致以特别感谢。

由于编者水平有限，书中的缺点、错误与疏漏，敬请专家、同行和读者批评指正。

编　者

2016 年 5 月

目 录

第1章 建 筑 综 述

1.1 建筑知识链接

1.1.1 建筑及其结构的历史沿革

建筑与人类的生产生活有着极为密切的关系。建筑及其结构有着久远悠长的历史。随着人类社会的不断进步，随着科学技术的不断发展，建筑及其结构将永远保持着旺盛的生命力。

远古的人们为了躲避野兽的侵袭和遮风挡雨，用树枝、茅草、石块等天然材料搭建起极为简陋的建筑物，形成了建筑的雏形。经过大量的考古发掘证明，我国大约在公元前5000年～公元前3000年就已经有了简易的地面建筑，在距今近3000年的西周时代，烧制的瓦已经在建筑中得到应用。到了汉晋时期，烧制的砖已经在建筑中普遍应用。我国的古建筑在材料的应用方面形式较为多样，用木材、石料、砖瓦等建筑材料构建了大量的建筑，有些一直保存至今，成为全人类宝贵的文化遗产，如始建于战国时期的万里长城、建于隋代的河北赵县赵州桥、建于辽代的山西应县木塔（见图1-1）、建于明代的北京故宫等遍布祖国大江南北的许多著名古建筑。这些古建筑不论是在材料使用、结构受力、空间组织、艺术造型和经济性等诸多方面均具极高的成就，充分显示了我国古代劳动人民在建筑工程方面的能力和水平。由于当时的科学和文化发展程度较低，古代建筑更多是依据工匠的经验和体会来建造的，还没有形成完整的理论体系。

图1-1 应县木塔

17世纪英国工业革命，带动了资本主义工业化的发展，建筑的结构理论已开始构建，新型的建筑材料也不断涌现。17世纪金属材料开始用于建筑和桥梁，19世纪水泥的发明和随之而来的混凝土在建筑工程上的应用，更是使建筑结构的发展速度大大加快。由于有了更多的建筑材料可供选用，有了结构理论作为支持，许多经典建筑应运而生，如法国巴黎的埃菲尔铁塔、美国纽约的自由女神像等。

现代建筑不论在材料应用、施工手段、结构形式和结构理论等诸方面均有了长足的进步，预应力混凝土、建筑钢材、建筑塑料、节能材料等在建筑上应用得越来越广泛。框架、网架、悬索、薄壳、筒体、膜等结构形式层出不穷，给建筑的生产提供了极大的发展

图1-2 迪拜塔

空间。建筑结构的高度从砖石结构和木结构的几米、十几米，发展到钢结构的数百米。如马来西亚吉隆坡国营石油公司大厦（钢结构）高度达450m；我国香港中环广场（钢筋混凝土结构）高度达372m；北京国家大剧院采用的空间金属网架穹顶，长轴为220m、短轴为150m、高度为49m，采用玻璃和钛金属板封闭，在其内部设置了总计5468个座席的歌剧场和音乐厅；2010年1月竣工的迪拜塔（后更名为哈利法塔，钢与混凝土混合结构，见图1-2），以其828m的高度成为当今世界最高建筑。但是，高度达1000m的沙特阿拉伯"吉达王国塔"又于2014年4月宣告兴建。据悉：未来十年内，中国将以1300多座高度超过152m（美国标准）的摩天大楼总数位列全球第一。

在设计理论方面，从1955年我国有了第一批建筑结构设计规范，至今已修订了五次。由原来的简单近似计算到以概率理论为基础的极限状态设计方法，从对结构仅进行线性分析发展到非线性分析，从对结构侧重安全发展到全面侧重结构的性能，使设计方法更加完善、更加科学。随着理论的深入研究、计算机的广泛应用和现代检测技术的发展，建筑结构的计算理论和设计方法必将日趋完善，并向着更高级的阶段发展。

1.1.2 建筑的分类及等级划分

1.1.2.1 建筑物的分类

1. 按使用功能分类

（1）民用建筑：指供人们居住和进行公共活动的建筑的总称。可分为1）居住建筑，指供人们生活起居用的建筑，如住宅、公寓、宿舍等；2）公共建筑，指进行各种社会活动的建筑。按性质不同可分为文教建筑、托幼建筑、医疗卫生建筑、观演性建筑、体育建筑、展览建筑、旅馆建筑、商业建筑、电信和广播电视建筑、交通建筑、行政办公建筑、金融建筑、饮食建筑、园林建筑、纪念建筑等。

（2）工业建筑：指为工业生产服务的各类生产车间及为生产服务的各类辅助车间、动力用房、仓储等。

（3）农业建筑：指供农（牧）业生产和加工用的建筑，如种子库、粮食库、大棚、保鲜冷库、温室、畜禽饲养场、农副产品加工厂、农机修理厂（站）等。

（4）军用建筑：供军事用途的飞机库、舰船库、武器库、码头、航站、指挥场所、地下掩体等，其建筑具有适应国防及战争的特殊安全适用性。

2. 按建筑层数或高度分类

（1）住宅建筑按层数分类。1～3层为低层住宅；4～6层为多层住宅；7～9层为中高层住宅；10层及10层以上为高层住宅。

（2）公共建筑及综合性建筑按高度分类。总高度不大于24m的为单层和多层建筑；总高度超过24m的为高层（不包括总高度超过24m的单层主体建筑）建筑。

（3）超高层建筑。建筑物高度超过100m时，不论是住宅建筑还是公共建筑均为超高层建筑。

民用建筑按层数或高度分类是按照《住宅设计规范》GB 50096、《建筑设计防火规范》GB 50016、《高层民用建筑设计防火规范》GB 50045 来划分的。建筑层数和建筑高度计算应符合防火规范的有关规定。建筑高度指建筑物室外地面到其女儿墙顶部或檐口的高度；屋顶上的瞭望塔、冷却塔、水箱间、微波天线间、电梯机房、排风和排烟机房以及楼梯出口小间等不计入建筑高度和层数内，建筑物的地下室、半地下室的顶板面高出室外地面不超过 1.5m 者，不计入层数内。

关于建筑高度的定义，规划、消防、结构等从不同的专业角度有不同的定义，具体见相关标准。

3. 按主要承重结构的材料分类

（1）木结构建筑：指以木材作房屋承重骨架的建筑。此结构是我国古建筑中广泛采用的结构形式。

（2）钢筋混凝土结构建筑：指主要承重构件全部采用钢筋混凝土的建筑。这类建筑广泛用于大中型公共建筑、高层建筑和工业建筑。

（3）钢结构建筑：指以型钢等钢材作为房屋承重骨架的建筑。这类建筑主要在超高层和大跨度等大型公共建筑中采用。

（4）混合结构建筑：指采用两种或两种以上材料作承重结构的建筑。如由砖墙、木楼板构成的砖木结构建筑；由砖墙、钢筋混凝土楼板构成的砖混结构建筑；由钢屋架和混凝土（柱）构成的钢混结构建筑。其中砖混结构以前在大量民用建筑中应用很广泛，但黏土砖在我国已限制其生产及使用。

4. 按结构的承重方式分类

（1）砌体结构建筑：指以叠砌墙体承受楼板及屋顶传来的全部荷载的建筑。这种结构一般用于多层民用建筑。

（2）框架结构建筑：指以钢筋混凝土或钢材制作的梁、板、柱形成的骨架来承担荷载的建筑，墙体只起围护和分隔作用。这种结构可用于多层和高层建筑中。

（3）钢筋混凝土板墙结构建筑：由钢筋混凝土墙体和楼板、屋面板组成的结构来承受荷载的房屋建筑。这种结构多用于高层住宅、旅馆等。

（4）特种结构建筑：这种结构又称空间结构，包括悬索、网架、拱、薄壳等结构形式。这种结构多用于体育馆、大型火车站、航空港等公共建筑。

5. 按建筑规模和数量分类

（1）大量性建筑：指建筑规模不大，但修建数量多，与人们生活密切相关的分布面广的建筑，如住宅、中小学教学楼、医院、中小型影剧院、中小型工厂等。

（2）大型性建筑：指规模大、耗资多的建筑，如大型体育馆、大型剧院、航空港（站）、博览馆、大型工厂等。

1.1.2.2　建筑物的等级划分

为了使建筑充分发挥投资效益，避免造成浪费，适应社会经济发展的需要，我国对各类建筑进行了分级。民用建筑一般按使用年限、耐火性能、重要性和规模大小等方面来划分等级。

1. 按民用建筑的设计使用年限划分

民用建筑的使用年限主要指建筑主体结构设计使用年限，即设计规定的结构或构件不需进行大修即可按其预定目的使用的时期。在我国《民用建筑设计通则》GB 50352—2005 中将设计使用年限划分为四类等级，见表 1-1。

设计使用年限 表 1-1

类　别	设计使用年限（年）	示　　例
1	5	临时性建筑
2	25	易于替换结构构件的建筑
3	50	普通建筑和构筑物
4	100	纪念性建筑和特别重要的建筑

2. 按耐火等级（耐火极限）划分

由组成房屋构件的燃烧性能和耐火极限来划分耐火等级。燃烧性能分为：不燃烧体、难燃烧体和燃烧体三种。

（1）不燃烧体：是指用非燃烧材料制成的构件，这种材料在空气中受到火烧或高温作用时不起火、不燃烧、不碳化。如金属材料、钢筋混凝土、混凝土、砖块、天然或人工无机矿物材料。

（2）难燃烧体：是指用难燃烧材料制成的构件或用可燃烧材料做成而用非燃烧材料作保护层的构件。难燃烧材料在空气中受到火烧或高温作用时难起火、难燃烧、难碳化，当火源移走后燃烧或微燃立即停止。如沥青混凝土、经过防火处理的木材、用有机物填充的混凝土和水泥刨花板等。

（3）燃烧体：是指用燃烧材料做成的构件，这种材料在空气中受到火燃或高温作用时立即起火或微燃，且火源移走后仍继续燃烧或微燃，如木材等。

（4）耐火极限：在标准耐火试验条件下，建筑构件、配件或结构从受到火的作用时起，到失去稳定性、完整性或隔热性时止的这段时间，用小时（h）表示。民用建筑物的耐火等级按《建筑设计防火规范》分为四级，见表 1-2。

建筑物的燃烧性能和耐火极限（h） 表 1-2

构件名称		耐火等级			
		一级	二级	三级	四级
墙	防火墙	不燃烧体 3.00	不燃烧体 3.00	不燃烧体 3.00	不燃烧体 3.00
	承重墙	不燃烧体 3.00	不燃烧体 2.50	不燃烧体 2.00	难燃烧体 0.50
	非承重外墙	不燃烧体 1.00	不燃烧体 1.00	不燃烧体 0.50	燃烧体
	楼梯间的墙 电梯井的墙 住宅单元之间的墙 住宅分户墙	不燃烧体 2.00	不燃烧体 2.00	不燃烧体 1.50	难燃烧体 0.50
	疏散走道两侧的隔墙	不燃烧体 1.00	不燃烧体 1.00	不燃烧体 0.50	难燃烧体 0.25
	房间隔墙	不燃烧体 0.75	不燃烧体 0.50	难燃烧体 0.50	难燃烧体 0.25

续表

构件名称	耐火等级			
	一级	二级	三级	四级
柱	不燃烧体3.00	不燃烧体2.50	不燃烧体2.00	难燃烧体0.50
梁	不燃烧体2.00	不燃烧体1.50	不燃烧体1.00	难燃烧体0.50
楼板	不燃烧体1.50	不燃烧体1.00	不燃烧体0.50	燃烧体
屋顶承重构件	不燃烧体1.50	不燃烧体1.00	燃烧体	燃烧体
疏散楼梯	不燃烧体1.50	不燃烧体1.00	不燃烧体0.50	燃烧体
吊顶（包括吊顶搁栅）	不燃烧体0.25	不燃烧体0.25	难燃烧体0.15	燃烧体

注：1. 除本规范另有规定者外，以木柱承重且以不燃烧材料作为墙体的建筑物，其耐火等级应按四级确定。

2. 二级耐火等级建筑的吊顶采用不燃烧体时，其耐火极限不限。

3. 在二级耐火等级的建筑中，面积不超过100m²的房间隔墙，如执行本表的规定确有困难时，可采用耐火极限不低于0.30h的不燃烧体。

4. 一、二级耐火等级建筑疏散走道两侧的隔墙，按本表规定执行确有困难时，可采用耐火极限不低于0.75h的不燃烧体。

5. 住宅建筑构件的耐火极限和燃烧性能可按现行国家标准《住宅建筑规范》GB 50368的规定执行。

《高层民用建筑设计防火规范》GB 50045—95（2005年版）中规定，高层建筑根据其使用性质、火灾危险性、疏散和扑救难度等分为一、二两类，耐火等级分为两级。一类高层建筑的耐火等级应为一级，二类高层建筑的耐火等级不应低于二级，裙房的耐火等级不应低于二级，高层建筑地下室的耐火等级应为一级。高层建筑构件的燃烧性能和耐火极限不应低于规范中相应的规定。

3. 按民用建筑的重要性和规模大小划分

民用建筑按照其重要性、规模大小和使用要求不同，分成六级：特级、一级、二级、三级、四级和五级，见表1-3。

民用建筑的等级　　表1-3

工程等级	工程主要特征	工程范围举例
特级	1. 列为国家重点项目或以国际性活动为主的特高级大型公共建筑。 2. 有全国性历史意义或技术要求特别复杂的中小型公共建筑。 3. 30层以上建筑。 4. 高大空间有声、光等特殊要求的建筑物	国宾馆、国家大会堂、国际会议中心、国际体育中心、国际贸易中心、国际大型空港、国际综合俱乐部、重要历史纪念建筑、国家级图书馆、博物馆、美术馆、剧院、音乐厅，三级以上人防
一级	1. 高级大型公共建筑。 2. 有地区性历史意义或技术要求复杂的中、小型公共建筑。 3. 16层以上29层以下或超过50m高的公共建筑	高级宾馆、旅游宾馆、高级招待所、别墅、省级展览馆、博物馆、图书馆、科学实验研究楼（包括高等院校）、高级会堂、高级俱乐部。不小于300床位医院、疗养院、医疗技术楼、大型门诊楼，大中型体育馆、室内游泳馆、室内滑冰馆、大城市火车站、航运站、候机楼、摄影棚、邮电通讯楼、综合商业大楼、高级餐厅、四级人防、五级平战结合人防

续表

工程等级	工程主要特征	工程范围举例
二级	1. 中高级、大中型公共建筑。 2. 技术要求较高的中小型建筑。 3. 16 层以上 29 层以下住宅	大专院校教学楼、档案楼、礼堂、电影院，部、省级机关办公楼，300 床位以下医院，疗养院、地、市级图书馆、文化馆、少年宫、俱乐部、排演厅，报告厅，风雨操场，大、中城市汽车客运站，中等城市火车站，邮电局，多层综合商场，风味餐厅，高级小住宅等
三级	1. 中级、中型公共建筑。 2. 7 层以上（包括 7 层）15 层以下有电梯住宅或框架结构的建筑	中学、中等专科学校、教学楼、试验楼、电教楼，社会旅馆、饭馆、招待所、浴室、邮电所、门诊部、百货楼、托儿所、幼儿园、综合服务楼，一、二层商场，多层食堂，小型车站等
四级	1. 一般中小型公共建筑。 2. 7 层以下无电梯住宅，宿舍及砖混结构建筑	一般办公楼，中小学教学楼，单层食堂，单层汽车库、消防车库、消防站、蔬菜商店、粮站、便利店、阅览室、理发室、水冲式公共厕所等
五级	一、二层单功能、一般小跨度结构建筑	

　　民用建筑还因行业不同而有不同的等级划分。如交通建筑中一般按客运站的大小划为一级至四级，体育场馆按举办运动会的性质划为特级至丙级，档案馆按行政级别划分为特级至乙级，有的只按规模大小划为特大型至小型来提出要求，而无等级之分。

　　建筑的分级是根据其重要性和对社会生活影响程度来划分的。通常重要建筑的设计使用年限长，耐火等级也高，这就使建筑构件和设备的标准高，抵抗破坏的能力强，施工难度大，造价也高。

1.1.3　建筑的构成要素

　　建筑的构成要素主要有 3 个方面：建筑的使用功能、建筑的物质技术和建筑形象。

　　1. 建筑的使用功能。建筑的使用功能是指建筑物在物质和精神方面必须满足的使用要求。不同类别的建筑具有不同的使用要求，如交通建筑要求人流线路流畅、观演建筑要求有良好的视听环境、工业建筑必须符合生产工艺流程的要求等；同时建筑必须满足人体尺寸和人体活动所需的空间尺寸及人的生理要求，如良好的朝向、保温、隔热、隔声、防潮、防水、采光和通风条件等。建筑功能是建筑 3 个基本要素当中最重要的一个。

　　2. 建筑的物质技术。建筑材料与制品技术、结构技术、施工技术、设备技术等都是建造房屋的手段，建筑不可能脱离技术而存在。其中材料是物质基础，结构技术是构成建筑空间的骨架，施工技术是实现建筑生产的过程和方法，设备技术是改善建筑环境的条件，优秀的设计构想要靠物质技术成为建筑实物。

3. 建筑的艺术形象。构成建筑的艺术形象的因素有建筑的体型、内外部空间的组合、立面构图、细部与重点装饰处理、材料的质感与色彩、光影变化等。建筑的艺术形象应符合美学的一般规律，反映时代特征、民族特点、地方特色、文化特色等，并融合到周围的环境中去。

建筑的构成三要素是辩证的统一体，是不可分割的，但又有主次之分。第一是建筑的使用功能，起主导作用；第二是建筑的物质技术，是达到目的的手段，技术对功能又有约束和促进作用；第三是建筑的艺术形象，是功能和物质技术的反映，如果充分发挥设计者的主观作用，在一定的功能和物质技术条件下，可以把建筑设计得更加舒展与美观。

1.1.4 建筑的构成系统

建筑物的主要组成部分可以分属于不同的系统，即建筑物的结构支撑系统和围护、分隔系统。有的组成部分兼有 2 种不同系统的功能。

1. 建筑物的结构支撑系统

建筑物的结构支撑系统，是指建筑物的结构受力系统，以保证结构系统的稳定。如使用荷载以及建筑物的自重由屋盖、楼板、地层传至结构柱或墙，再经过基础传给地基。结构支撑系统是建筑物中不可变动的部分，建成后不得随意拆除或削弱。

2. 建筑物的围护、分隔系统

建筑物的围护、分隔系统是指建筑物中起围护和分隔空间作用的系统。如某些不承重的隔墙、门窗等，它们可以用来分隔空间，也可以提供不同空间之间的联系。此外许多属于结构支撑系统的建筑组成部分其所处的部位也需要满足作为围护结构的要求，如楼板和承重外墙等。

3. 与建筑物主体结构有关的其他系统

在建筑物中还有一些设备系统，如电力、照明、电信、给排水、供暖、通风、空调、消防等，同样会占据一定的空间，同时它们所附带的许多管道还需要穿越主体结构或其他构件，并形成相应的需要提供支撑的附加荷载。因此，在设计时必须做到合理协调，留有充分的余地，兼顾这一系统对主体结构的相应要求。

1.1.5 建筑的构造组成

建筑是一种生产过程，这种生产过程所创造的产品是各种建筑物和构筑物。其中用于人们生活、学习、工作、居住以及从事生产和各种文化活动的房屋称为建筑物；那些间接为人们提供服务的设施称为构筑物，如水塔、水池、支架、烟囱等。通常所说的建筑指建筑物。

民用建筑一般是由基础、墙体或柱、楼板（地坪）、楼梯、屋顶和门窗等六大主要部分组成的。它们处在不同的部位，发挥着各自的作用。民用建筑除这六大主要部分外，对不同功能的建筑还有一些特有的构件和配件，如阳台、雨篷、台阶、散水、通风道等（见图 1-3）。

1. 基础

基础是建筑最下部的承重构件，埋置于自然地坪以下，它承受建筑物的全部荷载，并将这些荷载传给地基。因此，基础必须具有足够的强度、刚度和耐久性，并能抵御地下各种有害因素的侵蚀。

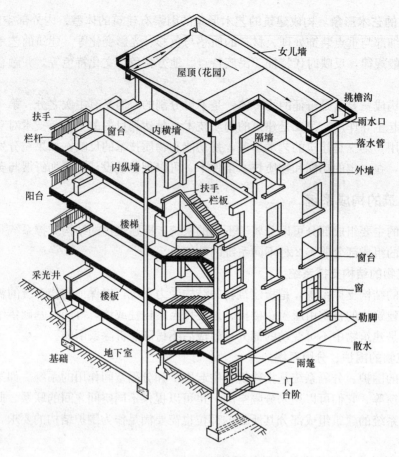

图 1-3　民用建筑的构造组成

2. 墙体或柱

墙体是建筑物的承重构件和围护构件。作为承重构件的墙体，要承担屋顶和楼板层传来的荷载，并把它们传递给基础。外墙还应具备围护功能，抵御自然界各种因素对室内的侵袭；内墙主要起分隔空间及保证舒适环境的作用。因此，要求墙体具有足够的强度、稳定性，以及保温、隔热、防水、防火、耐久等性能。

在框架或排架结构的建筑物中，柱是竖向承重构件，墙只起围护和分隔作用。

3. 楼地层

楼地层是楼板层和地坪层的统称。楼板层是水平方向的承重构件，并按层高将建筑物沿水平方向分为若干层；楼板层承受家具、设备和人体荷载以及自重，并将这些荷载传给墙或柱，同时对墙体起着水平支撑的作用。因此，要求楼板层具有足够的抗弯强度、刚度和隔声、防潮、防水等性能。

地坪是底层房间与下部土层相接的构件，起承受底层房间荷载的作用。要求地坪具有耐磨、防潮、防水和保温的性能。

4. 楼梯（电梯）

楼梯（电梯）是楼房建筑的垂直交通设施，供人们上下楼层和紧急疏散之用。由于它们关系到建筑使用的安全性，故对楼梯（电梯）的坡度、宽度、数量、位置、布局形式、细部构造及防火性能方面都有严格的要求。

5. 屋顶

屋顶是建筑物顶部的围护构件和承重构件。它既要抵抗风、雨、雪霜、冰雹等的侵袭和太阳辐射热的影响，又要承受风雪、施工、检修及屋顶花园、屋顶自重等荷载，并将这些荷载传给墙或柱，故屋顶应具有足够的强度、刚度及防水、保温、隔热等性能。

6. 门与窗

门与窗均是非承重构件，也称为配件。门主要供人们交通出入及搬运家具、设备之用，同时还兼有分隔房间、采光通风和围护室内的作用。窗主要起通风、采光、分隔、眺望等作用，同时也起到围护作用，在建筑的立面形象中也占有重要的地位。处于外墙上的门、窗是围护构件的一部分，要满足热工、防水及节能的要求；某些有特殊要求的房间，门、窗应具有保温、隔声、防火的功能。

1.1.6　建筑构造的制约因素

建筑物在构造和使用中要经受各种自然和人为因素的制约和影响，大致可归纳为以下几个方面：

1. 结构所受作用

结构上所受到的作用包括直接作用和间接作用。直接作用就是施加在结构上的集中力或分布力，也称为荷载。荷载可分为永久荷载（如结构自重、土压力、预应力等）、可变荷载（如楼、屋面活荷载、积灰荷载、吊车荷载、风荷载、雪荷载等）和偶然荷载（如爆炸力、撞击力）三类。间接作用是指使结构产生效应但不直接以力的形式出现的各种因素，如地基变形、混凝土收缩、焊接变形、温度变化或地震等引起的作用。

荷载的大小和作用方式对构造的影响很大，它决定着构件的材料、形状、尺度等，又与构造方式密切相关。间接作用虽不直接以力的形式出现，但也可能导致结构或构件受损，所以也是影响建筑构造的重要因素。

在荷载中，风荷载是对建筑影响较大的荷载之一，高层建筑、空旷及沿海地区的建筑受风荷载的影响尤其明显，设计时必须遵照有关设计规范执行。

地震作用是目前自然界中对建筑物影响最大也是最严重的一种因素。地震发生时所产生的震动以波的形式从震源向四周传播，纵波引起地面垂直方向震动，横波引起地面水平方向震动。横波引起的震动往往超过风力的作用，对建筑物的影响较大。

地震震级是衡量一次地震释放能量大小的尺度，常用里氏震级表示。地震烈度是地表和建筑物受地震影响的强弱程度，一次地震只有一个震级，却有不同的地震烈度区。在建筑抗震设计时，是以地震烈度为依据的。我国目前把地震烈度划分为12度。在我国《建筑抗震设计规范》GB 50011—2010中明确规定，抗震设防烈度为6度及以上地区的建筑，必须进行抗震设计。

建筑的抗震设防标准是衡量建筑抗震设防要求的尺度，由地区的抗震设防烈度及建筑抗震设防类别确定。我国的建筑工程共分四个设防类别：甲类、乙类、丙类、丁类。甲类和乙类一般按高于本地区抗震设防烈度一度的要求加强其抗震措施，丙类和丁类一般按本地区抗震设防烈度确定其抗震措施。我国的建筑抗震设防目标是：当遭受低于本地区抗震设防烈度的多遇地震影响时，一般不受损坏或不需修理可继续使用；当遭受相当于本地区抗震设防烈度的地震影响时，可能损坏，经一般修理或不需修理仍可继续使用；当遭受高于本地区抗震设防烈度预估的罕遇地震影响时，不致倒塌或发生危及生命的严重破坏。即贯彻"小震不坏，大震不倒"的原则。

2. 外界环境

自然环境的影响。不同地区的建筑物在自然界中，会经受日晒、雨淋、风吹、冰冻、地下水等多种因素的影响。构造设计时应采取防潮、防水、保温、隔热、防冻胀、防温度变形等措施，以保证房屋的正常使用。

各种人为环境的影响。对火灾、爆炸、机械振动、化学腐蚀、噪声等人为因素的影响，应在建筑构造上采取相应的防火、防爆、防振、防腐、隔声等构造措施。

3. 技术条件

构造方案的确定除与建筑物使用功能有关外，还与结构类型、材料供应和施工技术条件有密切关系。如砖混结构中的墙体与钢筋混凝土框架结构中的墙体，构造方式就大不相同。随着现代建筑材料技术的日新月异，建筑结构技术的不断发展，建筑施工技术的不断进步，建筑构造技术也不断方式翻新和丰富多样。

4. 经济条件

建筑构造是建筑设计中不可分割的一部分，必须考虑经济效益。在确保工程质量的前提下，既要降低建造过程中的材料、能源和劳动力消耗，以降低造价，又要有利于降低使用过程中的维护和管理费用。同时，在设计过程中要根据房屋的不同等级和质量标准，在材料选择和构造方式上区别对待。对大量性民用建筑，质量标准一般为中等级别，造价也不会太高，宜采用就地取材、因地制宜的构造方案。对于使用功能复杂、质量标准和造价较高的公共建筑，从建筑造型到材料选用，以及饰面装修都比大量性民用建筑有更高的要求，因此在构造上往往采取比较特殊的处理方法。

1.1.7　建筑构造的设计原则

（1）满足使用功能的要求。房屋的使用功能不同，建造地点不同，往往对建筑构造的要求也不同。如民用建筑讲究使用者的舒适性，工业建筑应当满足生产的需要，计算机房要求防静电，影剧院和音乐厅要求具有良好的音响环境；寒冷地区的建筑要解决冬季的保温问题，炎热地区的建筑应当把隔热和通风作为首要满足的条件。

（2）确保结构安全。除根据荷载大小及作用方式，通过结构计算和设计确定构件的基本尺寸外，对阳台栏杆、楼梯栏杆和扶手、顶棚、门窗与墙体的连接、抗震构造等方面，也一定要通过合理的构造措施来保证构、配件在使用时的安全。

（3）适应建筑工业化和建筑施工的需要。在进行建筑构造设计时，在满足功能、艺术形象的前提下，应大力改进传统的建筑方式，从材料、结构、施工等方面引入先进技术，并注意因地制宜。尽量采用标准设计和通用构配件，使构配件生产工厂化，节点构造定型化、通用化，为施工机械化创造条件，以适应工业化的需要。

（4）注重社会、经济和环境效益。各种构造设计，均要注重整体建筑物的经济、社会和环境效益，即综合效益。在经济上注意降低建筑造价，既要降低材料的能源消耗，又要有利于降低日常运行、维修和管理的费用。同时必须保证工程质量，不能单纯追求效益而偷工减料，降低质量标准，应做到合理降低造价。

（5）注意美观大方。建筑物的形象除取决于建筑设计中的体型组合和立面处理外，一些建筑细部的构造设计对整体美观也有很大影响。例如栏杆的形式、室内外的细部装饰，各种转角、线脚、收头等设计，都应相互协调，美观大方。

总之，建筑构造设计的总原则应是坚固适用、先进合理、经济美观。

1.1.8　建筑标准化与建筑模数制

1.1.8.1　建筑标准化的含义

实现建筑工业化，其前提是达到建筑标准化。建筑标准化包括两个方面的含义：其一是建筑设计的标准，包括由国家颁发的建筑法、建筑规范、定额及有关技术经济指标等；其二是建筑的标准设计，包括由国家或地方所编制的标准构、配件图集及整个房屋的标准设计图样等。因此，为了实现建筑的标准化，使不同材料、不同形式和不同构造方法的建筑构配件具有一定的通用性和互换性，从而使不同房屋各组成部分之间的尺寸统一协调。我国颁布了《建筑模数协调标准》GB/T 50002—2013 及住宅建筑、厂房建筑等模数协调标准。

1.1.8.2　建筑模数制

建筑模数是建筑设计中选定的标准尺度单位，作为建筑物、建筑构配件、建筑制品以及建筑设备尺寸间相互协调的基础，包括基本模数和导出模数。

1. 基本模数

基本模数是模数协调中选用的最基本的尺寸单位，符号用 M 表示，我国基本模数 1M＝100mm。各种尺寸应是基本模数的倍数。

2. 导出模数

导出模数是基本模数的倍数，分为扩大模数与分模数。

（1）扩大模数是基本模数的整数倍数。扩大模数又分为水平扩大模数和竖向扩大模数。

1）水平扩大模数的基数为 3M、6M、12M、15M、30M、60M，其相应尺寸为300mm、600mm、1200mm、1500mm、3000mm、6000mm。

2）竖向扩大模数的基数为 3M、6M，其相应尺寸为300mm、600mm。

（2）分模数是基本模数的分数倍数，其基数为 M/10、M/5、M/2，相应的尺寸为10mm、20mm、50mm。

由基本模数、扩大模数、分模数组成一个完整的模数数列的数值系统，称为模数制。模数数列见表1-4。

模　数　数　列　　　　　　　　　　　　　表1-4

基本模数	扩　大　模　数						分　模　数		
1M	3M	6M	12M	15M	30M	60M	1/10M	1/5M	1/2M
100	300	600	1200	1500	3000	6000	10	20	50
100	300						10		
200	600	600					20	20	
300	900						30		
400	1200	1200	1200				40	40	

续表

基本模数	扩 大 模 数						分 模 数		
1M	3M	6M	12M	15M	30M	60M	1/10M	1/5M	1/2M
500	1500			1500			50		50
600	1800	1800					60	60	
700	2100						70		
800	2400	2400	2400				80	80	
900	2700						90		
1000	3000	3000		3000	3000		100	100	100
1100	3300						110		
1200	3600	3600	3600				120	120	
1300	3900						130		
1400	4200	4200					140	140	
1500	4500			4500			150		150
1600	4800	4800	4800				160	160	
1700	5100						170		
1800	5400	5400					180	180	
1900	5700						190		
2000	6000	6000	6000	6000	6000	6000	200	200	200
2100	6300						220		
2200	6600	6600					240		
2300	6900								250
2400	7200	7200	7200				260		
2500	7500			7500			260		
2600		7800					300		300
2700		8400	8400				320		
2800		9000		9000	9000		340		
2900		9600	9600						350
3000				10500			360		
3100			10800				380		
3200			12000	12000	12000	12000		400	400
3300				15000					450
3400					18000	18000			500
3500					21000				550
3600					24000	24000			600
					27000				650
					30000	30000			700
					33000				750
					36000	36000			800
									850
									900
									950
									1000

1.1.8.3 模数数列的应用

在基本模数数列中，水平基本模数数列的幅度为 1～20M，主要用于门窗洞口和构配件截面；竖向基本模数数列的幅度为 1～36M，主要用于房屋的层高、门窗洞口和构件截面。

在扩大模数数列中，水平扩大模数 3M、6M、12M、15M、30M、60M 的数列主要用于建筑物的开间或柱距、进深或跨度、构配件尺寸和门窗洞口等；竖向扩大模数 3M 主要用于房屋的高度、层高和门窗洞口等。

分模数 1/10M、1/5M、1/2M，主要用于缝隙、构造节点、构配件截面等。

1.1.9 建筑节能及技术措施

随着我国城市化进程的快速发展和人民物质生活水平的不断提高，城市规划建设迅速增加，建筑耗能日益突出。全球能量总消耗中有 45% 都是建筑物的能量消耗。我国建筑能耗巨大，目前我国城镇建筑用作消耗的能源为全国商品能源的 25%～28%，发达国家的建筑能耗一般占总能耗的三分之一以上。建筑节能已成为各种节能途径中潜力最大、最为直接、最为有效的方式，它能够有效缓解能源紧张，解决社会经济发展与能源供应不足的问题。

1.1.9.1 建筑节能的重要意义

建筑节能的重要意义表现为：

1. 建筑节能是世界性的大潮流。在这个潮流的引导下，建筑技术蓬勃发展，许多建筑和建筑用产品不断更新换代，建筑业由此产生了一系列变化，主要是：

（1）建筑构造上的变化：房屋围护结构改用高效保温隔热复合结构及多层密封门窗。

（2）供热系统的变化：建筑供热系统采用自动化调节控制设备及计量仪表。

（3）建筑用产品结构的变化：形成众多的生产节能用材料和设备的新工业企业群体，节能产业兴旺发达。

（4）建筑机构的变化：出现了许多诸如从事建筑保温隔热、密封门窗以至于供热计量等专业化的建筑安装和服务性组织。

2. 社会需要推动建筑节能。简而言之，是经济发展的需要，减轻环境污染的需要，改善建筑热环境的需要，是发展建筑业的需要。

3. 在市场经济条件下，住房制度的改革有利于建筑节能。商品住宅使用的能源费用理所当然由住户自己承担，节能势必逐渐成为广大居民的自觉行动。

1.1.9.2 建筑能耗的成因与建筑节能的任务

建筑使用中的能耗以供暖、空调和照明为主。照明能耗的成因是室内自然采光不能满足室内光环境质量要求，启动人工照明消耗电能。照明同时影响到供暖空调耗能。

供暖空调能耗的成因和影响因素是复杂的。为了居住者的舒适与健康，必须在各种室外气象条件下保持室内环境舒适。这将导致室内外热环境出现差异，室内外环境温差使建筑维护结构产生传热，造成室内得热或失热。为了将室温保持在舒适的范围内，需要向室内提供冷热量抵消冷热损失。所需要向建筑提供的冷热量，称为建筑的冷热耗量。冷热耗量取决于以下因素：

（1）室内热环境质量：冬季室温越高，耗热量越大；夏季室温越低，耗冷量越大。

（2）室内外空气温差和太阳辐射：室内外空气温差越大，冷热耗量越大；夏季室外太阳辐射越强建筑耗冷量越多，冬季则相反。

（3）建筑维护结构面积：当室内热源处于次要地位时，建筑围护结构面积越大，建筑冷热耗量越大。当室内热源占主要地位，室外气象条件良好时，建筑围护结构面积越大，建筑耗冷量越小。

（4）建筑围护结构热工性能：建筑围护结构热工性能越好，建筑冷热耗量越小。

（5）室内外空气交换状况：当夏季室外空气熔值高于室内时，冬季室外温度低于室内时，换气量越大，冷热耗量越大。

（6）室内热源状况：室内人体、家具、家电、设备等都是室内热源。夏季室内热源散热量越大，耗冷量越大；冬季室内热源散热量可减少耗热量。

建筑的冷热耗量还不是建筑能耗。冷暖空调系统在向建筑供应冷热量时所消耗的能源才是建筑的供暖空调耗能。以不同的方式向建筑提供相同的冷热量时，所消耗的能源量是不同的。例如提供相同的热量，热效率高的锅炉比热效率低的锅炉消耗的能源少；提供相同的冷量，能耗比高的制冷机耗电量少；当采用自然通风措施向室内提供冷量时，建筑的耗冷量就不形成建筑耗冷。建筑的供暖空调能耗是通过两个阶段形成的：其一，建筑形成冷热耗量；其二，供暖空调系统向建筑提供冷热量时消耗能源。因此，我们应从减少建筑冷热耗量，提高供暖空调系统能效比两方面去实现建筑节能目标。

各国建筑节能的任务与其社会发展水平密切相关。发达国家开展建筑节能时，社会居住条件已经稳定地达到了健康、舒适的水平，建筑节能主要任务是提高建筑使用过程中的能源效率（能效），降低耗能，减排 CO_2。我国开展建筑节能时，北方地区供暖建筑室内热环境质量较好，但能耗很高；非采暖地区建筑能耗甚少，但建筑的可居住性差。我国正处于提高居住水平的社会发展阶段，因此我国建筑节能承担着双重任务：其一，改善建筑环境，提高居住水平；其二，提高建筑的能源利用效率，节能减排。这是可持续发展观在我国建筑节能中的具体表现。在我国，如果不提高人民的居住水平，建筑节能将失去其社会价值，失去广大人民群众的支持；如果不提高建筑使用中的能效，建筑环境难以承受，没有足够的能源来满足人民提高居住水平的要求。

在我国，不同地区建筑节能的具体目标也存在明显差异。由于供暖地区已经形成很高的供暖能耗，主要目标是将供暖能耗降下来，属于亡羊补牢的建筑节能。现在，非供暖地区正发生重大变化，空调供暖能耗从无到有，急剧增长，在相当长的时间内还将持续大幅度增加。若不做好建筑节能，要达到热舒适的居住条件，单位建筑面积能耗将比寒冷地区更高。这些地区的建筑节能具有预防性和前瞻性，主要目标是在提高居住水平的同时，抑制建筑能耗的剧烈增长。

同时，国内大中城市各类建筑物的灯饰亮化工程的能耗也应科学合理地给予解决，或限时段地给予解决。当然建筑物的灯饰亮化不是建筑物本身的问题，仅是建筑物带给城市的奢侈美化，也可另当别论。

1.1.9.3　建筑节能技术及措施

1. 与建筑构造相关的节能技术

目前，与建筑构造相关的节能技术在我国主要表现在墙体保温、门窗节能、屋顶节能、供暖节能等方面。

（1）墙体保温技术

墙体是建筑外围保护结构的主体。我国长期以实心黏土砖为主要墙体材料，这对能源和土地资源都是严重的浪费。现在，不少地区，特别是黏土资源丰富的地区，注重发展多孔砖，按节能要求改进孔型。据悉，西安的24cm空心砖墙可达37cm实心砖墙保温水平，北京的37cm空心砖墙可达49cm实心砖墙保温水平。

根据地方资源条件，不少地区用粉煤灰、煤矸石、浮石与陶粒等生产各种混凝土空心砌块，用保温砂浆砌筑。砌块的材料组成及其孔洞设计对热工性能关系甚大，有的24cm多排孔砌块的热阻可优于62cm厚砖墙。但轻集料混凝土大型墙板及现浇轻集料混凝土外墙，由于保温效果难以满足要求，多为复合墙体所取代。蒸压加气混凝土生产厂在我国分布甚广。充分利用蒸压加气混凝土保温性能较好的条件，按节能要求较过去增加使用厚度5～10cm，用于框架填充墙及低层建筑承重墙。有的工程则在横墙用其他材料或混凝土墙承重的条件下，外墙全用蒸压加气混凝土包覆，效果很好。

在单一材料墙体内侧，加抹一定厚度的保温砂浆，也是一种经济而简便的节能办法。3cm厚的保温砂浆，可达到半砖墙的保温效果。此法对墙体保温水平的提高比较有限。主要作承重用的单一材料墙体，往往难以同时满足较高的保温、隔热要求，因而在节能的前提下，复合墙体越来越成为当代墙体的主流。复合墙体一般用砌块或钢筋混凝土作承重墙，并与绝热材料复合；或者用钢或钢筋混凝土框架结构，用薄壁材料夹以绝热材料作墙体。建筑用绝热材料主要是岩棉、矿渣棉、玻璃棉、泡沫聚苯乙烯、挤塑聚苯板、硬泡聚氨酯、膨胀蛭石以及蒸压加气混凝土等，而复合做法则多种多样。

（2）门窗节能技术

在建筑外围保护结构中，门窗的保温隔热能力较差，门窗缝隙还是冷风渗透的主要渠道，改善门窗的绝热性能，是节能工作的一个重点。

1）控制窗墙比

窗墙比指窗洞面积与窗洞面积加上外墙面积之比值。窗户的传热系数一般大于同朝向外墙的传热系数，因此采暖耗热量随窗墙比的增加而增加。因此，在采光允许的条件下控制窗墙比以及夜间设保温窗帘、窗板对节能十分重要。

2）改善窗户的保温效果

增加窗玻璃层数，在内外层玻璃之间形成密闭的空气层，可大大改善窗户的保温效能。双玻窗传热系数比单玻窗降低将近一半，三玻窗传热系数比双层窗又降低近三分之一。窗上加贴专用节能透明聚酯膜，也很有效。近年来，强度高的钢塑复合窗，绝热性好的塑料窗等日益发展，窗框由于采用钢材存在的冷桥及结露问题正在改善。

中空玻璃、隔热玻璃和反热玻璃等，因价格较高，目前只在高档建筑中应用。随着节能要求的提高和高效节能玻璃生产的发展，像低辐射率玻璃之类的节能玻璃，将逐步在建筑中推广应用。

3）减少冷风渗透

我国多数门窗，特别是钢窗气密性太差，在风压和热压的作用下，冬季室外冷空气通过门窗缝隙进入室内，增加供暖能耗。

除提高门窗制作质量外，加设密封条是提高门窗气密性的重要手段。密封条应弹性良好，镶嵌牢固严密、经久耐用、使用方便、价格适中。可根据不同门窗的具体情况，分别采用不同的门窗密封条，如橡胶条、塑料条或橡塑结合的密封条，其形状可为条状、刷状或片状，固定方法可以粘贴、挤紧或钉结，有的还制成膏状，在接缝处挤压成型后固化。

然而密封过于严实，又与居住卫生有矛盾。为使正常的通风换气问题得到解决，在普遍安设密封条的同时，还应参照发达国家的经验，开发使用简便的微量通风器。

4）加强户门、阳台门的保温

过去采用空腹薄木板户门，现在多填充以聚苯板或岩棉板，并与防盗、防火相结合。阳台下部钢制门心板以往冷天结露淌水，现也贴上绝热材料，上部透明部分采用双层玻璃，保温条件大为改善。

（3）屋顶节能技术

顶层房间冬冷夏热是居民普遍关注的一个问题，在节能建筑中已有所缓解。

1）平顶屋面

应用较多的是蒸压加气混凝土保温。有的将蒸压加气混凝土块架空设置；有的用水泥聚苯板、水泥珍珠岩、浮石砂保温，保温效果更好；有的则在架空混凝土薄板下设袋装膨胀珍珠岩，保温效果更好。高效保温材料已开始应用于屋面，以用聚苯板、上铺防水层的正铺法为多。有的单位研究采用倒铺法，即聚苯板设在防水层以上，使防水层不直接受日光曝晒，以延缓老化，但聚苯板应采用挤出法生产的闭孔型，不与屋面黏结，上用压块固定。目前，在部分城乡推广的屋顶花园（菜园），也是一项较好的屋顶节能技术。

2）坡顶屋面

近年来坡顶屋面发展较快，这种屋面较便于设置保温层，可顺坡顶内铺钉玻璃棉毡或岩棉毡，也可在顶棚上铺设上述绝热材料，还可喷、铺玻璃棉、岩棉、膨胀珍珠岩等松散材料。

（4）供暖系统节能技术

1）平衡供暖

许多住宅小区内同一供暖系统中各住户冬季室温相差悬殊。因此利用计算机对供暖系统进行全面的水力平衡调试，采用以平衡阀及其专用智能仪表为核心的管网水力平衡技术，实现管网流量的合理分配，做到静态调节，使供暖质量大为改善，又节约了能源。

2）热量按户计量及室温控制调节

生活用热计量收费，是适应社会主义市场经济要求的一大改革。为此，要从长期沿用的单管采暖系统改革为双管系统或单管加跨越管系统。新建建筑可按户或联户安设热表，旧有建筑可在各个散热器上安设热量分配计，整幢建筑则安一热表。为控制室温，可在散热器端部安设恒温调节阀，该阀按事先设定的温度进行调控，以达到热舒适和节能的双重效果。此种各家各户的供暖动态调节，还必须与整个供暖系统的自动调节相结合，使整个系统的供暖运行紧随着各个用户用热需求的变化而及时不断变化，这样才能进一步收到成效。

3）管道保温

由于供暖管道保温不良，输送中热能散失过多，许多工程已用岩棉毡取代水泥瓦保温。有些工程已用预制保温管，即内管为钢管，外套聚乙烯或玻璃钢管，中间用硬泡聚氨酯保温，不设管沟，直埋地下，管道热损失小，施工维修方便。

2. 建筑构造应采用新能源

新能源的利用是节约建筑使用能耗非常有效的办法。新能源通常指非常规、可再生能源，包括太阳能、地热能、风能等。新能源技术用于建筑节能通常有以下几个方面：

（1）太阳能制冷

利用太阳能制冷空调有两种方法，一是先实现光—电转换，再以电力推动常规的压缩式冷机制冷；二是进行光—热转换，以热能制冷。前者系统比较简单，但其造价为后者的3～4倍，因此国内外的太阳能空调系统至今均以第二种为主。太阳能制冷的方法有多种，如压缩式制冷、蒸汽喷射式制冷、吸收式制冷等。

压缩式制冷要求集热温度高，除采用真空管集热器或聚焦型集热器外，一般太阳能集热方式不易实现，所以造价较高；蒸汽喷射式制冷不仅要求集热温度高，一般来讲其制冷效率也很低，为0.2～0.3的热利用效率；吸收式制冷系统所需集热温度较低，70～90℃即可，使用平板式集热器也可满足其要求，而且热利用较好，制作容易，制冷效率可达0.6～0.7，所以采用也多，但设备庞大，影响推广。

（2）太阳热水器

太阳热水器是太阳能热利用中具有代表性的一种装置，它的用途广泛，形式多样。人们最常见的一种太阳热水器是架在屋顶的平板热水器，常常是供洗澡用的。其实，在工业生产中以及供暖、干燥、养殖、游泳等许多方面也需要热水，都可利用太阳能。太阳热水器按结构分类有闷晒式、管板式、聚光式、真空管式、热管式等几种。

（3）太阳房

太阳房是利用太阳能采暖和降温的房子。人们的生活能耗中，用于采暖和降温的能源占有相当大的比重。特别对于气候寒冷或炎热的地区，采暖和降温的能耗就更大。太阳房既可采暖，也能降温，最简便的一种太阳房叫被动式太阳房，建造容易，不需要安装特殊的动力设备。比较复杂一点，使用方便舒适的另一种太阳房为主动式太阳房。更为讲究、高级的一种太阳房，则为空调制冷式太阳房。

（4）太阳能热发电

太阳能热发电是太阳能利用中的重要项目。太阳热发电是利用集热器把太阳辐射能转变成热能，然后通过汽轮机、发电机来发电。根据集热的温度不同，太阳热发电可分为高温热发电和低温热发电两大类。按太阳能采集方式划分，太阳能热发电站主要有塔式、槽式和盘式三类。

（5）地热发电

地热发电是地热利用的最重要方式。高温地热流体应首先应用于发电。地热发电和火力发电的原理是一样的，都是利用蒸汽的热能在汽轮机中转变为机械能，然后带动发电机发电。所不同的是，地热发电不像火力发电那样要备有庞大的锅炉，也不需要消耗燃料，它所用的能源就是地热能。地热发电的过程，就是把地下热能首先转变为机械能，然后再把机械能转变为电能的过程。要利用地下热能，首先需要有"载热体"把地下的热能带到地面上来。目前能够被地热电站利用的载热体，主要是地下的天然蒸汽和热水。按照载热体类型、温度、压力和其他特性的不同，可把地热发电的方式划分为蒸汽型地热发电和热水型地热发电两大类。

（6）地热供暖

将地热能直接用于供暖、供热和供热水是仅次于地热发电的地热利用方式。因为这种利用方式简单、经济性好,备受各国重视,特别是位于高寒地区的西方国家,其中冰岛开发利用得最好。该国早在 1928 年就在首都雷克雅未克建成了世界上第一个地热供热系统,现今这一供热系统已发展得非常完善,每小时可从地下抽取 7740t/80℃ 的热水,供全市 11 万居民使用。由于没有高耸的烟囱,冰岛首都已被誉为"世界上最清洁无烟的城市"。此外利用地热给工厂供热,如用作干燥谷物和食品的热源,用作硅藻土生产、木材、造纸、制革、纺织、酿酒、制糖等生产过程的热源也是大有前途的。目前世界上最大的两家地热应用工厂就是冰岛的硅藻土厂和新西兰的纸浆加工厂。我国利用地热供暖和供热水发展也非常迅速,在京津地区已成为地热利用中最普遍的方式。

(7) 风力致热

"风力致热"是将风能转换成热能。目前有三种转换方法:第一种是风力机发电,再将电能通过电阻丝发热,变成热能。虽然电能转换成热能的效率是 100%,但风能转换成电能的效率却很低,因此从能量利用的角度看,这种方法是不可取的。第二种是由风力机将风能转换成空气压缩能,再转换成热能,即由风力机带动一离心压缩机,对空气进行绝热压缩而放出热能。三是将风力机直接转换成热能。显然,第三种方法致热效率最高。风力机直接转换热能也有多种方法。最简单的是搅拌液体致热,即风力机带动搅拌器转动,从而使液体(水或油)变热。"液体挤压致热"是用风力机带动液压泵,使液体加压后再从狭小的阻尼小孔中高速喷出而使工作液体加热。此外还有固体摩擦致热和涡电流致热等方法。

1.1.10 建筑发展新趋势

21 世纪建筑的发展新趋势主要表现在四个方面:

1. 建筑与环境

20 世纪 50~60 年代出现了一系列的环境污染事件,人们开始从"大自然的报复"中觉醒。

联合国环境规划署负责人曾指出:"十大环境祸患威胁人类"。其中:

(1) 土壤遭到破坏。110 个国家中承载数十亿人口的可耕地的肥沃程度在降低。

(2) 能源浪费。除发达国家外,发展中国家能源消费仍在继续增加。1990~2001 年亚洲和太平洋地区的能源消费增加 1 倍,拉丁美洲能源消费增加 30%~77%。

(3) 森林面积减少。在过去数百年中,温带国家和地区失去了大部分的森林,1980~2010 年世界上 1.8 亿 hm² 森林(占全球森林总面积的 15%)消失。

(4) 淡水资源受到威胁。据估计从 21 世纪初开始,世界上将有四分之一的地方长期缺水。

(5) 沿海地带被污染。沿海地区受到了巨大的人口压力,全世界有 60% 以上的人口拥挤在沿海 100km 内的地带,生态失去平衡。

以上主要是与建筑环境直接相关的问题,也是关系建筑业发展方向的重大问题。现代建筑的设计要与环境紧密结合起来,充分利用环境,适应环境,有限地创造环境,使建筑恰如其分地成为环境的一部分。

2. 建筑与城市

生存是人类的本能。人类为了生存不仅要盖房子以栖身，还要聚居在一起谋求生活和生产活动，因此要经营其聚居地，从穴居野处到大小部落、村镇以至城市，而城市化是人类文明的必然之路。人口集中产生"聚集效应"，集中科学文化、生产资料和生产力。未来的科学、技术与文化将为城市所弘扬，但另一方面城市又带来诸多难题和困扰。工业革命后，现代城市化兴起，20世纪中叶，城市问题日益困扰人们的生活，严重到惊呼"我们的城市能否存在？"又有半个世纪过去了，城市问题更为严峻。联合国环境规划署负责人把"混乱的城市化"，即人口爆炸、农用土地退化、贫穷等，也列为威胁人类的十大环境祸患之一，所有这些因素促使不发达地区数以亿计的农民离开农村，聚集于大城市的贫民区里。截至2015年，我国600万人口以上特大城市已有58座，人口超过千万的超级大城市已有13座，城镇化率已达到54.3％，预计到2050年我国的城镇化率将达到70％以上。现在城市消耗世界四分之三的能源，生成世界四分之三的污染。至2012年，全世界人口已达70亿，越来越多的人口向城市或大城市迁聚，大城市中的生存条件将进一步恶化，如拥挤、水污染、卫生条件差、无安全感等。在此背景下，"智慧城市"、"绿色城市"的概念已被人们提出并开始操作。

城市化急剧发展，已经不能就建筑论建筑，迫切需要用城市的观念来从事建筑活动：即强调城市规划和建筑综合，从单个建筑到建筑群的规划建设，到城市与乡村规划的结合、融合，以至区域的协调发展。探索适应新的社会组织方式的城市与乡村的建筑形态，将是21世纪最引人注目的课题。

3. 建筑与科学技术

科学技术进步是推动经济发展和社会进步的积极因素，也是建筑发展的动力、达到建筑实用目的的主要手段，以及创造新的形式的活跃因素。正因为建筑技术上的提高，才使人类祖先由天然的穴居，得以伐木垒土，营建宫室……直到现代建筑。当今以计算机为代表的新兴技术直接、间接地对建筑发展产生影响，人类正在向信息社会、生物遗传、外太空探索等诸多新领域发展，这些科学技术上的变革，都将深刻地影响到人类的生活方式、社会组织结构和思想价值观念，同时也必将带来建筑技术和艺术形式上的深刻变革。

4. 建筑与文化艺术

建筑是人类智慧和力量的表现形式，同时也是人类文化艺术成就的综合表现形式。例如中国传统建筑也存在着与不同历史时期的社会文化相适应的艺术风格。文化是经济和技术进步的真正量度；文化是科学和技术发展的方向；文化是历史的积淀，存留于城市和建筑中，融汇在每个人的生活中。文化对城市的建造、市民的观念和行为起着无形的巨大作用，决定着生活的各个层面，是建筑之魂。21世纪将是文化的世纪，只有文化的发展，才能进一步带动经济的发展和社会的进步。人文精神的复萌应当被看做是当代建筑发展的主要趋势之一。

综上所述，21世纪建筑发展应遵循以下五项原则：

（1）生态观。正视生态的困境，加强生态意识。

（2）经济观。人居环境建设与经济发展良性互动。

（3）科技观。正视科学技术的发展，推动经济发展和社会繁荣。

（4）社会观。关怀最广大的人民群众，重视社会发展的整体利益。

（5）文化观。在上述前提下，进一步推动文化和艺术的发展。

进入 21 世纪，现代科学技术将全人类推向了资讯时代，世界文明正以前所未有的广阔领域和越来越快的速度互相交流与融合，建筑领域也同样进行着日新月异的变革。所以未来的建筑者要放眼世界，从更广阔的知识领域和建筑视野去了解人类文明的发生与发展，以建设好我们的国家和"地球村"。

1.2 工程图简介

1.2.1 建筑工程图的概念及功能

建筑工程图的概念：建筑工程图是应用投影理论、按照国家制图标准的规定，将建筑物的形状和大小完整准确地绘制出来，并注以构成材料及施工技术要求的图样。它能准确地表达出房屋的建筑结构及室内各种设备等设计的内容和技术要求。

建筑工程图的功能：它是审批建筑工程项目的依据；在生产施工中，它是备料和施工的依据；当工程竣工时，要按照工程图的设计要求进行质量检查和验收，并以此评价工程质量优劣；建筑工程图还是编制工程概算、预算和决算及审核工程造价的依据；建筑工程图是具有法律效力的技术文件。

在正常的情况下，工程图纸是经国家批准的设计部门中，由具有国家授予设计资质的人员，遵照国家颁布的设计规范和地质勘探资料，按照主管部门批准的设计任务书的要求进行设计的。设计过程中，经过设计、制图、审核，专业负责人、主管设计人和负责人的签名，复制图纸并加盖设计权章后，便具有工程的权威性。因此，建筑工程图具有强制性和约束性，施工人员必须遵照执行，不准随意修改。违反设计要求所发生的施工事故，建筑施工单位须负责任。建设单位和施工单位一致认为并要求修改工程图纸时，须取得原设计单位的同意才可以修改，出具设计变更文件（涉及构造时，包括图纸）才能有效。当建设单位和施工单位发生施工技术争执时，建筑工程图纸成为技术仲裁或法律裁决的重要依据。由于建筑工程图纸的错误而发生工程事故，则设计单位及其有关设计人员负有设计责任。

1.2.2 建筑工程图的内容及分类

建筑工程图是表达建筑工程中建筑物及构筑物的图样。建筑工程图通常包括：视图、尺寸、图例符号和技术说明等内容。

在建筑工程项目的建造过程中，通常需要绘制工程图样的主要阶段包括勘测、规划、设计、施工和验收等，每个阶段的工程图样均应满足其阶段的绘制和深度要求。例如，勘测阶段应绘制地形及地貌图、地质图；规划阶段应绘制规划方案图；设计阶段应绘制各个设计阶段要求深度的图纸，如初步设计阶段的设计图、扩展设计阶段的设计图等；施工阶段应绘制建筑物及构筑物的施工图；验收阶段应绘制竣工图等。

1. 施工图及竣工图

施工图是指由设计单位的设计人员按照设计要求及相关规范设计并绘制的，用来指导工程施工的图样，是建筑工程最重要的图样之一。施工图通常是在初步设计的基础上，综合建筑、结构、设备等各工种的相互配合、协调和调整，并把满足工程施工的各项具体要求反映在图纸中。房屋建筑工程的施工图主要包含建筑施工图、结构施工图、设备施工图及装饰施工图等。

工程完工后验收时，应根据建筑物建成后的实际情况，绘制成建筑物的竣工图，以说明实际完成的工程情况。竣工图应详细记载建筑物在施工过程中经过修改的有关情况，以便以后查阅资料、交流经验之用。

2. 房屋建筑施工图的分类

（1）建筑施工图

在一套房屋建筑的施工图中，建筑施工图是最基本的，简称"建施"。建筑施工图主要用以表明房屋的规划位置、外部形状、内部布局等内容。通常情况下，建筑施工图包括建筑设计说明、总平面图、建筑平面图、立面图、剖面图、门窗及节点详图等。

（2）结构施工图

在一套房屋建筑的施工图中，除了建筑施工图以外，还需要根据建筑设计的要求，通过计算确定每个结构构件的材料选用、形式、尺寸及其构造，并将结构设计的结果绘制成图样，以指导施工，这类图样即为结构施工图，简称"结施"。结构施工图通常包括：结构设计说明、结构平面图（如基础平面图、楼层结构平面布置图）、构件详图（如梁、板、柱、楼梯）等。

（3）设备施工图

在一套房屋建筑的施工图中，除了建筑施工图和结构施工图以外，还包括房屋相应的配套专业施工图，通常称之为设备施工图。设备施工图主要包括：给排水施工图、暖通施工图、电气施工图等，它是依据房屋建筑的使用要求而设计的用以指导其配套的专业施工图。

（4）装饰施工图

装饰施工图是用来表明建筑物室内、室外装饰的形式和构造的图样。人们为了给生活和工作创造舒适的环境，在建筑主体结构完成后（或使用一段时间后），对房屋进行内、外装饰。装饰构造的共同作用是：保护主体结构，使主体结构在室内、外各种环境因素作用下具有一定的耐久性；满足人们的使用和精神要求，进一步实现建筑的使用和审美功能。

3. 房屋建筑施工图的编排

一套简单的房屋施工图通常有几十张图纸，而一套大型的比较复杂的建筑物的施工图甚至有上百张、数百张。因此，为了便于看图，易于查找，应该将这些图纸按照一定的顺序进行编排。

通常情况下，施工图的编排顺序是：图纸目录、施工图总说明、建筑施工图、结构施工图、设备施工图、装饰施工图等。各专业的施工图，应该按照图纸内容的主次关系系统地进行排列。一般情况下，基本图在前，详图在后；全局图在前，局部图在后；布置图在前，构件图在后；先施工的图在前，后施工的图在后等。例如，在结构施工图中，往往基础平面图编排在前，而基础详图编排在后。

4. 阅读施工图的步骤

一套完整的房屋施工图，图纸较多，识读量较大，识读时需要有一定的步骤。

通常情况下，对于全套图纸来说，先看图纸目录和设计总说明，再按建筑施工图、结构施工图、设备施工图和装饰施工图的顺序阅读。例如：对于建筑施工图来说，应先看平面图、立面图、剖面图（简称平、立、剖），后看详图；对于结构施工图来说，应先看基础图、梁板柱等各构件结构平面图，后看梁板柱各构件的详图及楼梯详图等。然而，这些步骤不是孤立和严格的，在实际工作中各类图纸需要互相联系，并应反复进行对照查看。此外，在识读图样时，还应注意按照先整体后局部、先文字说明后图样、先图形后尺寸的原则依次进行，并注意各类专业图纸之间的内在联系等。

1.2.3 建筑施工图的审核与会审

施工图从设计院完成后，由建设单位送到施工单位。施工单位在取得图纸后就要组织识图和审图。其步骤大致是：第一步，先由各专业施工部门进行识图自审；第二步，在自审的基础上由主持工程负责人组织土建和安装专业进行交流识图情况和进行校核，把能统一的矛盾双方统一，不能由施工自身解决的，汇集起来等待设计交底；第三步，会同建设单位，邀请设计院进行交底会审，把问题在施工图上统一解决，做成会审纪要。设计部门在必要时再补充修改施工图。这样施工单位就可以按着施工图、会审纪要和修改补充图来指导施工生产了。

其三个不同步骤的内容是：

1. 各专业工种的施工图自审

自审人员一般由施工员、预算员、施工测量放线人员、木工和钢筋翻样人员等自行先学习图纸。先是看懂图纸内容，对不理解的地方，有矛盾的地方，以及认为是问题的地方记在学图记录本上，作为工种间交流及在设计交底时提问用。

2. 工种间的学图审图后进行交流

目的是把分散的问题进行集中。在施工单位内自行统一的问题先进行统一矛盾解决问题。留下必须由设计部门解决的问题由主持人集中记录，并根据专业不同、图纸编号的先后不同编成问题汇总。

3. 图纸会审

会审时，先由该工程设计主持人进行设计交底，说明设计意图，应在施工中注意的重要事项。设计交底完毕后，再由施工单位把汇总的问题提出来，请设计部门答复解决。解答问题时可以分专业进行，各专业单项问题解决后，再集中起来解决各专业施工图校对中发现的问题。这些问题必须要建设单位（俗称甲方）、施工单位（俗称乙方）和设计单位（俗称丙方）三方协议取得统一意见，形成决定写成文字称为"图纸会审纪要"的文件。

一般图纸会审的内容包括：

（1）是否无证设计或越级设计，图纸是否经设计单位正式签署。

（2）地质勘探资料是否齐全。

（3）设计图纸与说明是否齐全，有无分期供图的时间表。

（4）设计时采用的抗震裂度是否符合当地规定的要求。

（5）总平面图与施工图的几何尺寸、平面位置、标高是否一致。

（6）防火、消防是否满足规范的要求。

（7）施工图中所列各种标准图册，施工单位是否具备。

（8）材料来源有无保证，能否代换；图中所要求的条件能否满足；新材料、新技术、新工艺的应用有无问题。

（9）地基的处理方法是否合理，建筑与结构构造是否存在不能施工，不便施工的技术问题，或容易导致质量、安全、工期、工程费用增加等方面的问题。

（10）施工安全、环境卫生有无保证。

在"图纸会审纪要"形成之后，识图、审图工作基本告一段落。即使在以后施工中再发现问题也是少量的了，有的也可以根据会审时定的原则，在施工中进行解决。不过识图、审图工作并不等于结束，施工过程中难免还有问题出现，这就需要施工人员的施工技术水平和施工经验等综合能力来解决问题，除重大问题外，一般较小的问题就不必找设计部门了。

1.2.4 建筑工程竣工图的编制

1.2.4.1 编制竣工图的范围

我国对于竣工图编制范围的规定：各项新建、扩建、改建、迁建的基本建设项目都要编制竣工图，特别是建设项目中的基础、地下建筑、管线、结构、井巷、峒室、桥梁、隧道、港口、水坝以及设备安装等工程都要编制竣工图。要求所有上述规定范围内的工程项目要编制竣工图，特别是工程的隐蔽部位要重点做好竣工图的编制工作。

1.2.4.2 编制竣工图的原则、依据

1. 编制竣工图的基本原则

（1）凡在施工中，完全按原设计施工而无任何变动的，则由施工单位在原设计图上加盖"竣工图"标志章，即作为竣工图。

（2）凡在施工中，虽有一般性设计变更，但能将原施工图加以修改补充作为竣工图的，可不重新绘制，由施工单位负责在原施工图（必须是新图）上注明修改的部分，并附以设计变更通知单和施工说明，然后加盖"竣工图"标志章作为竣工图。

（3）凡结构形式改变、工艺改变、平面布置改变、项目改变以及有其他重大改变，或者图面变更比重超过35％的，不宜再在原施工图上修改、补充，应重新绘制改变后的竣工图，特别是基础、结构、管线等隐蔽工程部位的变更应重新绘制竣工图。由于设计原因的，设计单位负责重绘；施工原因的，施工单位负责重绘；其他原因的，建设单位负责重绘或委托别的单位重绘。

（4）施工图被取消，包括设计变更取消或现场未施工的，不需要编制竣工图。但应在原图纸目录中注明"取消"，并将原图作废。

（5）编制竣工图必须编制各专业竣工图的图纸目录，绘制的竣工图必须准确、清楚、完整、规范、修改必须到位，真实反映项目竣工验收时的实际情况。

（6）用于改绘竣工图的图纸必须是新蓝图或绘图仪绘制的白图，不得使用复印的图纸。现在一般都是采用电脑软件绘制的图纸。

2. 编制竣工图的依据

（1）设计施工图。建设单位提供的作为工程施工的全部施工图，包括所附的文字说明，以及有关的通用图集、标准图集或施工图册。

（2）施工图纸会审记录或交底记录。

（3）设计变更通知单，即设计单位提出的变更图纸和变更通知单。

（4）技术联系核定单，即在施工过程中由建设单位和施工单位提出的设计修改，增减项目内容的技术核定文件。

（5）隐蔽工程验收记录，以及材料代换等签证记录。

（6）质量事故报告及处理记录，即施工单位向上级和建设单位反映工程质量事故情况报告，鉴定处理意见、措施和验证书。

（7）建（构）筑物定位测量资料，施工检查测量及竣工测量资料。

1.2.4.3 竣工图编制的基本内容

竣工图应按单位工程，并根据专业、系统进行分类和整理。其主要由以下两方面组成，即总体方面和专业方面。

1. 总体方面

（1）项目总平面布置图、位置图及地形图。

（2）设计图总目录。

（3）设计总说明。

（4）总体工程图。

（5）各单项工程图。

2. 各专业方面

土建工程（含建筑、结构）竣工图，给水排水工程竣工图，暖通工程（包括供暖、通风、空调）竣工图，电力、照明电气和弱电（包括通信、避雷、接地、电视等）工程竣工图，燃气（氧气、乙炔气、蒸汽、压缩空气等）工程竣工图，设备及工艺流程竣工图等。

（1）建筑工程竣工图

图纸目录；设计说明；屋面、楼面、地面（含地下室工程）、分层平面图；立面图；剖面图；门窗图；楼梯间、电梯间、电梯井道的平面和剖面详图；电梯机房平、剖面图；地下部分的防水防潮图，外墙伸缩缝防水图；阳台、雨篷、挑檐及其他建筑大样图；专业性特强的建筑图（如声学、光学、热学、抗震、防辐射等）；总体工程中的道路、铁路、围墙、大小堤岸、码头、闸门、桥梁，各种动力管、路、线、网的沟、坑、井、支架等地上和地下的建筑图；属于建筑工程的金属构件、钢筋混凝土的零星构件图。

（2）结构工程竣工图

图纸目录；设计说明；基础平面、剖面及节点大样图；屋面、楼面、地面（含地下室工程）分层结构平面布置；柱详图，包括模板图、配筋图、剖面图、节点大样图；各层结构布置中的梁、板详图，包括模板图、配筋图、剖面图、节点大样图；工业厂房屋盖结构中的架、梁、板、支撑平面布置及大样图；吊车梁、吊车轨道及与柱节点大样图；楼梯间、电梯间、电梯井道结构平面、剖面节点大样图；电梯机房结构平面、剖面图。

（3）给水排水工程竣工图

图纸目录；设计说明；给水排水设备明细表；各层给水排水平面布置图（包括给水、废水、污水、雨水、透气管）；各种给水排水主管图及透视图；各种给水排水工程实际施工详图；屋顶水箱、屋面给水排水工程图；水泵房、水池、水塔、冷水塔等工程给水排水工程图；总体工程中的给水排水工程图。

（4）暖通工程竣工图

图纸目录；设计说明；暖通设备明细表；各层平面布置图、暖通管道立面透视图、总体工程中的暖通管道系统图。

（5）电力、照明电气和弱电工程竣工图

图纸目录；设计说明；电气设备明细表；变配电、供电、动力、照明、冷暖通风、消防等电管、电线、电缆平面图、系统图；设备、工艺流程、制冷系统电管、电线、电缆走向图；各种高低压柜、变配电箱原理图，二次接线图；弱电系统的通信、避雷、接地、电视、监控等线路图；总体工程中的电力、照明的地上架空线路图及地下线路图。

（6）燃气工程竣工图

图纸目录；设计说明；各层平面布置图、燃气管道立面透视图、总体工程中的燃气管道系统图。

氧气、乙炔气、蒸汽、压缩空气等工程竣工图与燃气工程图类同，此处略。

（7）设备及工艺流程竣工图

图纸目录；设计说明；设备明细表；设备安装竣工图；管道化生产工艺流程竣工图；总体工程中，有关工艺流程系统竣工图。

（8）装饰工程竣工图。此处略。

1.2.4.4 编制竣工图的时间、套数

1. 编制竣工图的时间

根据国家规定编制各种竣工图，必须在施工过程中（不能在竣工后）。国家对编制竣工图的时间之所以做出这样的规定，其主要原因是编制竣工图的工作具有下列几个特点：

（1）工程建设周期一般较长，竣工后再编制竣工图，原始记录不易收集齐全，事后许多问题要靠回忆进行整理，往往因为当事人记不清楚，造成编制的竣工图不准确。

（2）施工中往往会出现管理组织、管理人员的变动和交替现象，特别是施工单位的人员变动，都会对竣工后编制竣工图有直接影响，容易出现责任不清或互相扯皮现象。

（3）由于有些施工单位承包的工程项目较多，而技术力量又不足，一个技术人员要负责几项工程，前面的工程刚接近收尾，新的工程又跟着上，全部精力主要用在工程建设上，造成竣工图编制工作"老账未了，新账又来"的局面。随着时间的推移，竣工的项目越来越多，编制竣工图也就更困难了。

综上所述，把编制竣工图放在竣工后集中完成，工作量太大，时间要求紧，人员也不好安排，赶编出来的竣工图质量也不高，所以国家规定把编制竣工图的工作放在施工中进行，其优点是：

（1）跟随施工进度进行编制，做到细水长流，把繁重的工作量分散，可以克服技术力量不足的困难。

（2）跟随施工进度编制，工程情况看得清、摸得准，观测清楚，编制准确。

（3）工程质量检查人员，能及时核对竣工资料与实物的误差，以保证竣工图的质量。

2. 编制竣工图的套数

国家有关编制竣工图的规定，原则上为：一般不少于两套，一套移交生产使用单位保管，一套移交有关主管部门或技术档案部门长期保存。国家重点建设项目，以及其他重要工程，若两套竣工图不能满足需要，建设单位、施工单位在施工合同中必须明确其编制竣工图的套数。

1.2.4.5　编制竣工图的单位及人员费用

1. 编制竣工图的单位

我国规定：施工单位在施工中做好施工记录、检查记录，整理好变更文件，并及时做好竣工图，保证竣工图质量，对竣工图及竣工文件的验收是工程验收的内容之一。这一规定明确了编制竣工图是施工单位必须履行的职责，以施工单位为主编制竣工图对落实编制竣工图任务和确保竣工图的质量是有利的和十分必要的。编制竣工图是施工单位的重要任务。

（1）按照基本建设程序，每项工程都要经过计划审批，划拨建设用地、征用土地和确定建筑位置，委托设计和审批，组织施工和竣工验收等过程。在施工过程中发生的技术变更，一般都是施工单位及建设单位提出，然后同设计部门协商处理，而设计部门提出技术变更的则很少。因此，除设计变更较大，需要重新绘图的由设计部门负责外，一般的变更则由施工单位完成竣工图的编制任务。

（2）编制竣工图所依据的文件有：图纸会审纪要，隐蔽验收记录，技术变更通知单，建（构）筑物定位测量资料，施工检查测量资料及竣工测量资料等，基本上都是施工部门形成的。

（3）施工单位是项目产品的直接建造者，对工程变化最熟悉，尤其是对隐蔽部分有实测检验记录，可以保证编制的竣工图符合实际情况。

（4）工程竣工后，施工单位应按国家规定向建设单位提交完整、准确的竣工图等文件材料，作为交工验收的依据。

以上几点充分说明了编制竣工图是施工单位义不容辞的责任和义务，各建筑施工企业应严格遵守国家对编制竣工图的有关规定和要求，加强对该项工作的管理，提高竣工图的编制质量。

2. 履行编制竣工图应由施工技术人员承担

施工单位在工程建设过程中履行编制竣工图的职责时，必须贯彻"谁施工谁负责"的原则。一般应由参加工程施工的有关技术人员承担，其原因是：

（1）编制竣工图是一项技术性较强的工作，而且要承担技术责任，因此应由参加组织施工的施工技术人员或由队（处）的工程师、技术员负责编制。

（2）负责施工的工程技术人员，其主要任务是按照施工图指导工人施工，解决和处理施工中的技术问题。一旦由于发生技术变更，使建筑物与施工图不相符合时，工程技术人员有责任进行更改绘制竣工图，以保证图、物相符。

（3）负责施工的工程技术人员，对施工情况最了解，对变动部位知道的最详细，尤其对隐蔽部位验收质量情况最清楚，且绝大部分原始记录等第一手资料都掌握在施工技术人员手中。因此，由施工技术人员编制竣工图能做到准确、符合实际，能够保证竣工图的质量。

3. 编制竣工图的费用

编制竣工图所需的费用，凡是属设计原因造成的，由设计单位解决；施工单位负责编制所需的费用，由施工单位在建设安装工程造价中解决；建设单位负责编制和需要复制的费用，由建设单位在基建投资中解决；建成使用以后需要复制补制的费用，由使用单位负责解决。这在建设单位或有关部门与承包单位签订的合同中要加以明确。

1.2.4.6 竣工图编制的基本方法

1. 注记修改法

此法是用一条粗直线将被修改部分划去。因为注记修改基本上不涉及图纸上线条修改的内容，而用文字、符号加以注释。因此，此法仅适用于原施工图上仅是用文字注释的内容，如建筑、结构施工图的总说明、材料代用、门窗表的修改等变更。

2. 杠划法

杠划法即在原施工图上将不需要的线条用粗直线或叉线划去，重新编制竣工图的真实情况。此法是竣工图编制工作中最常用的一种基本方法。其特点是：被划去的内容和重新绘制的内容都一目了然，且编制竣工图的工作量较小；不足的是，当变更较大或较多时，图面易乱，表达不清。

3. 刮改法

刮改法即在原施工底图上刮去需要更改的部分，重新绘制竣工后的真实情况，再复晒竣工蓝图。此法的特点是：必须具备施工底图方可进行，对于大型工程和重要建筑物，考虑到目前蓝图不利于长期保存，最好编制竣工底图，或者利用现代复印设备，先制作施工底图，再利用刮改法做竣工底图。

4. 贴图更改法

原施工图由于局部范围内文字、数字修改或增加较多、较集中，影响图面清晰，或线条、图形在原图上修改后使图面模糊不清，宜采用贴图更改法。即将需修改的部分，用别的图纸书写绘制好，然后粘贴到被修改的位置上。粘贴时，必须与原图的行列、线条、图形相衔接。在粘贴接缝处要加盖编制人印章。重大工程不宜采用贴图更改法。整张图纸全部都有修改的，也不宜用贴图更改法，应该重绘竣工图。

5. 重新绘制新图

此法是在施工过程中，随工程分部的修建而逐步编制，待整个工程竣工，各个部分的竣工图也基本绘制完成，经施工部门有关技术负责人审查、核实后，再描绘成底图，底图核签之后即可制作成竣工图。此法的特点是：竣工图清晰准确、系统完整，便于永久保存和利用。

1.2.4.7 编制竣工图的质量要求

在编制竣工图时必须重视编制的质量，"百年大计、质量第一"是基本建设的宗旨。其要求包括三个方面：一是内在质量标准，就是竣工图必须符合实际，反映施工结束最终状况；二是外观质量标准，就是幅面整洁、图形清晰、标志醒目、标注位置合理，达到查阅迅速、利用方便的目的；三是使用质量标准，主要是所用纸张、书写、裱糊、盖章印泥印色等材料质量应符合档案长期安全保管要求。具体要求是：

1. 竣工图的图形和有关文字说明必须清楚准确、反映现场变更实际，做到图、物、文字一致，没有错误、遗漏和含糊不清的地方。

2. 利用施工图改绘竣工图时必须在更改处注明变更依据，即在修改时要注明设计变更单、图纸会审记录或材料代用单的编号。做到指示明确、整齐美观，以便于查阅。当无法在图纸上表达清楚时，应在图标上方或左上方用文字说明，并须标注有关变更洽商记录的编号。新增加的文字说明，应在其涉及的竣工图上做相应的添加和变更。

3. 蓝图的更改可根据变更的具体情况选用注记修改法和杠划法，不能刮改，以保持图面整洁。应用施工蓝图编制竣工图时，必须使用新蓝图。禁止用在工地上受到磨损、残缺不全和有油垢的旧蓝图编制竣工图。

4. 图上各种引出说明，一般应与图框平行，引出线不得相互交叉，不遮盖其他线条。

5. 所有竣工图均须由编制单位逐张加盖、签署竣工图章。竣工图章中的内容填写齐全、清楚，不得代签。竣工图章盖在图纸标题栏附近空白处。重新绘制的竣工图按原图编号，末尾加注"竣"字，或在新图图标的"图名栏"内注明"竣工阶段"字样。

6. 编制"竣工图"必须用碳素墨水笔书写和绘制，不得用其他墨水和颜色的笔绘制，以便长期保存；描绘用纸必须是质地优良、透明度好的硫酸或薄尼龙纸，描绘线条要实在，墨色要均匀，以符合复晒的要求。竣工图章应使用不褪色红印泥。

7. 同一建（构）筑物重复的标准图、通用图可不编入竣工图中，但必须在图纸目录中列出图号，指明该图所在位置并在编制说明中注明；不同建（构）筑物应分别编制。

8. 竣工图应按《技术制图复制图的折叠方法》GB 10609.3—1989，统一折叠成 A4图幅（210mm×297mm）。

9. 竣工图要具备完善的图样目录或文件目录。

10. 竣工图样上各专业名词、术语、代号、图形文字、符号和选用的结构要素，以及填写的计量单位，均应符合有关标准和规定。

为了确保竣工图的编制质量，对竣工图的编制还应做到完整、准确和及时。

（1）完整的具体要求：一是竣工图的编制范围、内容、数量应与施工图一致。在没有新增加施工图或没有取消施工图的情况下，必须做到有一张施工图就有一张相应的竣工图（包括总平面图、位置图、地形图、施工总说明、施工说明、图纸目录、设备明细表等）。有新增加的施工图，也应有相应的竣工图；对没有施工图但实际进行施工且已竣工的工程，必须编制竣工图；被取消的施工图，不应编制竣工图，但必须将取消的依据纳入竣工图编制资料。二是除被变更取消或修改外，施工图中原有的内容在竣工图中必须仍然保存，变更增加和修改后的内容，必须在竣工图中得到反映；施工质量事故处理后的情况，包括文字、数字、图形改变，必须在竣工图上反映。

（2）准确的具体要求：竣工图必须加盖竣工图标记章，并经有关人员签章。增删、修改必须做到标注依据清楚，文字、数字准确工整，图形清晰，编制要规范化、标准化。

（3）及时的具体要求：要及时做好竣工图编制的基础工作，在施工过程中，及时收集和整理资料，注意保管好设计变更文件。变更单位要对出具的设计变更文件统一编号。对变更内容的实际施工日期、修改施工图日期及修改哪几张图等事项应由施工单位及时做好记录。

竣工图是建筑工程竣工档案的重要组成部分，是工程建设完成后的主要凭证性材料，是建筑物真实的写照，是工程竣工验收的必备条件，是工程维修、管理、改建、扩建的依据，因此各项新建、改建、扩建项目均必须按要求进行编制竣工图。

思考练习题

1. 简述 17 世纪英国工业革命后，建筑及其结构的新发展。

2. 建筑的构成要素有哪些？

3. 建筑物的高度超过 100m 和不大于 24m，分别属于哪类建筑？

4. 叙述建筑使用年限（主体结构）的等级。

5. 简述建筑的构成系统和建筑的构造组成。

6. 制约和影响建筑构造的因素有哪些？叙述建筑构造的设计原则。

7. 简述建筑节能的重要意义及门窗节能技术。

8. 建筑标准化的含义是什么？

9. 简述建筑与环境的关系。

10. 简述建筑发展新趋势。

11. 建筑模数协调中的实际尺寸指什么？

12. 详述建筑工程图的分类及内容。

13. 简述各专业编制的建筑竣工图的 8 类图纸名称。

第2章 建筑识图基础知识

2.1 建筑制图标准

建筑工程图纸是建筑设计和施工过程中的重要技术资料，是施工的依据，也是技术人员之间交流技术思想和工程问题的工程语言。为了使建筑图纸达到规格统一、线条图例规范、图面清晰简明，有利于各专业技术人员的交流和配合，满足提高绘图效率，保证图面质量，符合工程设计、施工、管理、存档的要求，国家颁布了有关建筑制图的国家标准（2010 版），如《房屋建筑制图统一标准》、《总图制图标准》、《建筑制图标准》、《建筑结构制图标准》、《暖通空调制图标准》、《给水排水制图标准》等。制图国家标准（简称国标）是所有工程人员在设计、施工、管理中必须严格执行的国家法令和技术规范，我们必须严格地遵守国标中的每一项规定。

2.1.1 图幅及图框

我国有关规范规定，所有的建筑工程设计图纸的幅面及图框尺寸均应符合国家标准（表 2-1）。图纸的标题栏、会签栏及装订边的位置，应按图 2-1 的形式布置。表中代号 a、b、c、l 的意义见图 2-1。

图纸幅面有横幅和立式两种形式，以横幅为多见。以长边为水平边的称横式幅面（图 2-1a）；以短边为水平边的称立式幅面（图 2-1b）。

图幅及图框尺寸（mm） 表 2-1

尺寸代号	幅 面 代 号				
	A0	A1	A2	A3	A4
$b \times l$	841×1189	594×841	420×594	297×420	210×297
c	10			5	
a	25				

无论图样是否装订，均应在图幅内画出图框，图框线用粗实线绘制，与图纸幅面线的间距宽 a 和 c 应符合表 2-1 的规定，如图 2-1 所示。

为了复制的方便，可在图框上留用对中符号，它是位于四边幅面线中点处的一段实线，线宽为 0.35mm，伸入图框内为 5mm，如图 2-1 所示。

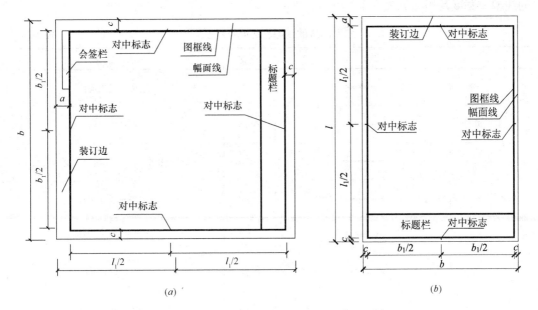

图 2-1 图纸幅面

(a) A0～A3 横式幅面；(b) A0～A4 立式幅面

2.1.2 标题栏和会签栏

在每一张图纸中图框的右下角都留有一个标题栏，俗称图标。图标用于填写以下内容：

1. 工程名称、建设单位名称、设计单位名称；
2. 图名、比例、设计日期；
3. 设计人、校对人、审核人、项目负责人、专业负责人姓名；
4. 注册建筑师、注册结构工程师盖章。

图标的尺寸视不同的设计单位略有差异，常用的长度应为长边 200mm，短边的长度宜采用 30、40 或 50mm。

在图框左侧的外面留有会签栏，会签栏是供设计单位在设计期间相关专业互相提供技术条件所用，主要有建筑、结构、电气、供暖、给排水等专业的签字区。

2.1.3 图线、字体、比例及尺寸标注

1. 图线

工程图样主要是利用粗细线条和线型不同的图线来表达不同的设计内容，图线是构成图样的基本元素，也是图纸的信息核心。因此，熟悉图线的类型及用途，掌握各类图线的画法是建筑制图的基本前提。

线型的种类和用途

为了使图样主次分明、形象清晰，建筑工程图采用的图线主要分为实线、虚线、点画线、折断线、波浪线几种；按线宽不同又分为粗、中粗、中、细四种。在绘制工程图时，要根据线条和现行的使用原则进行正确地选择和利用，准确地反映图面的信息。各类图线

的线型、宽度及用途见表 2-2。

图线的线型、宽度及用途　　　　　　　　　　　　　　表 2-2

名称		线　型	线宽	用　途
实线	粗		b	主要可见轮廓线
	中粗		$0.7b$	可见轮廓线
	中		$0.5b$	可见轮廓线、尺寸线、变更云线
	细		$0.25b$	图例填充线、家具线
虚线	粗		b	见各有关专业制图标准
	中粗		$0.7b$	不可见轮廓线
	中		$0.5b$	不可见轮廓线、图例线
	细		$0.25b$	图例填充线、家具线
单点长画线	粗		b	见各有关专业制图标准
	中		$0.5b$	见各有关专业制图标准
	细		$0.25b$	中心线、对称线、轴线等
双点长画线	粗		b	见各有关专业制图标准
	中		$0.5b$	见各有关专业制图标准
	细		$0.25b$	假想轮廓线、成型前原始轮廓线
折断线			$0.25b$	断开界线
波浪线			$0.25b$	断开界线

图线的画法和应用

（1）对于表示不同内容的图线，其宽度（也称为线宽）b，应在下列线宽组中选取：0.13、0.18、0.25、0.35、0.5、0.7、1.0、1.4mm。由于工程图纸之间的差异较大，在画图时应当根据每个图样的复杂程度、比例大小和线条密度来确定基本线条的宽度，并由粗、中粗、中、细线条组成线条组。假如基本线宽为 b，则中粗线宽为 $0.7b$、中线宽为 $0.5b$、细线宽为 $0.25b$。

（2）在同一张图纸内，相同比例的图样，应选用相同的线条组，同类线宽度应一致。

（3）相互平行的图线，其间隔不宜小于其中的粗线宽组，且不宜小于 0.7mm。

（4）虚线、点画线或双点画线的线段长度和间隔，宜各自相等。

（5）点画线或双点画线，在较小的图形中绘制有困难时，可用细实线代替。

（6）点画线或取点画线的两端，不应是点。点画线与点画线交接或点画线与其他图线交接时，应是线段交接。

（7）虚线与虚线交接或虚线与其他图线交接时，应线段交接。虚线为实线的延长线时，不得与实线连接。

（8）图线不得与文字、数字或符号等重叠、混淆，不可避免时，应首先保证文字、数字的清晰（图 2-2）。

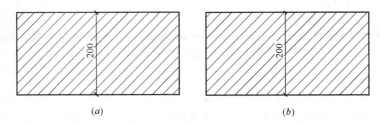

图 2-2　尺寸数字处的图线处理
（a）正确；（b）错误

图线之间的交接关系，即绘制图线时的注意事项见表 2-3。

绘制图线时的注意事项　　　　　　　　　　　　　　　表 2-3

序号	说　明	图　示	
		正　确	错　误
1	虚线、点画线的线段长度和间隔宜各自相等		
2	当圆直径小于 12mm 时，中心线可用细实线代替。点画线两端不应是点，点画线与点画线或其他圆线交接时，应是线段的交接		
3	虚线与虚线或其他图线相交时，应以线段相交		
4	虚线为实线的延长线时，不得与实线连接，应留有间隙		

2. 字体

字体是图纸重要的组成部分，包括文字、数字和符号。用图线绘成图样往往还不能准确地传达技术信息，必须用文字及数字加以注释，说明建筑的尺度、构件大小尺寸、有关材料、构造做法、施工要点及标题等信息。虽然工程图纸是按比例绘制完成的，但图纸中的文字、数字和符号具有严格的含义。在图纸中，线条更多是传递形象信息，有时比较模糊和不够精细，而字体传递的是准确的信息，准确、可靠，因此非常重要。在图样上所需书写的文字、数字或符号等，必须做到笔画清晰、字体端正、排列整齐，标点符号应清楚正确。如果图样上的文字和数字写得潦草，难以辨认，不仅影响图纸的清晰和美观，而且容易造成差错。

(1) 汉字

图样上及说明的汉字应采用长仿宋字体，文字的字高应从以下系列中选用：3.5、5、7、10、14、20mm。大标题、图册封面等汉字也可写成其他字体，但应易于辨认。汉字的简化书写，必须遵守国务院颁布的《汉字简化方案》和有关规定。长仿宋字要笔画粗细一致、顿挫有力、清秀美观、挺拔刚劲、结构均匀，是工程图样上最适宜的字体。几种基本笔画的写法如表2-4所示。现在的图样都采用电脑制图，字体的选用方便多了。

长仿宋字的书写示例　　　　　　　　　　　　表 2-4

笔画名称	笔 法	形 状							
点	 ヽ ╱ ╲ ╲ ╱	热	爱	祖	国	社	会	主	义	学	习
横	 ─	工	程	技	术	正	投	影	地	下	室
竖	↓	材	料	技	术	计	划	构	件	概	述
撇	 ╱ ─ ─	月	机	用	戈	方	东	应	利	价	称
捺	╲ ╲	术	木	林	森	求	是	建	延	造	速
挑	 ╱	减	混	凝	浴	涂	浇	冻	地	埋	技
钩	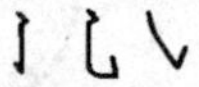 ↓ ↳ ╲	利	刘	剂	民	心	乱	批	扎	指	泥
折	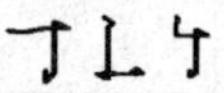 ┐ ┗ ↳	为	力	钢	团	断	局	写	改	与	屿

(2) 数字与字母

数字书写要求整齐、清楚；字母分大小写。数字与字母有直书写和斜75°书写两种形式，如图2-3示例。

3. 比例

图样的比例是指图形与实物相对应的线性尺寸之比。比例的大小是指比值的大小。

比例应注写在图名的右侧，字的基准线应取平，比例的字高比图名字高小一号或二号。

绘图时所用比例，应根据图样的用途与被绘制对象的复杂程度从表2-5中选用，并优先选用表中常用比例。

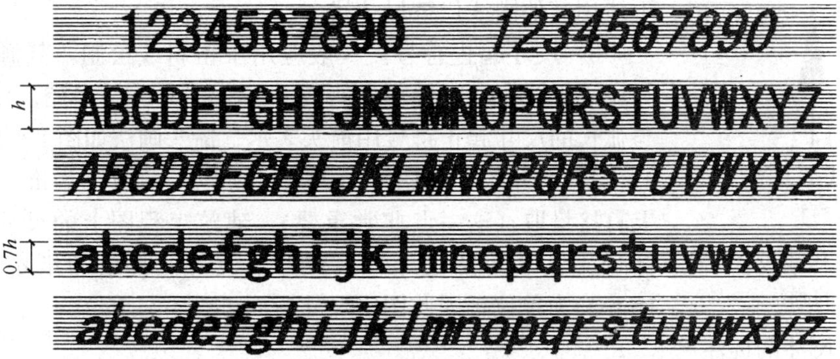

图 2-3　数字与字母的书写示例

	绘图所用的比例	表 2-5

常用比例	1:1　1:2　1:5　1:10　1:20　1:30　1:50　1:100　1:150　1:200　1:500　1:1000 1:2000
可用比例	1:3　1:4　1:6　1:15　1:25　1:40　1:60　1:80　1:250　1:300　1:400　1:600 1:5000　1:10000　1:20000　1:50000　1:100000　1:200000

一般情况下，一个图样应选一种比例。根据专业制图需要，同一图样可选两种比例。特殊情况下也可自选比例，此时除应注出绘图比例外，还应在适当位置绘出相应的比例尺。

按比例绘制的图形，必须按实际尺寸标注。

4. 尺寸标注

（1）尺寸四要素

尺寸界线、尺寸线、尺寸起止符号和尺寸数字即为尺寸四要素，见图 2-4。

1）尺寸界线。尺寸界线应当用细实线绘制，一般应与被注长度垂直，其一端应离开图线轮廓线不小于 2mm，另一端宜超出尺寸线 2～3mm。必要时，图样轮廓线可以用尺寸界线，如图 2-5 所示。

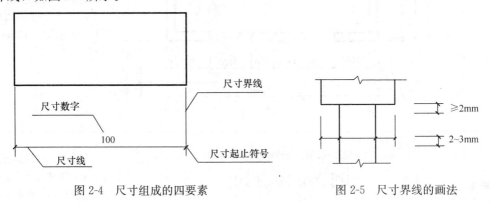

图 2-4　尺寸组成的四要素　　　　　图 2-5　尺寸界线的画法

2）尺寸线。尺寸线也应当用细实线绘制，并与被注长度平行，且不宜超出尺寸界线。

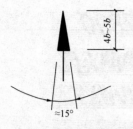

不能用其他图线代替尺寸线。

3）尺寸起止符号。一般应用中粗斜线绘制，其倾斜方向应与尺寸界线呈顺时针 45°角，长度为 2～3mm。半径、直径、角度与弧长的尺寸起止符号用箭头表示。箭头画法如图 2-6 所示。

4）尺寸数字。图样上的尺寸应以尺寸数字为准，不得从图上直接量取（这一点非常重要）。建筑工程图上的尺寸单位，除标高及总平面图是米（m）为单位外，其余图纸都是以毫米（mm）为单位，因此图中尺寸后面可以不写单位。

图 2-6　尺寸起止符号的画法

（2）尺寸的标注

尺寸标注得是否准确和清晰，对读取工程图十分重要。应当认真按照规定标注尺寸，提高绘图的速度和质量，并为他人提供方便。表 2-6 是尺寸标注的基本规定。

尺寸标注的基本规定　　　　　　　　　　　　　　　　表 2-6

项目	图　　示	说　　明
尺寸的排列与布置	*(a)*　　　　*(b)*	尺寸宜注在轮廓线以外，不宜与图线、文字及符号等相交（如图 *a*）。 当图线不可避免穿过尺寸数字时，在尺寸数字处的图线应断开（如图 *b*）。 互相平行的尺寸线，应在被注的图样轮廓线处由近向远整齐排列，小尺寸离轮廓线较近，大尺寸离轮廓线较远。图样轮廓线以外的尺寸线，距图样最外轮廓线之间距离不小于 10mm，平行排列的尺寸线间距宜为 7～10mm，并保持一致
尺寸数字的注写位置	（若位置不足时可把最外数字移至外侧） 40　90　40　40　40 30　　20 （中间相邻数字可错开或引出注写）	尺寸数字应依据其读数方向，注写在靠近尺寸线的上方中部，数字大小应一致

项目	图　　示	说　　明
尺寸数字的读数方向	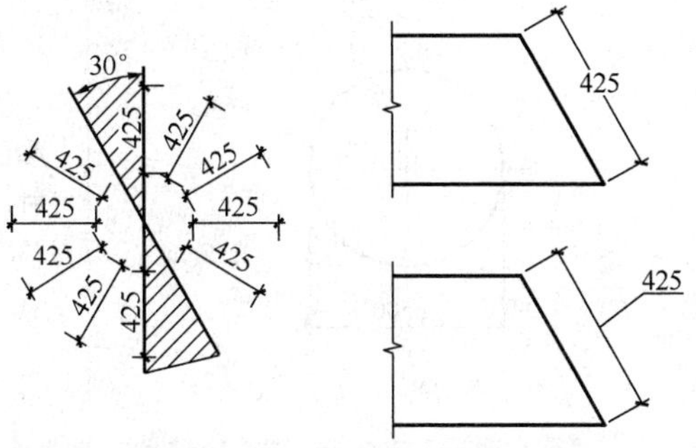 (a)　　　　　　(b)	尺寸数字读数方向应按图(a)规定注写。若尺寸数字在30°斜线区内，宜按图(b)形式注写
图线与尺寸线、尺寸界线的关系	正确　　　　　　错误 	中心线、轮廓线可用作尺寸界线，但不可用作尺寸线(如图a)。 任何图线均不得用作尺寸线，也不能用尺寸界线作为尺寸线(如图b)
半径的标注方法	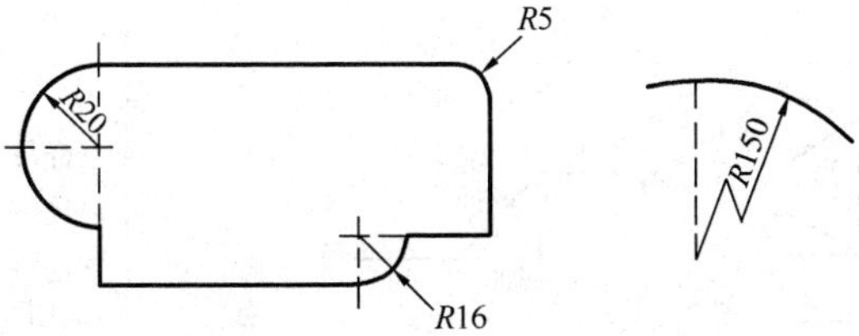	半径的尺寸线，一端从圆心开始，另一端画箭头指向圆弧。半径数字前应加注符号"R"
圆直径的标注方法	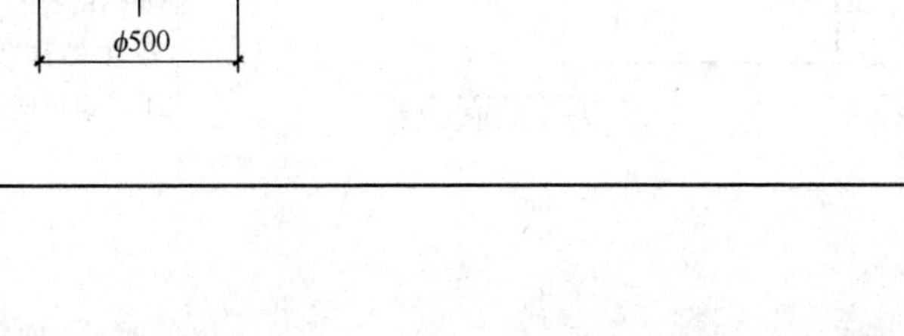	在直径数字前应加符号"ϕ"。 在圆内标注的直径尺寸线应通过圆心，两端箭头指向圆弧。较小圆的直径尺寸可标注在圆外

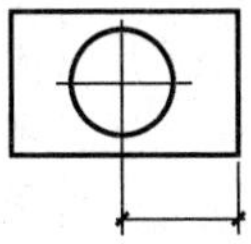

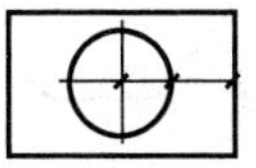

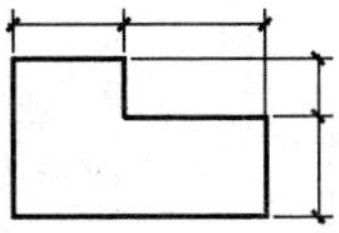

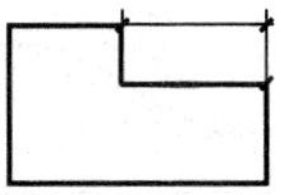

续表

项目	图　　示	说　　明
球半径直径的标注方法	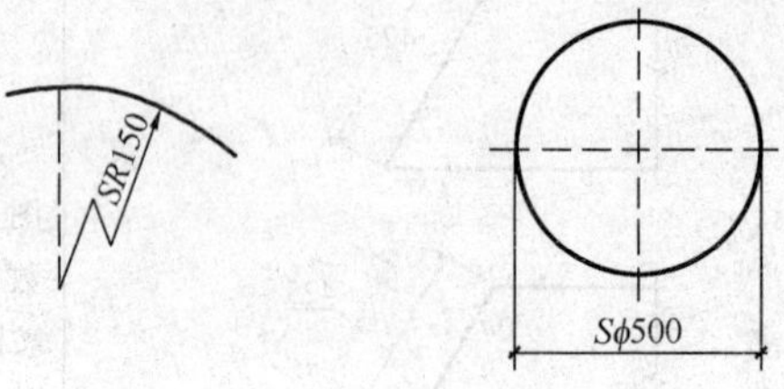 *SR150*　*Sφ500*	标注球的半径或直径尺寸时，应在数字前加注符号"SR"或"Sφ"
角度、弧度、弦长的标注	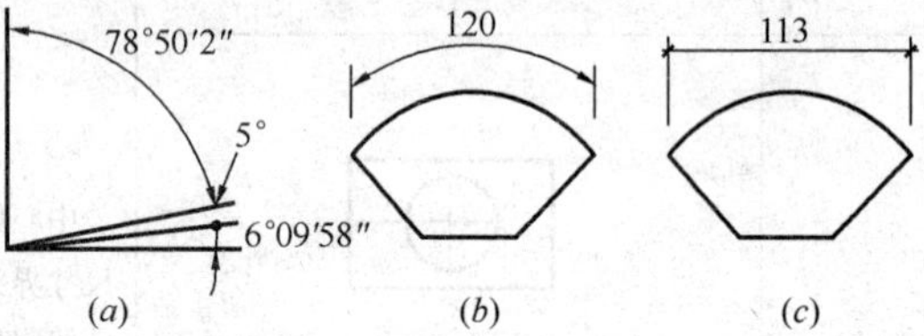 78°50′2″　5°　6°09′58″（a）　120（b）　113（c）	角度的尺寸线应以弧度线表示。该圆弧的圆心是角的顶点，角的两边为尺寸界线。起止符号用箭头表示，位置不足时可以用圆点代替，角度数字在水平方向注写（如图 a），弧长注法（如图 b），弦长注法（如图 c）
坡度的标注	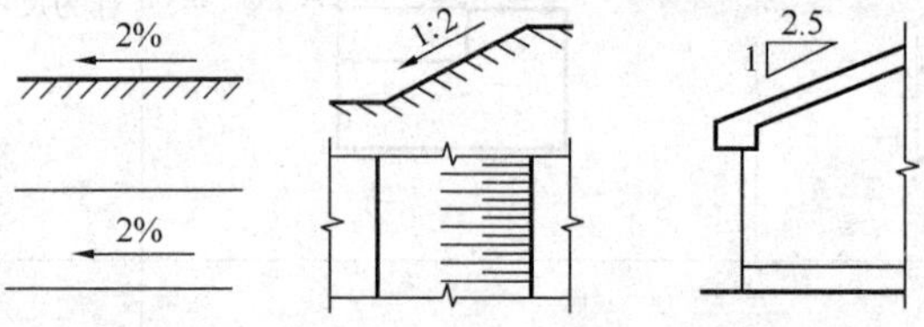 2%　1:2　2.5　1　2%（a）（b）（c）	坡度数值下应加注坡向（箭头指向下坡方向）符号（如图 a、b）。坡度也可用直角三角形的形式标注（如图 c）
单线图尺寸标注法	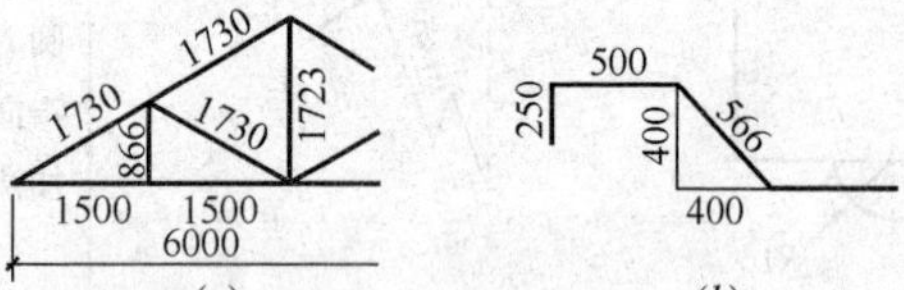 1730　1730　866　1730　1723　1500　1500　6000（a）　500　250　400　566　400（b）	杆件或管线的长度，在单线图上可直接将尺寸数字沿杆件或管线一侧注写（如图 a、b）
箭头、标高的标注	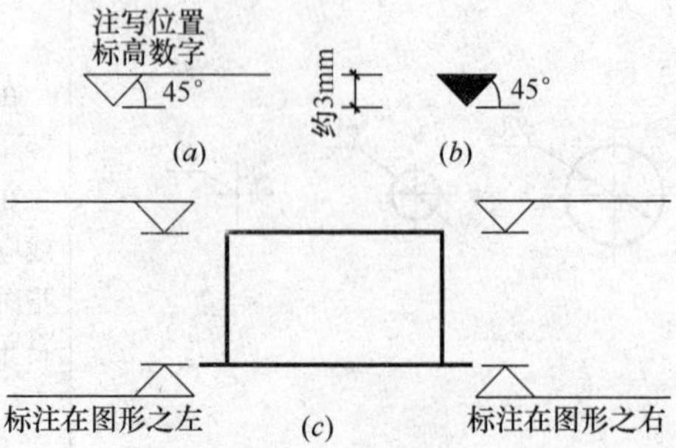 注写位置标高数字　45°（a）　约3mm　45°（b）　标注在图形之左（c）标注在图形之右	个体建筑物图样上的标高符号按图（a）用细实线绘制。总平面图上的标高符号宜用涂黑三角形表示（如图 b）。标高符号的尖端应指至被注的高度。尖端可向下，也可向上（如图 c）

2.1.4 图例和符号

绘制工程图样往往需要一些图例和符号，不同的专业所采用的图例和符号也各不相同。这些图例和符号，在工程图样中发挥着重要的标识作用，会给看图的人员以直观、清晰的印象，同时也给绘图的人员提供了一种简捷、迅速的绘图手段。在现实生活当中，有许多图例和符号已经被人们广泛地认同和应用，如道路交通标识、公共卫生标识、医疗单位标识、车站机场标识和邮局电信标识等。由于建筑的图例和符号主要是给专业人员服务的，因此在社会上的影响面还比较小，但作为从事建筑工程技术工作的专业人员，必须要掌握常见的图例和符号，否则就会给今后的工作带来很大的困难。我国有关的规范对常见的建筑材料和构件等均制定有国家标准，而且这些图例和符号大多都比较直观和形象。建筑工程图有关的图例和符号，本书在相关章节中均有表述和介绍。

2.2 投影基础知识

建筑制图与识图，必须掌握投影的基础知识。

本节介绍投影的概念，点、线、面的投影，几何体、组合体的投影及轴测投影的基本知识。

2.2.1 投影的概念

1. 投影的概念

在平面上用图形表示空间形体时，首先要解决的问题是如何把空间形体表示到平面上去。

在日常生活中，物体在灯光或日光照射下，会在地面、墙面上产生影子，这些影子常能在某种程度上显示出物体的形状和大小，并随光线照射方向不同而变化。在工程上，人们就把上述的自然现象加以抽象得出空间形体在平面上的图形，这个图形称为物体的投影。

例如△ABC在灯光的照射下，呈现在地上的影子abc就是一个呈影现象，如图2-7所示。

通常把光源S称为投射中心，光线SA、SB⋯⋯称为投射线，地面称为投影面，在地面上的影子为△ABC的投影△abc。

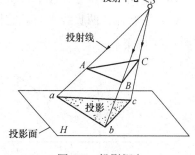

图 2-7 投影概念

从几何意义上讲，空间某一点投影实质上是过该点的投射线与投影面的交点，空间某一线段的投影实质上是过该线段的投射面与投影面的交线，空间平面图形的投影实质上是构成平面各边的投影集合，空间立体的投影实质就是构成该立体各表面的投影集合。

2. 投影的分类

投影分为如下两大类：

（1）中心投影法 投射线相交于一点为中心投影，如图2-8所示。

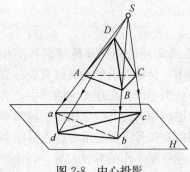

图 2-8　中心投影

影一般仍为直线，如图 2-10 所示。

（2）平行投影法　投射线互相平行时所得的投影称为平行投影，如图 2-9 所示。平行投影法又分为两种：

1）投射线与投影面倾斜称为斜投影。

2）投射线与投影面垂直称为正投影。

3. 正投影的几何性质

正投影法是工程制图中绘制图样的主要方法。正投影的几何性质如下：

（1）同素性：点的正投影仍然是点，直线的正投影一般仍为直线，如图 2-10 所示。

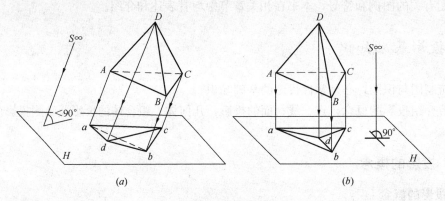

（*a*）　　　　　　　　　　　　　　　（*b*）

图 2-9　平行投影

（*a*）斜投影；（*b*）正投影

（2）从属性：点在直线上，点的投影仍在直线的投影上。

（3）定比性：点分线段的比例，等于点的投影分线段投影的比例。

（4）平行性：两直线平行，它们的投影仍平行，且线段长度之比等于投影长度之比，如图 2-11 所示。

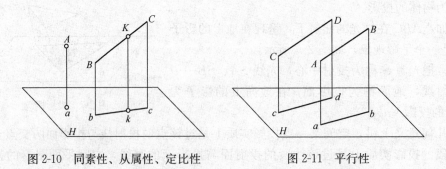

图 2-10　同素性、从属性、定比性　　　　　图 2-11　平行性

（5）显实性：若线段或平面平行于投影面，则它们的投影反映实长或实形，如图 2-12 所示。

（6）积聚性：若直线或平面垂直于投影面，则直线的投影积聚为一点，平面的投影积聚为一条直线，如图 2-13 所示。

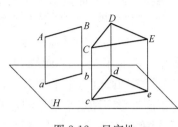

图 2-12　显实性

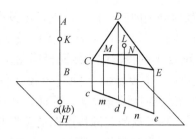

图 2-13　积聚性

4. 三面投影图的形成

工程上绘制图样的主要方法是正投影法，因为这种方法画图简单，并具有显实性，度量方便，能够满足工程要求。但是，只用一个正投影图来表示物体是不够的。因为每一个物体都有三个向度的尺寸，而一个投影只能确定两个向度的尺寸，所以单面投影图不能唯一确定物体形状，如图 2-14 所示。

为了确定物体的形状，通常是画三面正投影图。三面正投影图的形成过程如下：

（1）建立三面投影体系。如图 2-15 所示，给出三个互相垂直的投影面 H、V、W。其中 H 面是水平放置的，称为水平投影面；V 面是正立放置的，称为正立投影面；W 面是侧

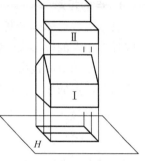

图 2-14　单面正投影

立放置的，称为侧立投影面。它们的交线 OX、OY、OZ 称投影轴，三个投影轴也互相垂直。

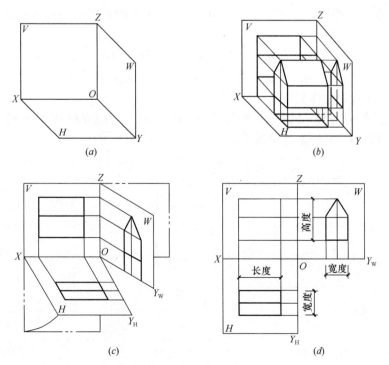

图 2-15　三面正投影图的形成

41

（2）将物体分别向三个投影面进行正投影。将物体置于三面投影体系当中，并且分别向三个投影面进行正投影。在 H 面上的投影称为水平投影图，在 V 面上的投影称为正面投影图，在 W 面上的投影称为侧面投影图。

（3）把位于三个投影面上的三个投影图展开。V 面不动，H 面绕 OX 轴向下旋转 $90°$，W 面绕 OZ 轴向后旋转 $90°$。这样，就把三个投影图画到一个平面上了，也就是物体的三面投影图。展开后的三面投影图的关系是：正面投影图和水平投影图左右对齐，长度相等；正面投影图和侧面投影图上下对齐，高度相等；水平投影图和侧面投影图前后对应，宽度相等。这就是通常讲的九个字："长对正，高平齐，宽相等"。

2.2.2　点、直线和平面的投影

1. 点的投影

点是构成形体的最基本几何元素，点只有空间位置而无大小，在画法几何里，点的空间位置是用点的投影来确定的。

（1）点的单面投影。点在某一投影面上的投影，实质上是过该点向投影面作垂线的垂足。因此，点的投影仍然是点。

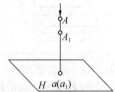

图 2-16　点的单面投影

如图 2-16 所示，给出投影面 H 和空间点 A，过 A 点向 H 面作垂线，得垂足 a，则 a 点就是 A 点在 H 面上投影。已知 A，则 a 是唯一确定的，但是若已知 a，则不能确定 A 点，所以说点的单面投影不能确定空间点的位置。

（2）点的两面投影。如图 2-17 所示，给出两个互相垂直的投影面 H 和 V，作出 A 点在 H 面上和 V 面上的投影，A 在 H 面的投影称为水平投影，用字母 a 表示，在 V 面上的投影称为正面投影，用字母 a' 表示。

若已知 A 点，则可作出 a 和 a'，反过来，若已知 a 和 a'，则也可以作出 A 点来。具体作法为：自 a 点引 H 面的垂线，自 a' 点引 V 面的垂线，两垂线的交点即为空间 A 点。因此，点的两个投影能确定空间点的位置。

现在把点的两面投影展到一个平面上，即 V 面不动，H 面绕 OX 轴旋转 $90°$，就得到了点的两面投影图。其投影规律如下：

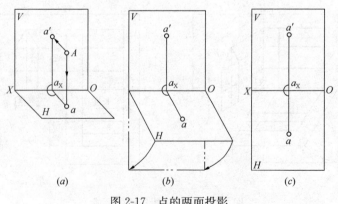

(a) 　　　　　(b) 　　　　　(c)

图 2-17　点的两面投影

1）点的正面投影和水平投影的连线垂直于 OX 轴。

2）点的正面投影到 OX 轴的距离等于空间点到 H 面的距离，点的水平投影到 OX 轴的距离等于空间点到 V 面的距离。

（3）点的三面投影。如图 2-18 所示，给出三个互相垂直的投影面，即水平投影面 H、正立投影面 V 和侧立投影面 W，作出空间点 A 在三个投影面上的投影，也就是水平投影 a，正面投影 a' 和侧面投影 a''。通常把三个投影 a、a'、a'' 表示在同一个平面上，V 面不动，让 H 面绕 OX 轴向下转 90°，让 W 面绕 OZ 轴向后旋转 90°，于是就得到了点的三面投影图。其投影规律如下：

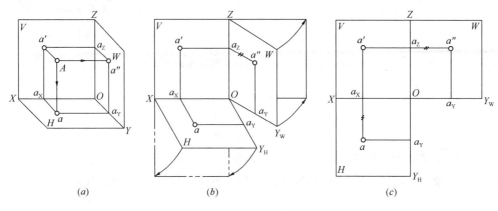

图 2-18　点的三面投影

1）点的水平投影和正面投影的连线垂直于 OX 轴。

2）点的正面投影和侧面投影的连线垂直于 OZ 轴。

3）点的水平投影到 OX 轴的距离等于点的侧面投影到 OZ 轴的距离。

上述三点也可归纳为："长对正，高平齐，宽相等"。

（4）点的投影与坐标。如将投影轴 OX、OY、OZ 视为解析几何里的坐标轴，则投影面即为坐标面，于是点到 W 面、V 面和 H 面的距离就为点的坐标 x、y、z，以 A 点为例，用 A（x，y，z）形式表示。

如图 2-18 所示，各坐标可由下列线段表示出来：

$$x = Oa_x = aa_y = a'a_z$$
$$y = Oa_y = aa_x = a''a_z$$
$$z = Oa_z = a'a_x = a''a_y$$

2. 直线的投影

直线常用线段的形式来表示。根据直线与投影的相对位置，可把直线分为一般位置直线和特殊位置直线。

（1）一般位置直线。与三个投影面都倾斜的直线称为一般位置直线。如图 2-19 所示，直线 AB 与三个投影面 H、V、W 都倾斜，倾斜角度分别为 α、β、γ。一般位置直线的投影仍是直线，两点可以定直线，所以只要作出直线上两点 A、B 的三面投影，然后再用直线连接两点的同面投影就可得到直线的投影。一般位置直线的三面投影与投影轴都倾斜，三个投影的长度也小于直线段的实长，它们的关系如下：

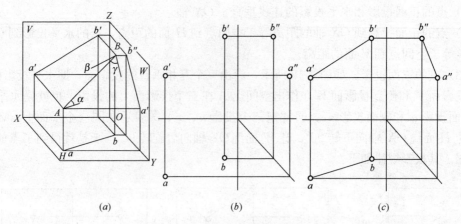

图 2-19 一般位置直线的投影

$$ab = AB\cos\alpha$$

$$a'b' = AB\cos\beta$$

$$a''b'' = AB\cos\gamma$$

（2）特殊位置直线的投影。特殊位置直线包括投影面平行线和投影面垂直线。

1）投影面平行线。与一个投影面平行，与另两个投影面倾斜的直线称为投影面平行线。其中：

与水平面平行的直线称为水平线；

与正立面平行的直线称为正平线；

与侧立面平行的直线称为侧平线。

表 2-7 列出了这三种直线的直观图和三面投影图，从中归纳出投影面平行线的投影特性如下：

投影面平行线的投影特性   表 2-7

名称	直观图	投影图	投影特性	
正平线（直线段平行于 V 面）			（1）$a'b'=AB$ （2）ab // OX 轴；$a''b''$ // OZ 轴	（1）在所平行的投影面上投影反映实长。（2）另两投影分别平行于直线所平行的那个投影面的两根轴
水平线（直线段平行于 H 面）			（1）$cd=CD$ （2）$c'd'$ // OX 轴；$c''d''$ // OY_W 轴	

名称	直观图	投影图	投影特性	
侧平线（直线段平行于W面）	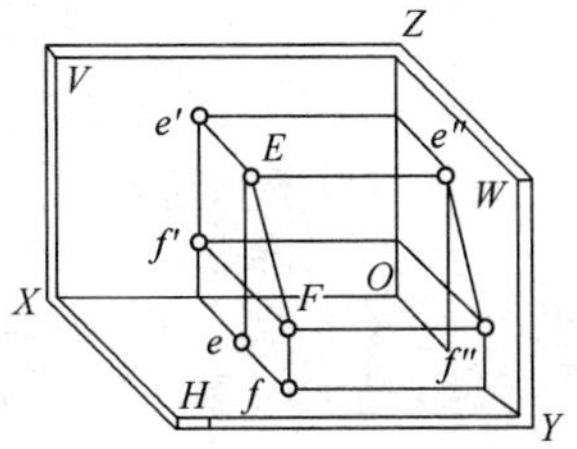	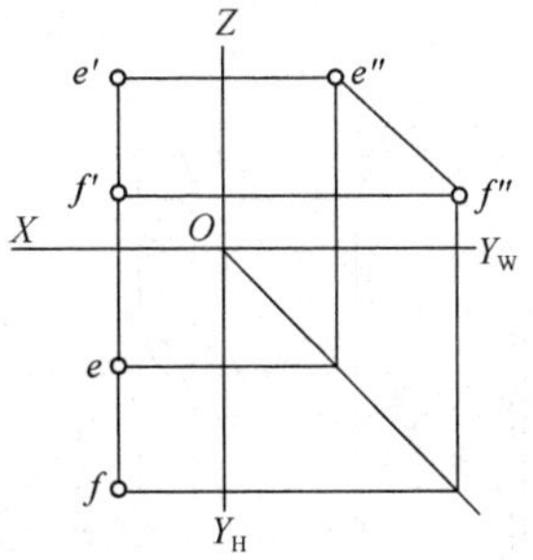	（1）$e''f''=EF$ （2）$e'f'$∥OZ轴；ef∥OY_H轴	（1）在所平行的投影面上投影反映实长。 （2）另两投影分别平行于直线所平行的那个投影面的两根轴

直线在它所平行投影面上的投影反映线段的实长，并且这个投影与投影轴的夹角反映直线对两投影面的倾角；直线在另外两个投影面的投影分别平行于相应的投影轴，且都小于实长。

2）投影面垂直线。与一个投影面垂直，与另外两个投影面平行的直线称为投影面垂直线。其中：

与水平投影面垂直的直线称为铅垂线；

与正立投影面垂直的直线称为正垂线；

与侧立投影面垂直的直线称为侧垂线。

表 2-8 列出了这三种直线的直观图和三面投影图，从中可归纳出投影面垂直直线的投影特性：直线在它垂直的投影面上的投影积聚为一点；直线在另外两个投影面上的投影分别垂直于相应的投影轴，且反映线段的实长。

投影面垂直线的投影特性　　　　　　　　　　　表 2-8

名称	直观图	投影图	投影特性	
正垂线（直线段垂直于V面）	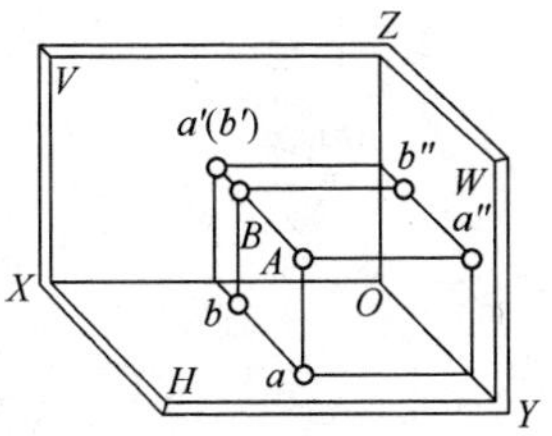	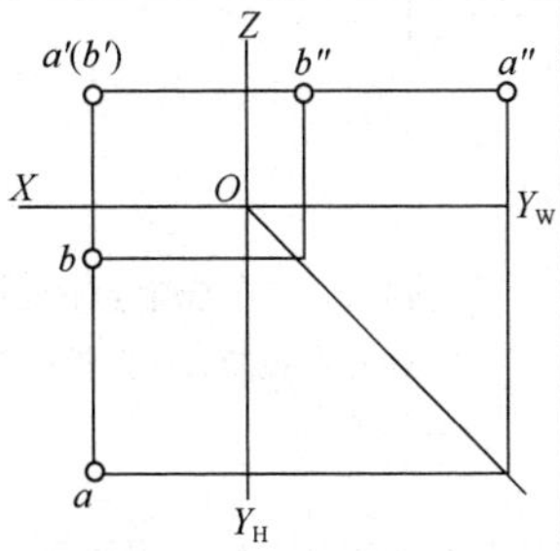	（1）正面投影 a'（b'）积聚为一点 （2）ab⊥OX轴；$a''b''$⊥OZ轴；$ab=a''b''=AB$	（1）在所垂直的投影面上的投影积聚为一点。 （2）另外两面投影分别垂直于直线所垂直的那个投影面上的两根投影轴，且反映实长
铅垂线（直线段垂直于H面）	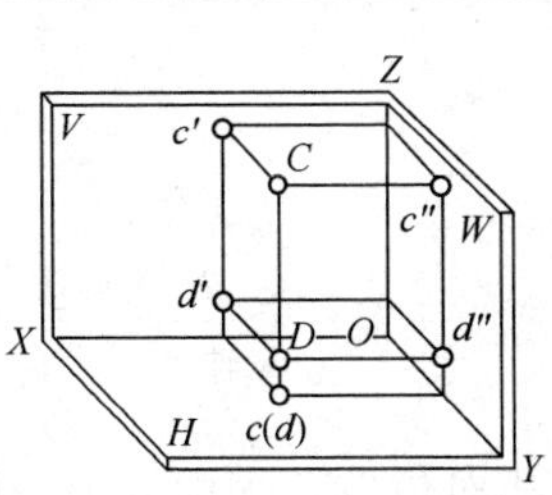	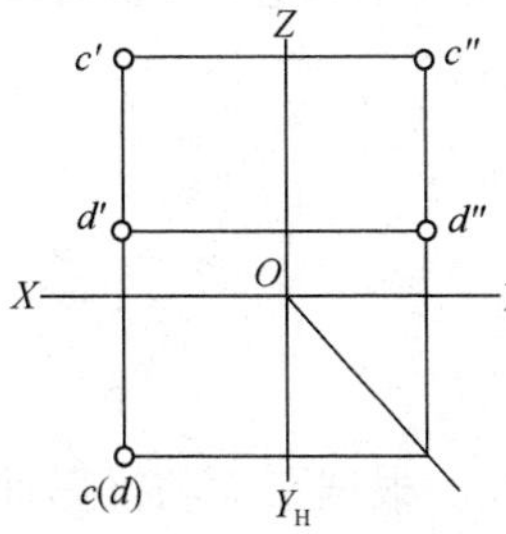	（1）水平投影 c（d）积聚为一点 （2）$c'd'$⊥OX轴；$c''d''$⊥OY_W轴；$c'd'=c''d''=CD$	

续表

名称	直观图	投影图	投影特性	
侧垂线（直线段垂直于 W 面）			（1）侧面投影 e''（f''）积聚为一点 （2）$e'f'\perp OZ$ 轴；$ef\perp OY_{\rm H}$ 轴；$e'f'=ef=EF$	（1）在所垂直的投影面上的投影积聚为一点。 （2）另外两面投影分别垂直于直线所垂直的那个投影面上的两根投影轴，且反映实长

3）直线上的点。点在直线上，则点的投影一定在直线的同名投影上，且点分线段的比例等于点的投影分线段投影的比例。

如图 2-20 所示，若 $C\in AB$，则 $c\in ab$，$c'\in a'b'$，$c''\in a''b''$；且 $AC:CB=ac:cb=a'c':c'b'=a''c'':c''b''$

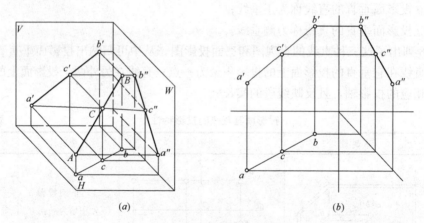

（a）　　　　　　　　　　（b）

图 2-20　直线上点的投影

（a）直观图；（b）投影图

3. 平面的投影

（1）平面的表示方法。从平面几何中知道，平面可由下列几何要素来确定（图 2-21）。

1）不在同一直线上的三个点；

2）一直线和直线外一点；

3）两平行直线；

4）两相交直线；

5）平面图形。

（2）各种位置平面的投影特性。根据平面与投影面的相对位置，平面分为一般位置平

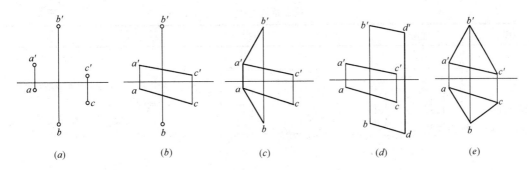

图 2-21　几何元素表示的平面

面和特殊位置平面。

1）与三个投影面都倾斜的平面称为一般位置平面。如图 2-22 所示△ABC 与三个投影面 H、V、W 都倾斜，且倾斜的角度用 α、β、γ 表示。

一般位置平面在三个投影面中的投影都是小于实形的类似形。

2）特殊位置平面包括投影面垂直面和投影面平行面两种。

① 与一个面垂直，与另两个投影面倾斜的平面称为投影面垂直面。其中又分为：

铅垂面——与水平投影面垂直；

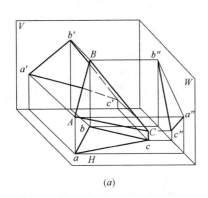
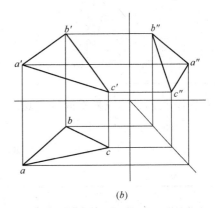

图 2-22　一般位置平面

（a）直观图；（b）投影图

正垂面——与正立投影面垂直；

侧垂面——与侧立投影面垂直。

表 2-9 列出了这三种平面的直观图和三面投影图，从中可归纳出投影面垂直面的投影特性：平面在它垂直的投影面上的投影积聚为一条直线，并且它与投影轴的夹角等于平面与相应投影面的夹角；平面在另两个投影面的投影是小于实形的类似形。

② 与一个投影面平行，与另两个投影面垂直的平面称为投影面平行面。其中又分为：

水平面——平行于水平投影面；

正平面——平行于正立投影面；

侧平面——平行于侧立投影面。

投影面垂直面　　　　　　　　　　　　　　　　　　　表 2-9

名称	直观图	投影图	投影特性
铅垂直	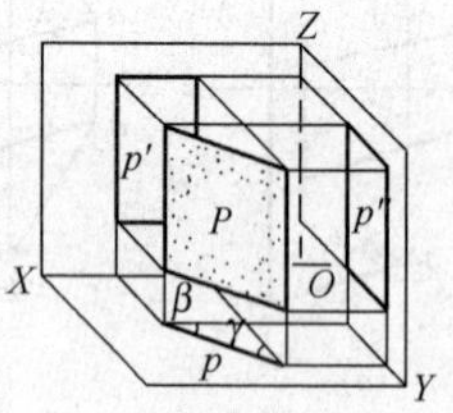	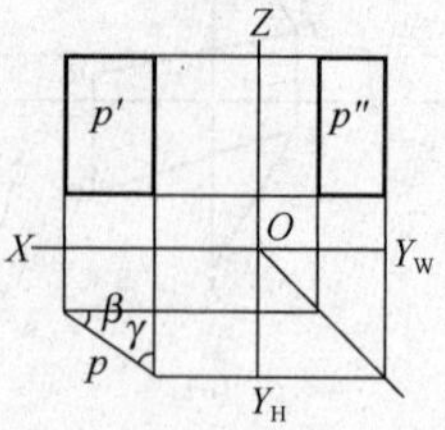	（1）水平投影 p 积聚成直线，并反映平面的倾角 β 和 γ。 （2）正面投影 p' 和侧面投影 p'' 不反映实形
正垂面	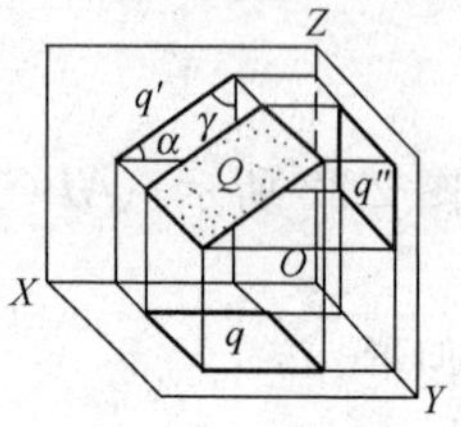	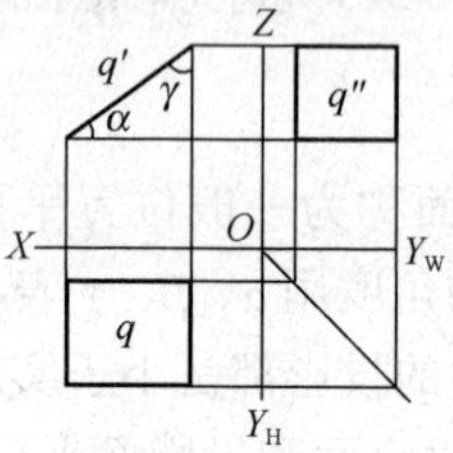	（1）正面投影 q' 积聚成直线，并反映平面的倾角 α 和 γ。 （2）水平投影 q 和侧面投影 q'' 不反映实形
侧垂直	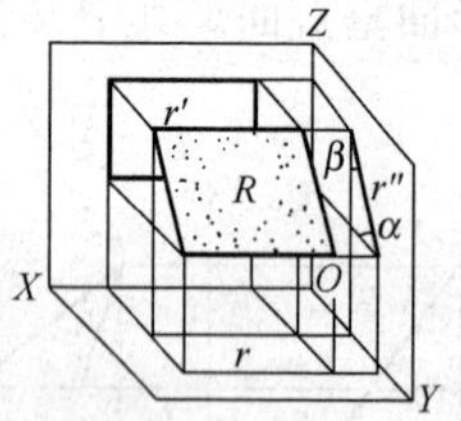	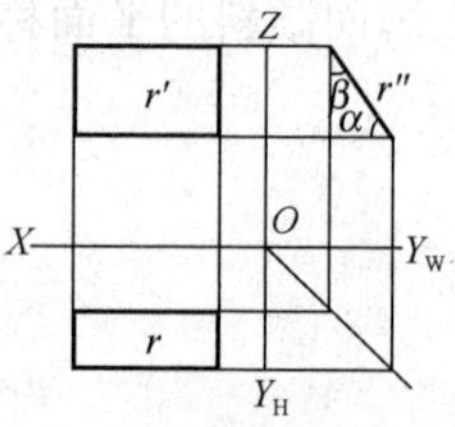	（1）侧面投影 r'' 积聚成直线，并反映平面的倾角 α 和 β。 （2）水平投影 r 和正面投影 r' 不反映实形

　　表 2-10 列出了这三种平面的直观图和三面投影图，从中可归纳出投影面平行面的投影特性：平面在它所平行的投影面中的投影反映实形；平面在另两个投影面中的投影积聚成两条直线，并且平行于相应的投影轴。

投影面平行面　　　　　　　　　　　　　　　　　　　表 2-10

名称	直观图	投影图	投影特性
水平面	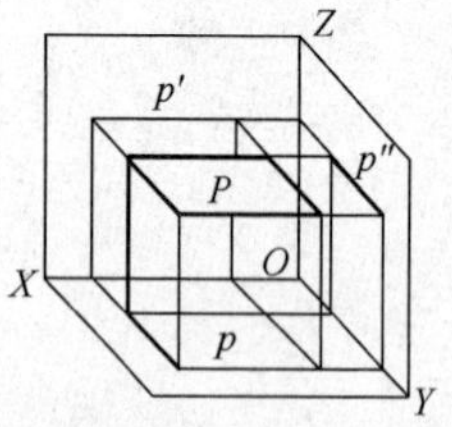	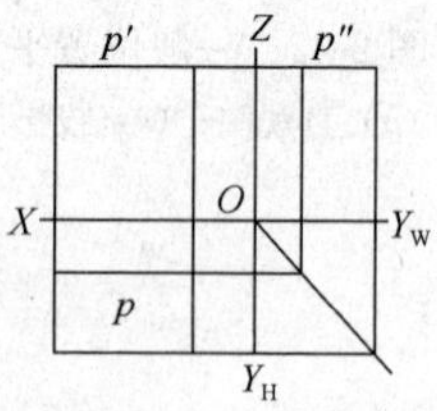	（1）水平投影 p 反映实形。 （2）正面投影 p' 积聚成直线，且 $p'/\!/OX$ 轴，侧面投影 p'' 积聚成直线，且 $p''/\!/OY_W$
正平面	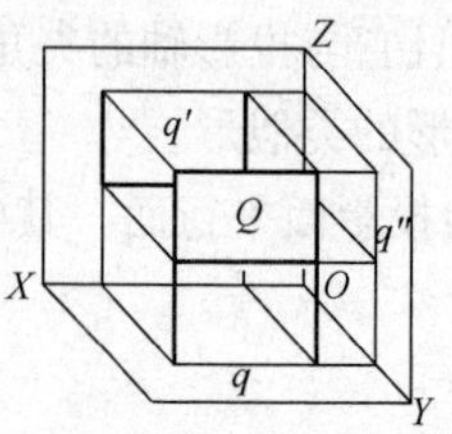	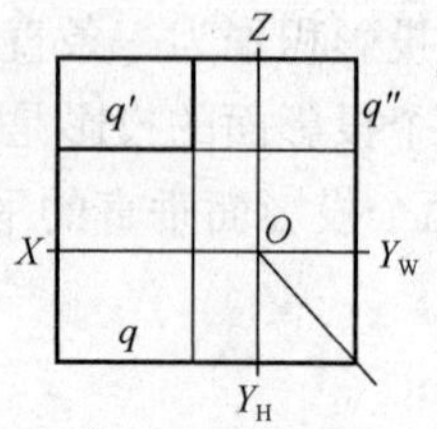	（1）正面投影 q' 反映实形。 （2）水平投影 q 积聚成直线，且 $q/\!/OX$ 轴，侧面投影 q'' 积聚成直线，且 $q''/\!/OZ$ 轴

续表

名称	直观图	投影图	投影特性
侧平面			（1）侧面投影 r'' 反映实形。 （2）水平投影 r 积聚成直线，且 r $//OY_H$ 轴，正面投影 r' 积聚成直线，且 $r'//OZ$ 轴

2.2.3 几何体的投影

立体的形状、大小和位置，由其表面所决定。表面全是平面的立体，称为平面立体。表面是由平面和曲面组成的，或全是由曲面组成的立体，称为曲面立体。

1. 平面立体的投影

平面立体是由平面围成的，而平面是由直线围成的，直线是由点组成的，所以平面立体的投影实际上应是点、线、面的投影。平面立体又分为棱柱体和棱锥体。

（1）棱柱

1）棱柱的投影。棱柱是由棱面及上、下底面组成，棱面上各侧棱互相平行。它是根据底面的多边形来命名。如图 2-23 所示为一个三棱柱的立体直观图及三面投影图。

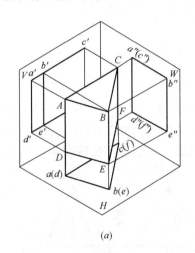
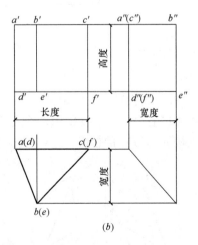

图 2-23 三棱柱的投影
（a）直观图；（b）投影图

分析三棱柱的三面投影图可知：水平投影是一个三角形，它是上、下底面的投影，且反映实形，三条边是三个棱面的积聚投影，三个顶点是三条棱线的积聚投影；正面投影是三个矩形，左边矩形是左棱面的投影（可见），右边矩形是右棱面的投影（可见），大矩形是后棱面的显实投影（不可见），上下两条横线是上、下底面的积聚投影，三条竖线是三条棱线的显实投影；侧面投影是一个矩形，它是左、右两个棱面的重合投影，上下两条横线是上、下底面的积聚投影，前面的竖线是三棱柱前面棱线的显实投影，后面的竖线是三棱柱后表面的积聚投影。

三棱柱的投影对应关系是：正面投影和水平投影长对正，正面投影和侧面投影高平齐，水平投影和侧面投影宽相等。

2）棱柱表面上的点。平面立体是由平面围成的，所以平面立体表面上点的投影与平面上点的投影特性是相同的，不同的是平面立体表面上的点存在可见性问题。通常规定处在可见面上的点为可见点；处在不可见面上的点为不可见点，用加括号的方式标注。

在投影图上，如果给出平面立体表面上点的一个投影，就可以根据点在平面上的投影特性，求出点在其他投影面上的投影。如图 2-24 所示，已知三棱柱表面上点Ⅰ、Ⅱ和Ⅲ的正面投影，可以作出它们的水平投影和侧面投影。从投影图上可以看出，点Ⅰ在三棱柱的左前棱面 ABED 上，点Ⅱ在三棱柱的后表面 ACFD 上，点Ⅲ在 BE 棱线上。具体作图过程如图 2-24 所示。

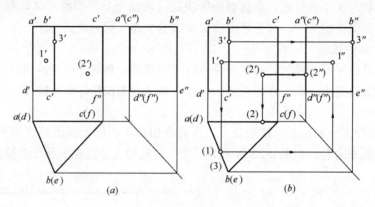

图 2-24　棱柱表面定点

（2）棱锥

1）棱锥的投影。棱线相交于一点的平面立体称为棱锥体，如图 2-25 所示。从三面投影图中可以看出：水平投影由四个三角形组成，△sab 是左前棱面△SAB 的投影，△sbc 是右前棱面△SBC 的投影，△sac 是后棱面△SAC 的投影，它们都不反映实形，△abc 是

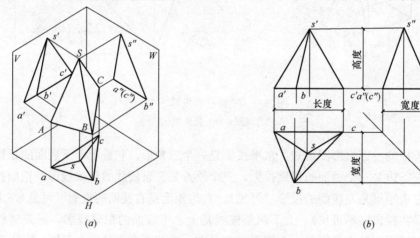

图 2-25　三棱锥的投影

（a）直观图；（b）投影图

底面 ABC 的投影，反映实形；正面投影是由三个三角形组成，分别是左棱面△SAB 的投影△s'a'b'，右棱面 SBC 的投影△s'b'c'，后棱面△SAC 的投影 s'a'c'，下面的一条边 a'b'c' 是底面△ABC 的积聚投影；侧面投影是一个三角形，它是左右两个棱面的重合投影，后边 s"a"c" 是后棱面的积聚投影，下边 a"c"b" 是底面积聚投影，前边 s"b" 是前面一条棱线的投影。三面投影图之间符合"三等关系"。

2）棱锥表面上的点。在棱锥表面上定点，不同于棱柱表面上定点可以利用平面投影的积聚性直接作出，而是利用辅助线作出点的投影。

如图 2-26 所示，已知三棱锥表面上点Ⅰ和点Ⅱ的水平投影；作出它们的侧面投影和正面投影。从投影图上可知：点Ⅰ在左棱面△SAB 上，点Ⅱ在右棱面△SBC 上；两点均在一般位置平面上，求它们的正面投影和侧面投影，必须作辅助线才能求出。具体作图过程如图 2-26（b）所示。

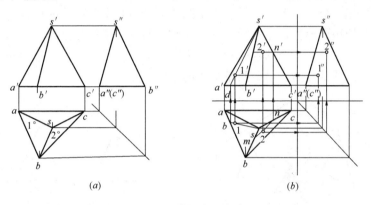

图 2-26　棱锥表面定点

2. 曲面立体的投影

曲面立体是由曲面或曲面与平面围成的立体。常见的曲面立体有圆柱体、圆锥体和球体等，它们都是回转体。回转体是由回转曲面或回转曲面和平面围成的立体。回转曲面是由运动的母线绕着固定的轴线旋转而成的，母线运动到任一位置称为素线。

（1）圆柱。圆柱是由圆柱面和上、下底面围成的。圆柱面是一条直母线绕一条与其平行的轴线回转一周形成的。

1）圆柱的投影。如图 2-27 所示为圆柱的直观图和三面投影图。从投影图上可以看出：水平投影是一个圆，它是上、下底面的重合投影，反映实形，圆周是圆柱面的积聚投影；正面投影是一个矩形，它是前半个圆柱面和后半圆柱面的重合投影，上、下两条横线是上、下两个底面的积聚投影，左、右两条竖线是圆柱面最左和最右两条素线的投影；侧面投影是与正面投影相

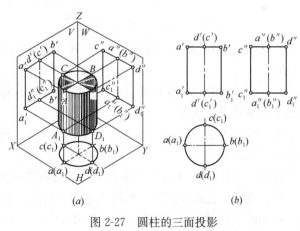

图 2-27　圆柱的三面投影

（a）直观图；（b）投影图

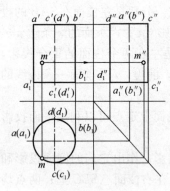

图 2-28　圆柱表面定点

同的矩形，它是左半圆柱面和右半圆柱面的重合投影，上、下两条横线是上、下两个底面的积聚投影，前后两条竖线是圆柱面上最前和最后两条素线的投影。

2）圆柱表面上补点。如图 2-28 中已知 M 点的正面投影 m' 为可见点的投影，M 点必在前半个圆柱面上，其水平投影必定落在具有积聚性的前半个柱面的水平投影图上，由 m、m' 可求出 m''。

（2）圆锥。圆锥是由圆锥面和底面围成。圆锥面是一条直母线绕一条与其相交的轴线旋转一周而形成的曲面。

1）圆锥的投影。如图 2-29 所示，圆锥轴线垂直 H 面，底面圆为水平面。水平面投影是一个圆，它是圆锥面和底面的重合投影，反映底面的实形；正面投影是一个三角形，它是前半个圆锥面和后半个圆锥面的重合投影，三角形的底边是圆锥底面的积聚投影，左右两边是最左和最右两条素线的投影；侧面投影是与正投影一样的三角形，它是左半个圆锥面和右半个圆锥面的重合投影，三角形底边是底面的投影，前、后两边是圆锥最前、最后两条素线的投影。

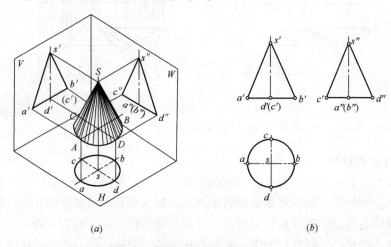

图 2-29　圆锥的三面投影

（a）直观图；（b）立体图

2）圆锥表面上补点。如图 2-30 中 A 为圆锥表面一点，已知其正面投影 a'，求其余两投影。

因为圆锥面的三个投影都没有积聚性，所以不能利用积聚性直接在圆锥面上求点，可利用下面两种方法求解。

素线法：先过 A 点作素线 SAM 的正面投影，然后求出 sm 和 $s''m''$，在 sm 和 $s''m''$ 上求出 a 和 a''。

辅助平面法：过 A 点作一垂直于圆锥轴线的辅助平面 P，该面与圆锥表面的交线是一个圆。该圆的正面投影为一与轴线垂直的直线，它与圆锥轮廓素线的两个交点之间的距离，即是圆的直径。该圆的水平投影仍然是圆，在此圆上求出 a，再由 a' 和 a 求出 a''。

（3）球。球是由球面围成。球面是圆母线绕其本身一根直径旋转一周形成的曲面。

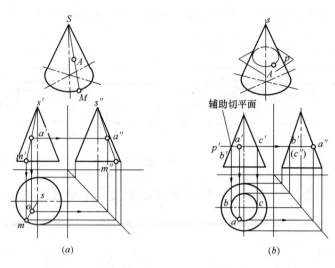

图 2-30 圆锥表面定点

1）球体的投影。如图 2-31 所示，球的三个投影均为圆，其直径与球的直径相等，但三个投影面上的圆是不同方向的外围轮廓线的投影。正面投影是最大正平圆的投影，水平投影是最大水平圆的投影，侧面投影是最大侧平圆的投影。

2）球表面上补点。球表面上补点只能利用辅助平面法，因为球表面上没有直线。具体作图如图 2-32 所示。

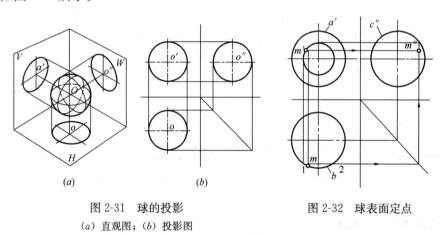

图 2-31 球的投影　　　　　图 2-32 球表面定点
（a）直观图；（b）投影图

2.2.4 组合体的投影

任何复杂的形体都可以看作是由若干个基本几何体所组成，由两个或两个以上的基本几何体组成的形体称为组合体。

1. 组合体的组合形式

组合体的组合形式有叠加型和切割型两种基本方式。

（1）叠加。所谓叠加就是把基本几何体重叠地摆放在一起形成的组合体。根据形体相互的位置关系，叠加分为三种方式。

　　1）叠合。叠合指两个基本几何体以平面的方式相互接触，如图 2-33 所示。

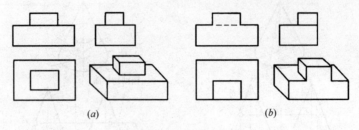

图 2-33　叠合型组合体

　　2）相交。相交指两个基本几何体表面彼此相交。相交处应画出交线，如图 2-34 所示。

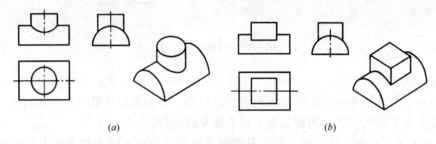

图 2-34　相交型组合体

　　3）相切。相切指两基本几何体表面光滑过渡，在相切处不画交线，如图 2-35 所示。

　　（2）切割。切割体是基本几何体被挖切后形成的组合体，如图 2-36 所示。

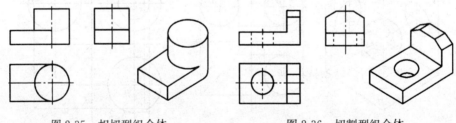

图 2-35　相切型组合体　　　　　　　　图 2-36　切割型组合体

2. 组合体的投影画法

　　画组合体的投影时，经常采用形体分析法，就是假想把组合体分解为几个基本几何体并确定它们的组合形式和相互位置。这种方法是画图和看图的基本方法。

　　如图 2-37 所示，组合体可以看作是由五个基本形体经过切割及叠加而成，其中底板为一四棱柱；在底板上叠合的后立板和左、右两个侧立板也是四棱柱；后立板上的圆孔为挖去一个圆柱而成。了解了组合体各组成部分的形状以及组合方式，就可以完全认识组合体的整体形状。这对画图、看图和标注尺寸是非常必要的。

　　下面以窨井为例说明画组合体的作图步骤。

　　（1）形体分析。先认清组合体的形状和结构，然后分析它由几个简单的形体组成，以及连接关系。

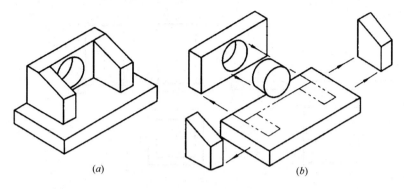

图 2-37　组合体的形体分析

如图 2-38 所示，窨井是由底板、井身、管道及盖板几部分叠加而成。

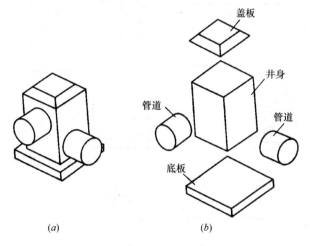

图 2-38　窨井的形体分析

（2）选择视图。在分析组合体的组成后，再确定正立面图的投射方向。通常要求正立图能够较多地表达物体的形状特征，也就是要尽量将组成部分的形状和相对位置关系的特征在正立图上显示出来，并尽量使形体上的主要平面平行于投影面，以便使投影能得到真实形状。

（3）作图。视图确定后，就要根据实物的大小，选择适当的比例和图幅。

图 2-39 为窨井的投影图的画法与步骤。

3. 组合体的尺寸标注

在组合体的投影图上标注尺寸，应掌握形体分析的方法，并达到"完整、正确、清晰"的要求。完整即各类尺寸齐全，也不重复；正确即尺寸数字和选择基准正确，符合《国标》的规定；清晰即标注清晰。

（1）尺寸基准。标注尺寸的起始点，称为尺寸基准。空间形体都有长、宽、高三个方向尺寸，所以必须有三个方向的基准。

（2）尺寸的分类。根据尺寸在投影图中的作用可分为三类。

1）定形尺寸。确定组成组合体的各基本几何体大小的尺寸。常见的基本形体的尺寸标注如图 2-40 所示。

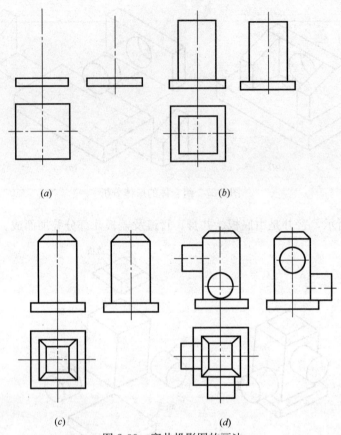

图 2-39　窨井投影图的画法

（a）画底板；（b）画井身；（c）画盖板；（d）画管道

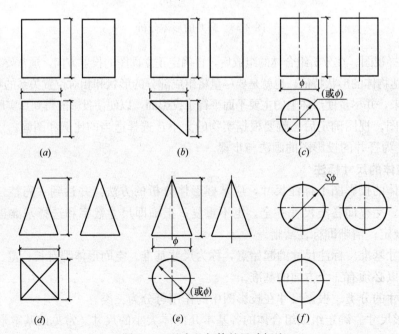

图 2-40　基本几何体的尺寸标注

2）定位尺寸。确定组成组合体的各基本几何体相互位置尺寸，如图 2-41 所示。

3）总体尺寸。确定组合体总长、总宽、总高的尺寸。

（3）尺寸标注原则

1）尺寸标注要遵守《国标》的基本规定。

2）尺寸标注要齐全，不能遗漏，读图时能直接读出各部分的尺寸，不能临时计算。

3）尺寸标注要明显，一般布置在视图的轮廓之外，并位于两个视图之间。

4）同一方向的尺寸可以组合起来，排成

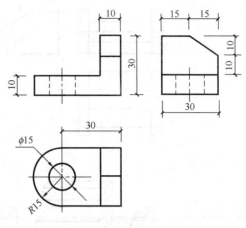

图 2-41　组合体的尺寸标注

几道，大尺寸在外，小尺寸在内。两平行尺寸线距离在 7～10mm 之间。

（4）尺寸标注的步骤

1）确定出每个基本几何体的定形尺寸；

2）确定出各个基本几何体之间的定位尺寸；

3）确定出总尺寸；

4）确定这三类尺寸的标注位置，分别画出尺寸线、尺寸界线、尺寸起止符号；

5）注写尺寸数字。

4. 组合体的视图读法

画图是把空间形体用一组视图在一个平面上表示出来；读图则是根据形体在平面上的一组视图，通过分析，想象出形体的空间形状。读图与画图是互逆的两个过程，其实质都是反映图、物之间的等价关系。读图时，要根据视图间的对应关系，把各个视图联系起来看，通过分析，想象出物体的空间形状。

（1）形体分析法。读图时，要根据三视图的投影规律，把形体分解成几个组成部分，然后对每一组成部分的视图进行分析，从而想象出它们的形状，最后再由这些基本形体的相互位置想象出整个形体的空间形状。

形体分析法的基本步骤如下：

1）划分线框，分解形体；

2）确定每一个基本形体相互对应的三视图；

3）逐个分析，确定基本形体的形状；

4）确定组合体的整体形状。

如图 2-42 所示，利用形体分析法分析所给形体的空间形状。通过三视图分析，在正立面图中把组合体划分为五个线框，左右两边各一个，中间三个。通过对这五部分的三视图对照分析可知：左右两个线框表示两个对称的五棱柱，中间三个线框表示三个四棱柱，三个四棱柱按由下而上的顺序叠放在一起，两个五棱柱紧靠在左右两侧，构成一个台阶。

（2）线面分析法。组成组合体的各个基本形体在各视图中比较明显时，用形体分析法读图比较便捷。当形体构成比较复杂时，可采用线面分析法读图。线面分析法就是运用点线面的投影规律，分析视图中的线条、线框的含义和空间位置，从而看懂视图。

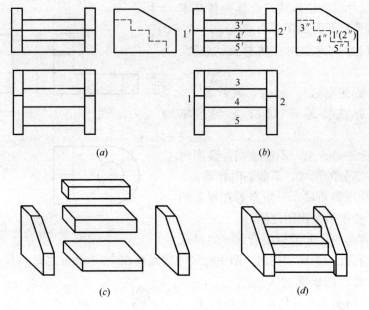

图 2-42　形体分析读图

组合体视图上的一条线可能有三种含义：

1）两体表面交线的投影；

2）垂直面的积聚投影；

3）曲面的外形直线的积聚投影。

组合体视图上的一个封闭线框，可以是物体上不同位置平面和曲面的投影。如图2-43所示，用线面分析法读图（此处仅举 A 面及 I 面为例）。

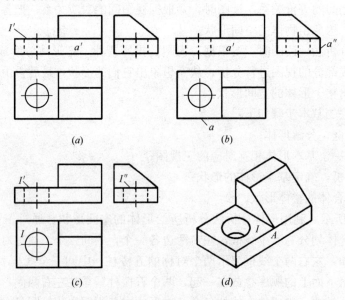

图 2-43　线面分析读图

2.2.5 轴测投影

图 2-44（*a*）为形体的三视图，图 2-44（*b*）为同一形体的轴测图。正投影图的优点是能够完整、准确地表达建筑形体的形状和大小，且作图方便，又便于标注尺寸，但这种图样直观性差，不具有一定读图能力的人难以看懂。为了帮助看图，工程上还常采用的一种图样就是轴测图。轴测

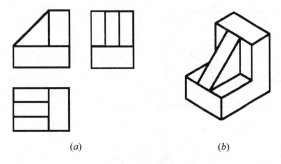

图 2-44　三视图和轴测图的比较
(a) 三视图；(b) 轴测图

图是一种能同时反映形体的长、宽、高三个方向且用平行投影原理绘制的一种单面投影图。这种投影图的优点是直观性强、容易看懂、富有立体感，缺点是不能反映三个方向的实形，度量性差，作图也较繁琐，因此在建筑工程中常作为辅助图样，用于需要表达建筑形体直观形象的场合。

1. 轴测投影的形成

将空间形体及确定其空间位置的直角坐标系用平行投影法，沿 *S* 方向投射到单一投影面 *P* 上，使平面 *P* 上的图形能同时反映出空间形体的长、宽、高三个尺度，这种方法所得到的图形就称为轴测投影，或称为轴测图，如图 2-45 所示。图中 *S* 为轴测投影的投射方向，*P* 为轴测投影面。

2. 轴测轴、轴间角、轴向伸缩系数

（1）轴测轴——空间直角坐标轴 OX、OY 和 OZ 在轴测投影面 *P* 上的投影 O_1X_1、O_1Y_1 和 O_1Z_1，称为轴测投影轴，简称轴测轴。

（2）轴间角——轴测轴之间的夹角 $\angle X_1O_1Z_1$、$\angle X_1O_1Y_1$、$\angle Y_1O_1Z_1$，称为轴间角。

（3）轴向伸缩系数——物体上平行于直角坐标轴的直线段投影到轴测投影面 *P* 上的长度与其相应的原长之比，称为轴向伸缩系数。

用 p、q、r 分别表示 OX、OY 和 OZ 轴的轴向伸缩系数。图 2-45 中，设直角坐标轴 OX、OY、OZ 上的单位长度分别为 OA、OB、OC，其相应的轴测轴 O_1X_1、O_1Y_1、O_1Z_1 上的单位长度分别为 O_1A_1、O_1B_1、O_1C_1，则：$p = O_1A_1/OA$；$q = O_1B_1/OB$；$r = O_1C_1/OC$。

如果给出轴间角，便可作出轴测轴；再给出轴向伸缩系数，便可画出与空间坐标轴平行的线段的轴测投影。所以，轴间角和轴向伸缩系数是绘制轴测图的两组基本参数。

对于不同类型的轴测投影，有着不同的轴间角和轴向伸缩系数。

3. 轴测图的种类

根据投射方向是否垂直于轴测投影面，轴测图可分为两大类。

正轴测图：用正投影法（投射方向 *S* 垂直于轴测投影面 *P*）得到的轴测图，如图 2-45 所示。

斜轴测图：用斜投影法（投射方向 *S* 倾斜于轴测投影面 *P*）得到的轴测图，如图 2-46 所示。

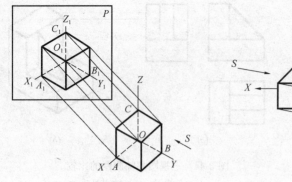

图 2-45 轴测图的形成

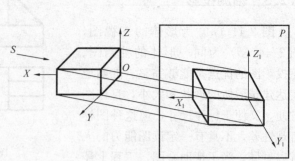

图 2-46 斜轴测投影图

根据轴向伸缩系数的不同,轴测图又可分为三种。

正(或斜)等轴测图,简称正(或斜)等测:三个轴向伸缩系数均相等($p=q=r$);

正(或斜)二等轴测图,简称正(或斜)二测:只有两个轴向伸缩系数相等($p=r\neq q$ 或 $p=q\neq r$ 或 $p\neq q=r$);

正(或斜)三测轴测图,简称正(或斜)三测:三个轴向伸缩系数均不相等($p\neq q\neq r$)。

在实际作图时,正等测、斜二测用得较多,对于其余各种轴测投影,可根据作图时的具体要求选用,但一般需采用专用作图工具,否则作图会非常繁琐。

4. 轴测图的基本性质

轴测图是在单一投影面上由平行投影得到的一种投影图,所以它具有平行投影的一切性质。应特别指出的是:

(1)平行性。空间平行的直线段,其轴测投影仍互相平行。即形体上与直角坐标轴平行的线段,其轴测投影仍平行于相应的轴测轴。

(2)等比性。形体上平行于直角坐标轴的直线段,其轴测投影长与原线段实长之比等于相应的轴向伸缩系数。

因此,画轴测图时必须沿轴测轴或平行于轴测轴的方向才可以度量,轴测图也因此而得名。

在绘制轴测投影时应该注意空间与坐标轴平行的线段,其长度在轴测投影中等于实际长度乘以相应轴测轴的轴向伸缩系数,但与坐标轴不平行的直线具有不同的伸缩系数,不能在轴测投影中直接作出,只能按坐标作出其两端点后画出该直线。

2.3 建筑形体的表达方法

在建筑工程建造中,建筑物和构筑物的形状和结构是比较复杂的,为了正确、完整、清晰、规范地将建筑形体的内外形状表达出来,国家标准《技术制图》、《建筑制图》中规定了各种画法,如基本视图、剖面图、断面图、简化画法等。

2.3.1 建筑形体的基本视图

在建筑工程制图中常把建筑形体在某个投影面上的投影称为视图,在前面基本形体投影部分已经介绍了形体的三面视图的形成及投影关系。但建筑物的形体有时比较复杂，例如房屋的几个立面形状不同，要想将每个立面的形状都表达出来，三个视图是远远不够的，因此为了便于画图和读图，需增加一些基本视图。

1. 基本视图

形体在基本投影上面的投影为基本视图。所谓基本视图是指国家标准规定的组成正六面体的六个面，形体放在正六面体内，向六个面投影可得到六个视图，如图 2-47 所示。这六个视图即为基本视图。

前面介绍的三视图就是这六个视图中的三个。自前方 A 投影称为正立面图，自上方 B 投影称为平面图，自左方 C 投影称为左侧立面图，自右方 D 投影称为右侧立面图，自下方 E 投影称为底面图，自后方 F 投影称为背立面图。如图 2-48（a）所示。如在同一张纸上绘

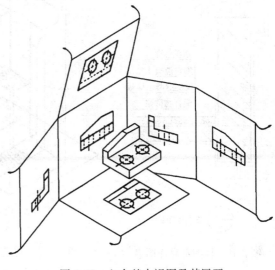

图 2-47　六个基本视图及其展开

制若干个视图时，各视图的位置宜按图 2-48（b）的顺序进行配置。每个视图一般均应标注图名。图名宜标注在视图的下方或一侧，并在图名下用粗实线绘一条横线，其长度应以图名所占长度为准，如图 2-48（b）所示。使用详图符号作图名时，符号下不再画线，如图 2-49 所示。

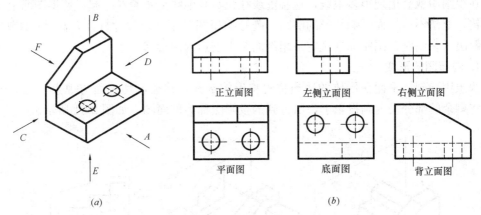

图 2-48　基本视图的投影方向与配置

2. 镜像视图

在建筑工程中一般不采用底面图，但有些建筑物是在下面看不见，如梁、柱是在楼板的下面，如果直接作正投影图绘制平面图，这些梁、柱等建筑构件就要用虚线画出，如图 2-50（b）所示，这样会给读图带来不便，而且虚线太多，图形显得杂乱。如果将底面当成镜面，柱、梁、板的投影在镜面中会得到一个垂直映像，如图 2-50（a）所示，这就是镜像投影。用镜像投影法绘制的图形应在图名后注写"镜像"二字，如图 2-50（c）所示。

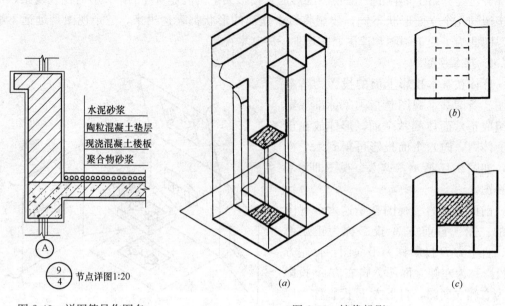

图 2-49 详图符号作图名

图 2-50 镜像投影

(a) 垂直映像；(b) 平面图；(c) 平面图（镜像）

水泥砂浆
陶粒混凝土垫层
现浇混凝土楼板
聚合物砂浆

A

9/4 节点详图1:20

2.3.2 建筑形体的剖面图

建筑形体上不可见部分的投影，在视图中是用虚线表示的，若形体的内部结构较复杂，在视图中就会出现很多虚线，这些虚线往往与其他线型重叠在一起，使得图面上虚实线交错，混淆不清，而影响图形的清晰，既影响识图又不便于尺寸标注，甚至产生差错。为了解决这一问题，国家标准规定采用剖面图来表达内部形状。

1. 剖面图的形成

假想用一剖切平面在形体的适当位置将形体剖开，移去剖切平面与观察者之间的部分，将剩余的部分投射到投影上，所得到的投影图称为剖面图，如图 2-51 所示。

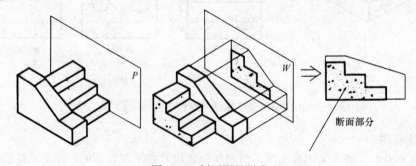

断面部分

图 2-51 剖面图的形成

2. 剖面图的内容

（1）断面

剖切平面与形体接触的部分称为断面，在断面图上要画上材料图例，材料图例要根据材料进行绘制，当不需要在断面区域表示材料的类别时，可采用断面画线表示，通用断面线一般为间隔均匀的 45°平行细实线表示断面，如果剖面图中主要轮廓线为 45°时，通用断面线应画成 60°或 45°间隔相等的平行细实线。

（2）剖面图的画法

剖面图除应画出剖切平面切到部分的图形外，还应画出沿投射方向看到的部分，被剖切平面剖到部分的轮廓线用粗实线绘制，剖切面没有切到，但沿投射方向可以看到的部分，用中实线绘制，如图 2-52 所示的台阶剖面图。

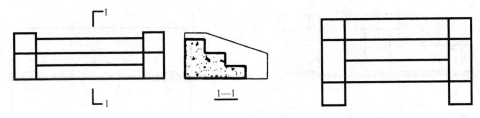

图 2-52　台阶的剖面图

（3）剖面图的标注

剖面图的图形是由剖切平面的位置和投射方向决定的。因此，在剖面图中用剖切符号指明剖切位置和投射方向，为了便于读图，还要对剖切符号进行编号，并在相对应的剖面图上用该编号作图名，剖面图的剖切符号应由剖切位置线及投射方向线组成，均应以粗实线绘制，如图 2-53 所示。

1）剖切位置：剖切符号由剖切位置线和投射方向线组成。剖切位置线表示剖切平面的剖切位置，用粗实线绘制，剖切位置线的长度宜为 6～10mm，并且不能与图中的其他图线相交。

2）投射方向：表示剖切后的投射方向，投射方向线应垂直于剖切位置线，长度应短于剖切位置线，用粗实线垂直地画在剖切位置线的两端，长度约 4～6mm，其指向即为投射方向。

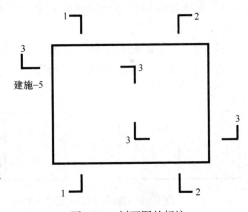

图 2-53　剖面图的标注

3）剖切符号的编号：宜采用阿拉伯数字，一般按从左到右，从上到下的顺序连续编排，并应注写在投射方向线的端部；剖切位置线需要转折时，应在转角的外侧加注与该符号相同的编号；剖面图或断面图，如与被剖切图样不在同一张图内，可在剖切位置线的另一侧注明其所在图纸的编号，也可以在图上集中说明，如图 2-53 所示的建施—5。

（4）画剖面图应注意的事项

1）作剖面图时，为了把形体的内部形状准确、清楚地表达出来，一般剖切平面要平行于基本投影面，剖切位置应通过物体的孔、洞、槽的中心线。

2）由于剖面图是假想被剖开的，所以某个视图画出剖面图时，在画其他视图时，应按完整的形体画出，如图 2-54 所示。

3）剖面图中已表达清楚的形体内部形状，在其他视图中投影为虚线时，一般不再画出，如图 2-54 所示。但对没有表达清楚的内部形状，仍应画出必要的虚线，如图 2-55 所示。

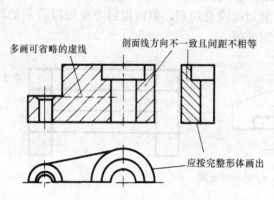
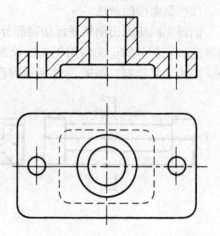

图 2-54　剖面图错误的画法　　　　　　　　　图 2-55　剖面图中应画的虚线

4）建筑材料图例线应间隔均匀，疏密适度，做到图例正确，表示清楚。不同品种的同类材料使用同一图例时（如某些特定部位的石膏板必须注明是防水石膏板时），应在图上附加必要的说明。同一个形体材料图例必须一致。

5）常用建筑材料的图例画法，对其尺度比例不作具体规定。使用时，应根据图样大小而定。

6）两个相同的材料图例相接时，图例线宜错开或使倾斜方向相反，如图 2-56 所示。

7）两个相邻的涂黑图例（如混凝土构件、金属件）间，应留有空隙。其宽度不得小于 0.7mm，如图 2-57 所示。

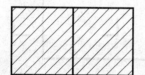
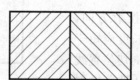

图 2-56　相同图例相接时的画法　　　　　图 2-57　相邻涂黑图例的画法

8）当选用标准中未包括的建筑材料时，可自编图例。但不得与本标准所列的图例重复。绘制时，应在适当位置画出该材料图例，并加以说明。

9）剖切平面后面的可见轮廓线必须画出，初学者往往容易漏画这些线型，必须给予特别注意，如图 2-58 所示。

3. 剖面图的剖切方法

画剖面图时，可以根据形体的不同形状特点，采用如下几种处理方式：

（1）用一个剖切面剖切

1）全剖面图

对于不对称的组合体，或虽然对称但外形较简单，或在另一投影中已将其外形表达清

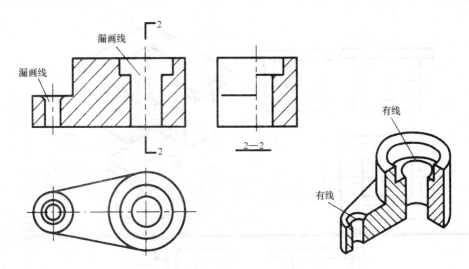

图 2-58 不要漏画剖切平面后面的可见轮廓线

楚时，可以假想用一个剖切面将形体全剖切开，然后画出形体的剖面图，这样的剖面图称为全剖面图，如图 2-52 所示台阶的 1-1 剖面图和图 2-55 的剖面图。

全剖面图一般应进行标注，但当剖切平面通过形体的对称线，且又平行于某一基本投影面时，可不标注。

2）半剖面图

当形体的内、外部形状均较复杂，且在某个方向上的投影为对称图形时，可以在该方向的投影图上一半画没剖切的外部形状，另一半画剖切开后的内部形状，此时得到的剖面图称为半剖面图。如图 2-59（a）所示沉井，其正立面图是对称图形，可假想用一正平面作剖切平面，沿沉井的前后对称线剖开，然后在正立面图上以对称线为界，一半画沉井的外部形状，另一半画剖切开后的内部形状，如图 2-59（c）所示，同样可得到剖切开后的平面图 1-1 和侧立面图。由于剖切位置在图形左右、前后对称线上，所以剖切标注省略。

画半剖面图时要注意：

① 半剖面图的标注方法同全剖面图一样。

② 在半剖面图中，规定用形体的对称线（细点画线）作为剖面图和投影图之间的分界线。

③ 半剖面图中的半个剖面图通常画在图形的垂直对称线的右方或水平对称线的下方。

④ 由于在剖面图一侧的图形已将形体的内部形状表达清楚。因此，在投影图一侧不应再画表达内部形状的虚线。

⑤ 对于同一图形来说，所有剖面图的工程材料图例要一致。

3）局部剖面图

当形体某一局部的内部形状需要表达时，但又没必要作全剖面图或不适合作半剖面图时，可以保留原投影图的大部分，用剖切平面将形体的局部剖切开而得到的剖面图称为局部剖面图。如图 2-60 所示的杯形基础，其正立剖面图为全剖面图，在断面上详细表达了钢筋的配置，所以在画水平面图时，保留了该基础的大部分外形，仅将其一角画成剖面图，反映内部的配筋情况。

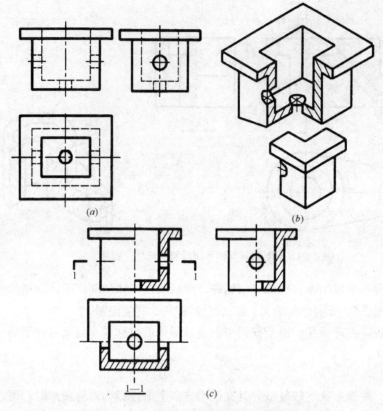

图 2-59　沉井的半剖面图

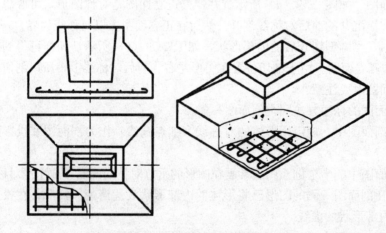

图 2-60　杯形基础的局部剖面图

局部剖面图一般不需标注，但局部剖面图与投影之间要用波浪线隔开，需要注意的是，波浪线不能与投影图中的轮廓线重合，也不能超出图形的轮廓线。

（2）分层剖切的剖面图

图 2-61 表示应用分层局部剖面图，反映地面各层所用的材料和构造的做法，多用来表达房屋的楼面、地面、墙面和屋面等处的构造。分层局部剖面图应按层次以波浪线将各

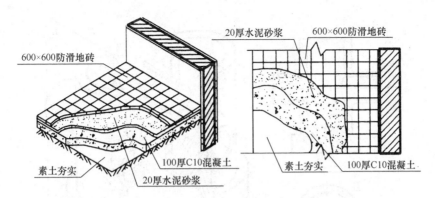

图 2-61 分层局部剖面图

层分开，波浪线也不应与任何图线重合。

（3）用两个或两个以上平行的剖切面剖切——阶梯剖面图

当形体上有较多的孔、槽等内部结构，且用一个剖切平面不能都剖到时，则可假想用几个互相平行的剖切平面，分别通过孔、槽等的轴线将形体剖开，所得的剖面图称为阶梯剖面图，如图 2-62 所示。

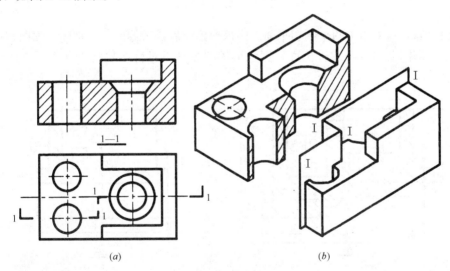

图 2-62 阶梯剖面图

在阶梯剖面图中，不能把剖切平面的转折平面投影成直线，并且要避免剖切平面在图形轮廓线上转折。阶梯剖面图必须要进行标注，其剖切位置的起、止和转折处都要用相同的阿拉伯数字标注。

（4）用两个相交的剖切面剖切——旋转剖面图

采用两个或两个以上的相交平面把形体剖开，并将倾斜于投影面的断面及其所关联部分的形体绕剖切面的交线旋转到与基本投影面平行后再进行投射，所得的剖面图称为旋转剖面图，用此法剖切时，应在图名后注明"展开"字样。如图 2-63（a）的 2-2 剖面图。

4. 剖面图的识读

【例 2-1】 图 2-64 所示为一组合体，为了清楚表达形体的内部形状，从平面图上的剖

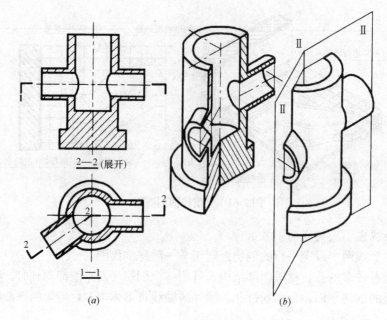

图 2-63　旋转剖面图

切位置线可知，它采用了两个剖切平面。因该形体前后是对称的，故把侧立面图改用半剖面图表示，即图 2-64（a）2-2 剖面，因该形体的左右不对称，故把正立面图改用全剖面

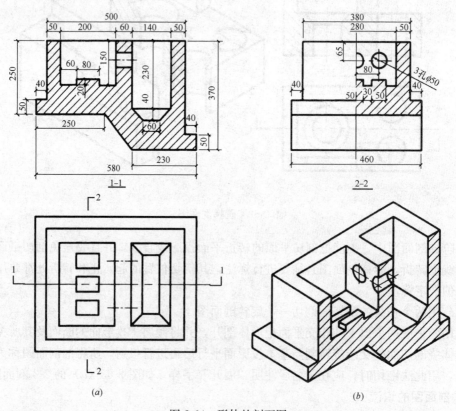

图 2-64　形体的剖面图

图表示，即 1-1 剖面。此外因为形体中部的三个圆孔的形状已由两个剖面图表示清楚，故平面图中只要画出圆孔的三条轴线即可；又因为底板的底面上的两条转折线，已由两个剖面图所确定，所以在平面图上不再画出虚线。图 2-64（b）所示为该组合体的轴测剖面图。

【例 2-2】看懂化污池的三视图，如图 2-65 所示，选择合适的剖切将化污池改为剖面图，材料为钢筋混凝土。

识读步骤：

（1）形体分析。该形体可以看成由四部分组成，现自下而上逐个分析：

1）长方体底板：底板下方四角有四个四棱台墩子，近中间处下方有一个四棱柱，由于它们都在地板下，所以画成虚线，如图 2-66 所示。

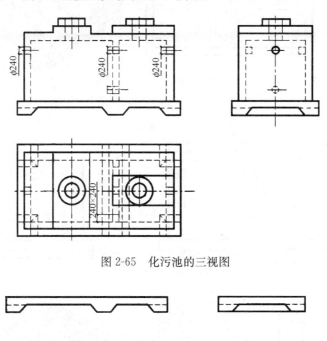

图 2-65 化污池的三视图

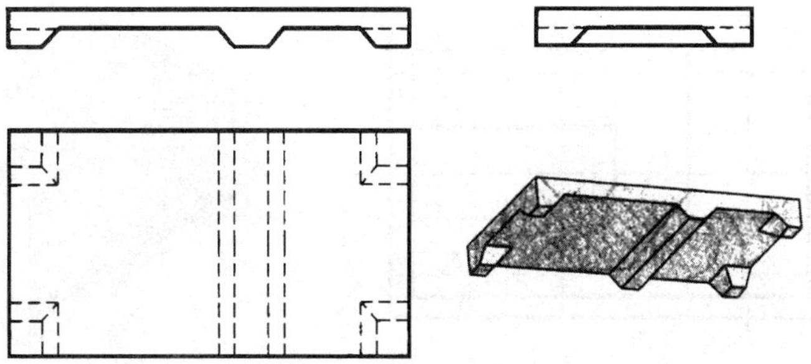

图 2-66 长方体底板

2）长方体池身：底板上都有一个箱形长方体池身，近中间处有一块隔板将内部分为两个空间，构成了两个池子，左右外壁上各有一个 φ240 的小圆柱孔，位于前后对称的中心线上，隔板上下有两个 φ240 的小圆柱孔。在隔板的前后端，有两个对称的方孔，其大小是 240×240，高度与隔板上部小孔的位置一样，如图 2-67 所示。

3）长方体池身顶面：顶面有两块四棱柱板，左边一块横放，右边一块纵放，如图 2-68 所示。

4）长方体池身顶面圆柱通孔：在长方体顶面两块四棱柱板上，各有一个圆柱体，其

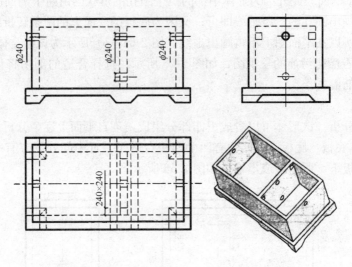

图 2-67　箱形长方体池身

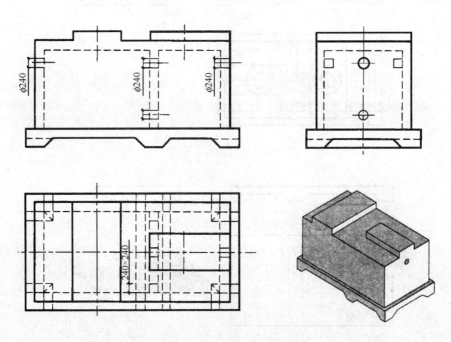

图 2-68　长方体池身顶面

中又挖去一个圆柱通孔，与箱内池身相通。综合分析后，即可确定化污池整体形状，如图 2-69 所示。

（2）选择剖面方式

分析完化污池的形状后，可以看出正面外形较为简单，所以正立面图采用全剖面，平面图前后方向对称，外部形状和内部结构都需要表达，故采用半剖面图。左侧立面图在外壁上有一小圆柱孔，所以也采用半剖面图来表达，如图 2-70 所示。

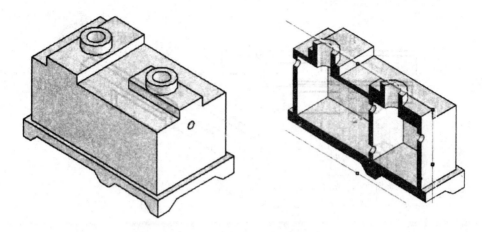

图 2-69 化污池的整体形状

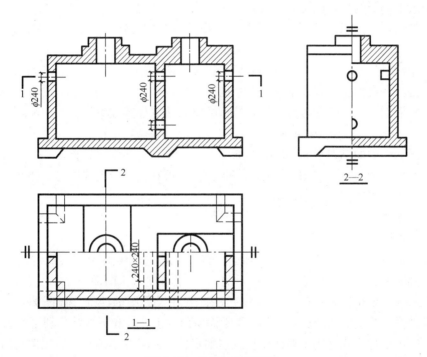

图 2-70 化污池的剖面图

2.3.3 建筑形体的断面图

1. 断面图的概念

前面讲过，用一个剖切平面将形体剖开之后，剖切平面与形体接触的部位称为断面。如果把这个断面投射到与它平行的投影面上，所得到的投影表示出断面的实形，称为断面图，如图 2-71 所示的 1-1 断面。与剖面图一样，断面图也是用来表示形体的内部形状的。

如图 2-71 所示，剖面图与断面图的区别在于：

（1）断面图只画出形体被剖开后断面的投影，是面的投影。而剖面图要画出形体被剖

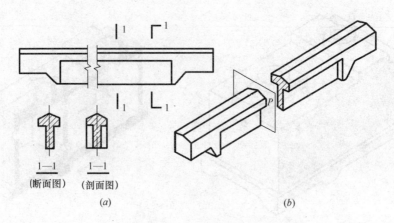

图 2-71　剖面图与断面图的区别

开后整个余下部分的投影，是体的投影。

（2）剖切符号的标注不同。断面图的剖切符号只画出剖切位置线，并应以粗实线绘制，长度宜为 6～10mm，不画投射方向线。

（3）用编号的注写位置来表示剖切后的投射方向，编号所在的一侧应为该断面的剖视方向，如编号写在剖切位置线下侧，表示向下投射；注写在右侧，表示向右投射。

（4）断面剖切符号的编号宜采用阿拉伯数字，按顺序连续编排，并应注写在剖切位置线一侧。

（5）剖面图中的剖切平面可转折，断面图中的剖切平面则不转折。

（6）断面图如与被剖切图样不在同一张图内，可在剖切位置线的另一侧注明其所在图纸的编号，也可以在图上集中说明。

2. 断面图的画法

（1）移出断面

画在投影图外的断面，称为移出断面。移出断面的轮廓线用粗实线绘制，如图 2-72（a）所示的 1-1 断面和图 2-73（a）所示的"T"形梁的 1-1 断面。

一个形体有多个断面图时，可以整齐地排列在投影图的四周。如图 2-72 所示为梁、柱节点构件图，花篮梁的断面形状如 1-1 断面所示，上方柱和下方柱分别用 2-2、3-3 断面图表示，这种处理方式适用于断面变化较多的形体，并且往往用较大的比例画出。

形体较长且断面没有变化时，可以将断面图画在投影图中间断开处。如图 2-73（b）所示，在"T"梁的断开处画出梁的断面，以表示梁的断面形状。这样的断面图不需标注。

（2）重合断面

断面图直接画在图形内，这时可以不加任何标注，只需在断面图的轮廓线之内画出材料图例，如图 2-74（a）所示。当断面尺度较小时可将断面图涂黑，如图 2-75 所示，这种断面称为重合断面。重合断面的图线与投影图的图线应有所区别，当重合断面的图线为粗实线时，投影图的图线应为细实线，反之则用粗实线。

【例 2-3】如图 2-74 所示，可在墙壁的正立面图上加画断面图，比例与正立面图一致，表示墙壁立面上装饰花纹的凹凸起伏状况，图中右边小部分墙面没有画出断面，以供对

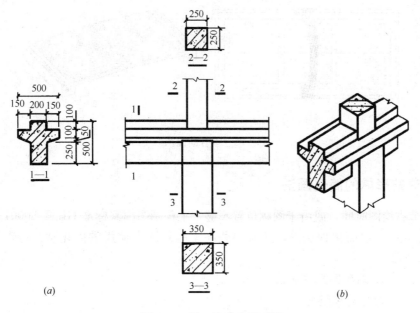

图 2-72 梁、柱节点断面图

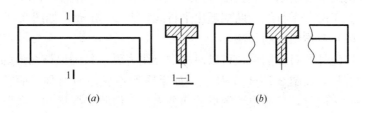

图 2-73 断面图

（a）移出断面；（b）中间断面

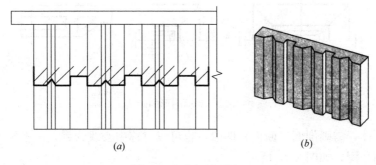

图 2-74 重合断面图一

比。这种断面是假想用一个与墙壁立面相垂直的水平面作为剖切平面，剖开后向下旋转到与立面重合的位置得出来的。这种断面图不需标注。

【例 2-4】 如图 2-75（a）所示为屋顶平面图，是假想用一个垂直屋脊的剖面将屋面剖开，然后将断面向左旋转到与屋顶平面图重合的位置得出来的。

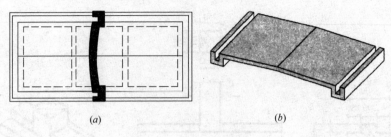

图 2-75　重合断面图二

2.3.4　建筑形体的简化画法

为了节省绘图时间，或由于图幅位置不够，工程制图国家标准 GB/T 50001—2010 规定了一些简化画法外，还有一些在工程制图中惯用的简化画法，现简要介绍如下。

1. 对称图形的画法

（1）对称符号

对称符号由对称线和两端的两对平行线组成，对称线用细点画线绘制；平行线用细实线绘制，其长度宜为 6~10mm，每对间距宜为 2~3mm；对称线垂直平分于两对平行线，两端超出平行线宜为 2~3mm，如图 2-76 所示。

图 2-76
对称
符号

（2）对称图形的画法

构配件的对称图形，可以对称中心线为界，只画出该图形的一半，并画上对称符号，如图 2-77（a）所示。如果图形不仅左右对称，而且上下对称，还可进一步简化，只画出该图形的四分之一，但此时要增加一条竖向对称线和相应的对称符号，如图 2-77（b）所示。对称图形也可稍超出对称线，此时不宜画对称符号，而在超出对称线部分画上折断线，如图 2-77（c）所示。

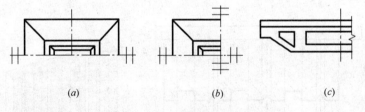

图 2-77　对称图形的画法

对称的形体，需画剖面（断面）图时，也可以对称中心线为界，一半画外形图，一半画剖面（断面）图，如图 2-78 所示。

2. 相同构造要素的画法

建筑物或构配件的图样中，构配件内多个完全相同而连续排列的构造要素，可仅在两端或适当位置画出其完整形状，其余部分以中心线或中心线交点表示，如图 2-79（a）、（b）所示。

如连续排列的构造要素少于中心线交点，则其余部分应在相同构造要素位置的中心线交点处用小圆点表示，如图 2-79（c）、（d）所示。

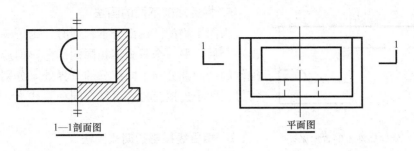

图 2-78　一半画视图，一半画剖面图

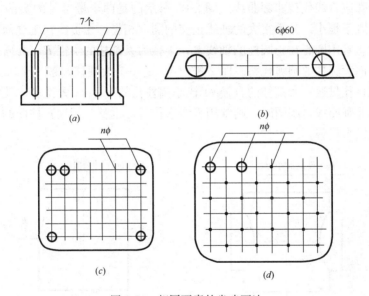

图 2-79　相同要素的省略画法

3. 较长构件的画法

较长的构件，如沿长度方向的形状相同，或按一定规律变化，可折断省略绘制，断开处应以折断线表示，如图 2-80 所示。应注意：当在用折断省略画法所画出的图样上标注尺寸时，其长度尺寸数值应标注构件的全长。

4. 构件的分部画法

绘制同一个构件，如幅面位置不够，可分成几个部分绘制，并以连接符号表示相连，连接符号用折断线表示需连接的部位，并以折断线两端靠图样一侧用大写拉丁字母表示连接编号，两个被连接的图样，必须用相同的字母编号，如图 2-81 所示。

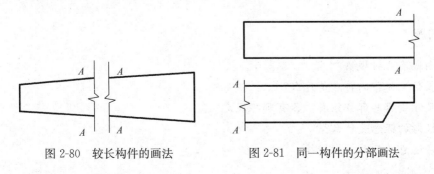

图 2-80　较长构件的画法　　　图 2-81　同一构件的分部画法

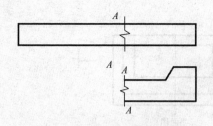

图2-82 构件局部不同省略画法

5. 构件局部不同的画法

当两个构配件仅部分不相同时，则可在完整地画出一个后，另一个只画不相同的部分，但应在两个构配件的相同部分与不同部分的分界处，分别绘制连接符号。两个连接符号应对准在同一直线上，如图2-82所示。

6. 相贯线投影的简化画法

在不致引起误解时，允许简化相贯线投影的画法，例如用圆弧或直线代替非圆曲线。图2-83所示的是两个最常见的实例。图2-83（a）是两个半径差既不很小，又不很大的轴线正交的圆柱相贯，相贯线在正立面图中应是非圆曲线。制图时，常用圆心在小圆柱的轴线上，半径为大圆柱的半径R，并通过两圆柱面外形线交点，凸向大圆柱的圆弧代替。图2-83（b）是一个大圆柱，被一个轴线与大圆柱轴线正交的小圆柱孔贯通，大圆柱的直径$\phi 1$比小圆柱孔的直径$\phi 2$大得多，其相贯线在正立面图中也应是非圆曲线，制图时，则常用直线来代替，也就是用大圆柱面的外形线延伸过孔口的这段直线来代替。

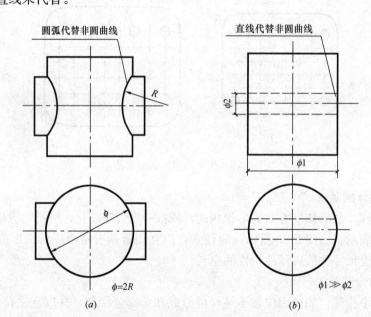

图2-83 相贯线投影的简化画法示例
（a）非圆曲线简化为圆弧；（b）非圆曲线简化为直线

思考练习题

1. 图幅有几种规格？
2. 长仿宋体字的特点是什么？
3. 尺寸由哪些部分组成？各有哪些规定？
4. 投影的概念是什么？
5. 详述点的三面投影规律。

6. 试述特殊位置直线的投影特性。

7. 简述特殊位置平面的投影特性。

8. 棱柱、棱锥、圆柱、圆锥、球的投影有哪些特性?

9. 求做立体表面上点和直线的投影有哪些方法?

10 试述形体分析法在画图、识图、尺寸标注中的运用。

11. 组合体的尺寸有几类,标注尺寸的原则是什么?

12. 什么是剖面图、断面图? 二者的异同点是什么?

第3章 识读建筑施工图

3.1 建筑施工图概述

建筑施工图是房屋建筑设计、施工的最基本工程图样。本章重点介绍建筑施工图中的建筑总平面图，建筑平、立、剖面图及建筑详图的图示特点及主要内容，并结合实例介绍房屋建筑施工图的识图方法。

在一套房屋建筑的工程图中，建筑施工图是最基本的图样，简称"建施"。建筑施工图是一种能准确表达建筑物的外部轮廓、内部布局、详细尺寸、结构构造和材料做法的图样，是建筑设计思想的直接体现。建筑施工图是由设计单位的建筑设计师根据设计任务书的要求、有关的设计资料、计算数据及建筑环境和艺术等多方面因素设计绘制而成的。

在初步设计阶段，建筑设计师根据建设单位提出的设计任务和要求进行调查研究，搜集必要的设计资料，提出初步设计方案，绘制简略的房屋平、立、剖面设计图和总体布置图以及各种方案的技术、经济指标和工程估算等。

在施工图设计阶段，建筑设计师在初步设计的基础上，综合建筑、结构、设备等各工种的相互配合和协调，并作出相应的调整，将满足工程施工的各项具体要求反映在图纸中。

建筑施工图是施工单位进行施工的依据，其内容主要包括建筑设计说明书、总平面图、平、立、剖面图、构造详图等，整套图纸要求完整详细、前后统一、尺寸齐全、正确无误等。

建筑施工图的各类图样，主要采用正投影法绘制。正面图、立面图和剖面图，是建筑施工图中最重要的图。在图幅大小允许的情况下，可将平、立、剖面图，按投影关系绘制在同一张图纸上，以便于阅读。平、立、剖面图也可以分别绘制在多张图纸上。

房屋建筑的实际形体较大，建筑施工图常采用较小的比例绘制。而房屋内各部分构造复杂多样，某些图样在小比例的平、立、剖面图中无法表达清楚，因此还需要在施工图中绘制比例较大的详图，如节点详图等。

房屋建筑的构、配件和材料种类繁多，为了作图简便及提高建筑制图的标准化，"国标"中规定了一系列的图形符号来代表建筑构配件、设备、建筑材料等，这类图形符号被称为图例。在建筑施工图中，设计人员会运用大量的图例和符号来表达其设计意图，以简化作图，并保证图样表达的统一性及标准化，为建筑施工、施工安装、施工预算的编制，设备和构配件的制作等提供完整的、正确的图纸依据。

3.2 建筑施工图的主要内容

建筑施工图通常包括图纸目录、建筑设计说明、总平面图、建筑平面图、立面图、剖面图、门窗及节点详图等内容。

1. 图纸目录：列出全套图纸中各专业施工图的编号、名称或内容。

2. 建筑设计说明：内容主要包括施工图的设计依据，建筑工程的设计规模和建筑面积，工程项目中相对标高与总图标高的对应关系，建筑物或构筑物所采用的主要建筑材料和施工要求等。以上各项内容，也可以在具体的建施图纸分别说明。

3. 建筑总平面图：表明建筑用地（建筑红线）范围，建筑物及室外工程（道路、围墙、大门、挡土墙等）的位置、尺寸及标高，建筑小品及绿化景观设施的布置，并附以必要的说明、图例、详图及技术经济指标等。通常采用绘制比例为 1∶500、1∶1000、1∶2000 等。

4. 建筑物各层平面图、立面图、剖面图：表明建筑物的主要控制尺寸、立面处理、结构方案及材料用等，还应详细标明门窗洞口、墙段尺寸及必要的细部尺寸、详图索引等。通常采用的绘制比例为 1∶50、1∶100、1∶200 等。

5. 建筑构造详图：主要包括平面节点、檐口、墙身、阳台、楼梯、门窗、室内装修、立面装修等详图。建筑构造详图应详细表示各部分构件关系、材料尺寸及做法、必要的文字说明等。根据节点需要，比例可分别选用 1∶20、1∶10、1∶5、1∶2、1∶1 等。

3.3　建筑施工图中常用的符号及图示特点

3.3.1　定位轴线

在建筑施工图中通常用轴线来标定房屋中的墙、柱等承重构件，并按照一定的规则进行编号，称为定位轴线。定位轴线是施工时定位放线及构件安装的依据，反映房屋开间、进深的标志尺寸。

根据"国际"规定，定位轴线采用细点画线表示。轴线编号的圆圈采用细实线绘制，圆圈直径为 8～10mm。轴线编号写在圆圈内，平面图水平方向的编号采用阿拉伯数字，从左至右顺次编写。垂直方向的编号，用大写拉丁字母，从下至上依次编写。拉丁字母中的 I、O、Z 不得用于轴线编号，以免与数字 1、0、2 混淆。对于一些与主要承重构件相联系的次要构件，其定位轴线一般可作为附加轴线，编号采用分数表示，其中分母表示前一轴线的编号，分子表示附加轴线的编号。如图 3-1 中 2/5 表示第 5 号轴线之后的第 2 根附加轴线，1/A 表示第 A 号轴线之后的第 1 根附加轴线。

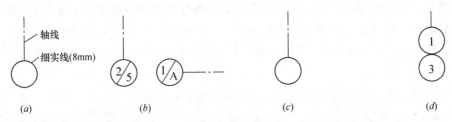

图 3-1　定位轴线的画法及示例

（a）画法；（b）附加轴线；（c）通用详图轴线（不写编号）；（d）详图用于两个轴线时

3.3.2　图线、尺寸标注、标高符号

1. 图线

在建筑工程图中，图样中每一条图线有其特定的作用和含义，绘图时必须按照制图标准的规定，正确使用不同的线型、不同的粗细图线。粗线的宽度 b，应根据图样的复杂程度和比例，按《房屋建筑制图统一标准》GB/T 50001—2010 中的相应规定选用。当绘制较简单的图样时，可采用两种线宽的线宽组，其线宽比宜为 $b：0.25b$。在第 2 章建筑制图标准中，已对图线作过详细介绍。

2. 尺寸标注

在建筑工程图样中，尺寸通常分为总尺寸、定位尺寸、细部尺寸三种，如图 3-2（a）所示。绘图时，应根据工程的设计深度和图纸的用途确定所需的标注尺寸。除标高尺寸、总平面图尺寸以"米"为单位外，其余长度尺寸的数字均以"毫米"为单位，因此在标注中尺寸数字不必注写单位。如有例外，需特别注明。

当建筑设计图纸中的连续重复构件不易标明定位尺寸时，可在总尺寸的控制下，定位尺寸不写具体数值而用"EQ"（均分）表示，如图 3-2（b）所示。

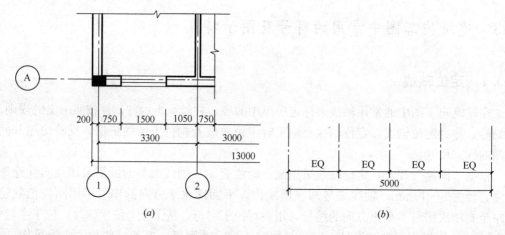

(a)　　　　　　　　　　　　　　　　　　(b)

图 3-2　尺寸标注示例
（a）建筑图尺寸的构成；（b）均分构件的尺寸标注

3. 标高符号

标高是标注建筑物高度的一种尺寸形式。标高有绝对标高和相对标高之分。绝对标高是以青岛附近的黄海平均海平面为基准（零点）的标高。在建筑施工图中，常以房屋首层地面作为相对零点（±0.000）进行标高，称为相对标高。当所注的标高高于（±0.000）时为"正"，注写时省略"+"号；当所注的标高低于（±0.000）时为"负"，注写时需在标高数字前加注"—"号。标高符号以细实线绘制，其注法如图 3-3 所示。标高数值以"米"为单位，通常精度为小数点后三位（总平面图中为小数点后二位）。在建筑物平面、立面、剖面图中，通常需要标注内外地坪、楼地面、地下层地面、阳台、平台、檐口、屋脊、女儿墙顶、雨棚、门、窗、台阶等处的标高。总平面图上的室外标高符号，宜涂黑表示。

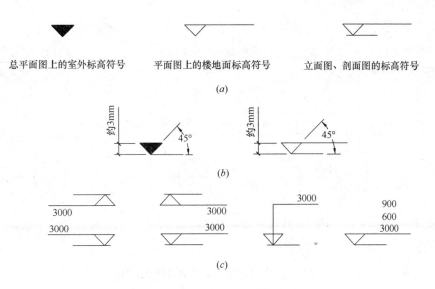

图 3-3　标高符号的画法及标注示例

（a）标高符号的形式；（b）标高符号的画法；（c）立面图、剖面图上的标注示例

房屋的标高，还有建筑标高和结构标高的区别。建筑标高是构件包括粉饰层在内的装修完成后的标高；结构标高则不包括构件表面的粉饰层厚度，是构件的毛面标高。建筑平面图、立面图、剖面图及其详图通常注写建筑标高，结构施工图一般应注写结构标高，如图 3-4 所示。

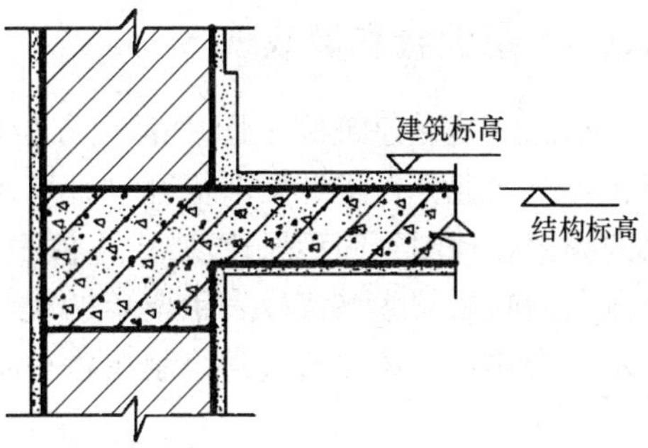

3.3.3　索引符号和详图符号

为了方便施工时查阅图样中的某一局部或构件的详图，通常采用索引符号和详图符号，以注明画出详图的位置、详图的编号和详图所在的图纸编号。

1. 索引符号

用一引出线指出需要绘制详图的位置，在引出线的另一端画一个直径为 10mm 的细实线圆。圆内过圆心画一条水平直线，上半圆中用数字注明该详图的编号，下半圆中用数字注明该详图所在图纸的图纸号。若详图与被索引的图样在同一张图纸内，则下半圆中间画一条水平细实线。若所索引出的详图采用标准图，应在索引符号水平直径的延长线上加注该标准图册的编号，如图 3-5 所示。

当索引符号是用于索引剖面详图时，应在被剖切的部位绘制位置线（粗短线），引出线所在的一侧应为投射方向，如图 3-6 所示。

2. 详图符号

详图符号是用来表示详图编号和被索引图纸号的，通常用直径为 14mm 的粗实线圆绘制。当详图与被索引的图样在同一张图纸之内时，在符号内用阿拉伯数字注明详图的编

图 3-4　建筑标高和结构标高

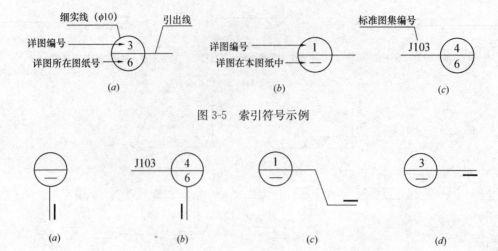

图 3-5　索引符号示例

图 3-6　索引剖面详图的索引符号示例

号；而当不在同一张图纸内时，需用细实线在符号内画一条水平线，上半圆中注明详图的编号，下半圆中注明被索引的图纸号，如图 3-7 所示。

3.3.4　指北针和风玫瑰

指北针是在建筑施工图中表示方位的符号，常采用直径为 24mm 的细实线圆绘制，指针尖指向北方，指针尖部应注"北"或"N"字，指针尾部宽度约为 3mm；有些采用风向频率玫瑰图（简称风玫瑰），不仅表示指北方向，而且反映出当地多年平均统计的各个方向的吹风频率（实线表示全年的统计，虚线表示 7、8、9 三个月的统计），如图 3-8 所示。指北针或风玫瑰通常绘制在总平面图、房屋建筑的首层平面图内。

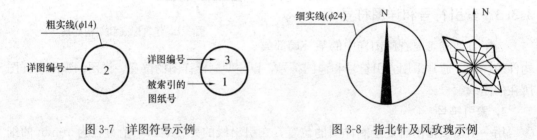

图 3-7　详图符号示例　　　　　　　　图 3-8　指北针及风玫瑰示例

3.3.5　常用图例

在建筑工程施工图中，为了表达及识读的方便，国家标准规定了常用建筑构造及配件图例（见表 3-4）和常用建筑材料图例（见表 3-5）。在绘制建筑施工图时应严格按照国家标准所规定的图例进行。

3.4　首页图

首页图放在全套施工图的首页，一般包括图纸目录、建筑设计说明、工程做法、门窗表等。

1. 图纸目录的作用是组织和编排图纸，以便识读人员根据编号和页数进行查阅。

2. 设计说明是对施工图的必要补充，主要对施工图中未能表达清楚的内容作详细的说明。通常包括工程概况、设计依据、施工要求及注意事项等内容。如图 3-9 所示。

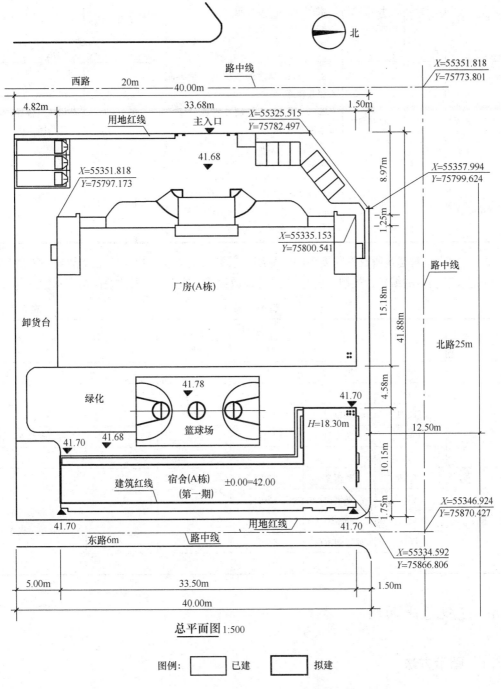

总平面图 1:500

图例： □ 已建　　□ 拟建

图 3-9　某厂工人宿舍（A 栋）及其周围环境总平面图

3. 工程（构造）做法是对建筑各部分构造做法加以详细说明，可以采用表格的形式（见表 3-1）。若采用标准图集中的做法，就注明标准图集的代号、做法、编号。

建筑构造做法（部分）　　　　　　　　　　　　　表 3-1

类型	编号	名称	构造做法	使用范围	说明
一、地面做法	1.1	水泥砂浆地面	20mm 厚 1：2 水泥砂浆抹面压光 素水泥浆结合层一道 80mm 厚 C15 混凝土 素土夯实	仓库	
二、楼面做法	2.2	防滑地砖	8～10mm 厚防滑地砖铺实拍平，水泥浆擦缝 25mm 厚 1：4 干硬性水泥砂浆，面上撒素水泥 素水泥浆结合层一道 钢筋混凝土楼板	所有	600mm×600mm 防滑砖（楼梯、卫生间采用 300mm×300mm）
三、内墙面做法	3.3	混合砂浆墙面	15mm 厚 1：1：6 水泥石灰砂浆 5mm 厚 1：0.5：3 水泥灰砂浆腻子满刮，砂纸磨平刷内墙涂料两遍	卫生间除外的所有内墙面	

4. 门窗表是对建筑所有不同类型的门窗统计后列成的表格，以备施工及预算的需要。门窗表中应反映门窗的编号、类型（名称）、尺寸、数量等。表 3-2 为某建筑门窗表示例（部分）。

门窗表（部分）　　　　　　　　　　　　　　表 3-2

类别	编号	名称	洞口尺寸（mm）		数量	说　明
			洞宽	洞高		
门	M1	玻璃门	2400	2700	2	
	M2	木门	1000	2400	25	
	TLM1	推拉门	1500	2700	2	铝合金
	FM1	防火门	1500	2400	6	乙级
	...					
窗	C1	塑钢窗	1800	2100	25	由甲方认可的专业单位提供
	C2	塑钢窗	1200	2100	10	
	C3	塑钢窗	900	2100	6	
	TPC	通排塑钢窗	5400	2100	2	
	...					

3.5　建筑总平面图

3.5.1　图示方法

总平面图是正投影的方法，采用《总图制图标准》GB/T 50103—2010 中的图例（见

表3-3）绘制而成。总平面图是新建建筑定位、施工放线及现场布置的依据，也是水、电暖等其他专业总平面图设计和各种管线敷设的依据。

3.5.2 识读内容和方法

建筑总平面图主要表示新建建筑的形状、位置、朝向、标高以及周围原有建筑、地形、道路、绿化等内容。下面以图3-9为例说明识读内容和方法。

1. 图名、比例、图例及有关的文字说明

新建建筑的工程名称可由图纸标题栏看出，图3-9为某厂工人宿舍（A栋）及其周围环境总平面图。

总平面绘制范围较大，所以采用较小的比例，如1∶500、1∶1000、1∶2000。图3-9比例为1∶500。

读图时，必须熟悉《总图制图标准》GB/T 50103—2010中规定的图例符号及其意义。若图中有附注图例，则按附注图例识读。此外，还应认真阅读有关的文字说明，如工程规模、投资、主要技术经济指标等内容。

2. 新建建筑的位置和朝向

新建建筑的位置可由平面尺寸或坐标确定。图3-9某厂工人宿舍（A栋）的位置可由图中测量坐标点按平面尺寸定位。首先由东北角的坐标点（$X = 55334.592$、$Y = 75866.806$）向西1.75m、向南1.50m定出新建宿舍的东北角点，再由图中尺寸定出其他角点，从而确定建筑的位置。

建筑总平面图常用图例（部分） 表3-3

序号	名称	图　例	说　明
1	新建建筑物	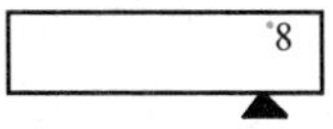	1. 需要时，可用▲表示出入口。可在图形内右上角用点数或数字表示层数 2. 建筑物外形用粗实线表示
2	原有建筑物	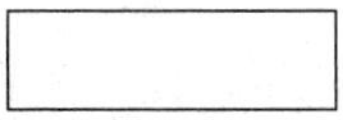	用细实线表示
3	计划扩建的预留地或建筑物		用中粗虚线表示
4	拆除的建筑物	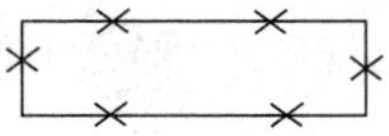	用细实线表示
5	建筑物下面的通道	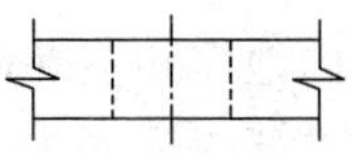	
6	散装材料露天堆场	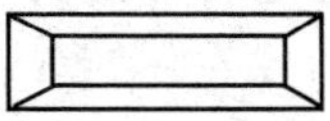	需要可注明材料名称

85

续表

序号	名称	图例	说明
7	其他材料露天堆场或露天作业场		
8	铺砌场地	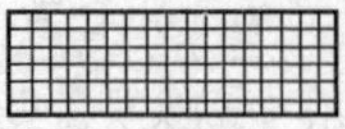	
9	敞棚或敞廊	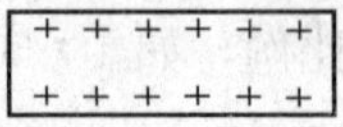	
10	围墙及大门	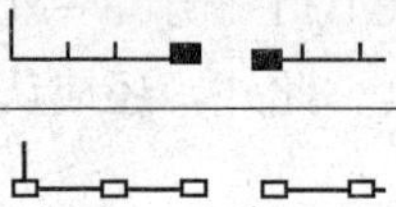	上图为实体性质的围墙，下图为通透性质的围墙，若仅表示围墙时画大门
11	新建的道路	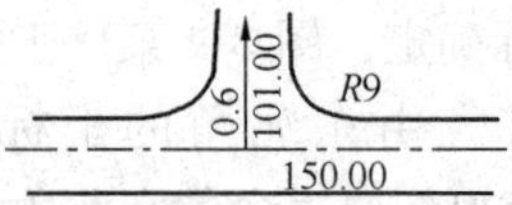	"R9"表示道路转弯半径为 9m，"150.00"为路面中心控制点标高，"0.6"表示 0.6%的纵向坡度，"101.00"表示变坡点间距离
12	原有道路		
13	计划扩建道路		
14	拆除道路	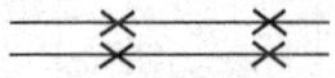	
15	排水明沟	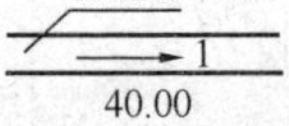 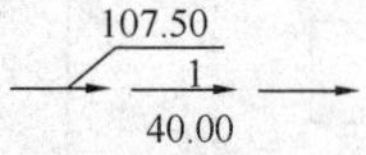	1. 上图用于比例较大的图面，下图用于比例较小的图面。 2. "1"表示 1%的沟底纵向坡度，"40.00"表示变坡点间距离，箭头表示水流方向。 3. "107.50"表示沟底标高。

新建建筑的朝向可由指北针或风向玫瑰频率图确定。图 3-9 中新建某厂工人宿舍（A 栋）的朝向是坐东朝西。

3. 新建建筑的标高和层数

新建建筑的标高可由图中看出，并由室内地面和室外地坪设计标高可知室内外高差及 ±0.000 与绝对标高的关系。图 3-9 中新建建筑的标高为 42.00m，即底层室内地面标高 ±0.000 相当于绝对标高 42.00m。室外地坪绝对标高为设计 41.68m，可知室内外高差为 0.32m。

新建建筑的层数通常用圆点标注在建筑的右上角。图 3-9 中新建宿舍（A 栋）的层数为六层。

4. 新建建筑四周的道路、绿化等周围环境情况

图 3-9 中新建某厂工人宿舍（A 栋）北邻 25m 宽的北路，东邻 6m 宽的东路，西邻篮球场及绿化带。建筑红线与用地红线之间留有 1.75m 的间距。

3.6 建筑平面图

3.6.1 图示方法

1. 形成方法

建筑平面图是用一假想的水平剖切面在建筑物的门窗洞口处水平剖切向下正投影形成的图样，简称平面图。按照水平剖切的位置不同，可形成各层平面图。在屋面以上俯视形成的水平投影图称为屋顶平面图。除底层平面图、顶层平面图外，其余各中间层若完全相同，可统称为标准层平面图。

2. 图样表示方法

建筑平面图常用的比例为 1∶100，也可采用 1∶50、1∶150、1∶200、1∶300。比例为 1∶100 的平面图，材料图例可简化（如钢筋混凝土填灰）。

若平面图对称，可将两层平面图合绘在一个图上，中间用对称符号分开并在对称轴线处画对称符号，图下方在左右两边分别注写图名。

平面图的方向宜与总平面图方向一致。平面图的长边宜与横式幅面图纸的长边一致。指北针应绘制在建筑物±0.000 标高的平面图上，并放在明显的位置，所指的方向应与总图一致。在同一张图纸上绘制各层平面图时，宜按层数由低向高的顺序从左至右或从下至上布置。

建筑平面图应注写房间的名称或编号。编号注写在直径为 6mm 并用细实线绘制的圆圈内，并在同张图纸上列出房间名称表。面积较大的建筑物，可分区绘制平面图，但每张平面图均应绘制组合示意图。各区应分别用大写拉丁字母编号。

在平面图中常采用图例表示房屋的构造及配件，《建筑制图标准》GB/T 50104—2010 规定的各种构造及配件常用图例见表 3-4。

建筑构造及配件常用图例　　　　　　　　　　　　　　　　　表 3-4

序号	名称	图　　　例	备　　　注
1	墙体		1. 上图为外墙，下图为内墙 2. 外墙细线表示有保温层或有幕墙 3. 应加注文字或涂色或图案填充表示各种材料的墙体 4. 在各层平面图中防火墙宜着重以特殊图案填充表示
2	隔断	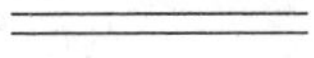	1. 加注文字或涂色或图案填充表示各种材料的轻质隔断 2. 适用于到顶与不到顶隔断

续表

序号	名称	图　例	备　注
3	玻璃幕墙		幕墙龙骨是否表示由项目设计决定
4	栏杆		—
5	楼梯	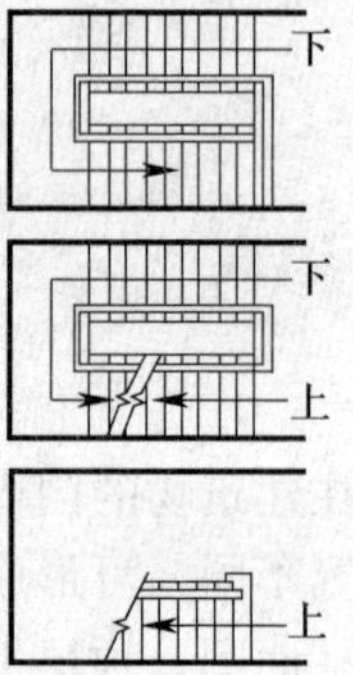	1. 上图为顶层楼梯平面，中图为中间层楼梯平面，下图为底层楼梯平面 2. 需设置靠墙扶手或中间扶手时，应在图中表示
6	坡道		长坡道 上图为两侧垂直的门口坡道，中图为有挡墙的门口坡道，下图为两侧找坡的门口坡道
7	台阶	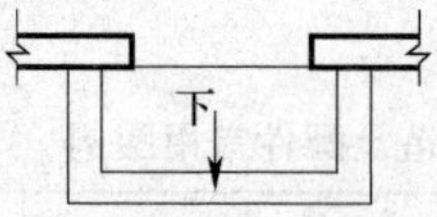	
8	平面高差	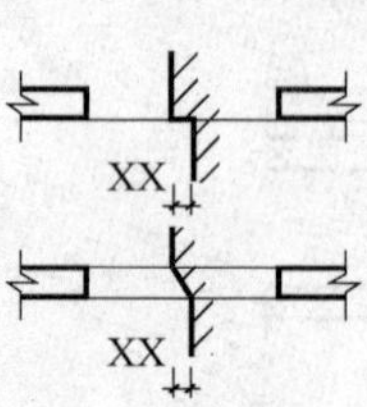	用于高差小的地面或楼面交接处，并应与门的开启方向协调
9	检查口		左图为可见检查口，右图为不可见检查口

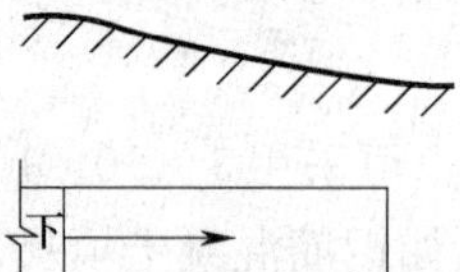

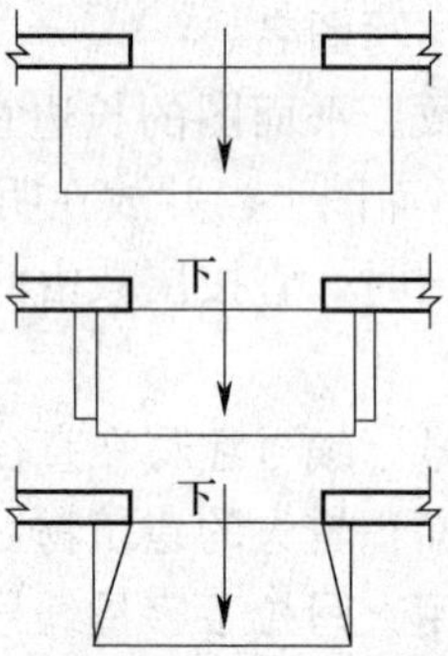

序号	名称	图 例	备 注
10	孔洞		阴影部分亦可填充灰度或涂色代替
11	坑槽		—
12	墙预留洞、槽	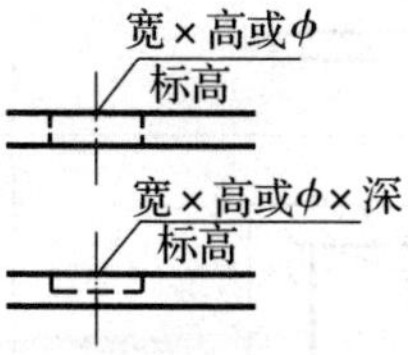 宽×高或φ 标高 宽×高或φ×深 标高	1. 上图为预留洞，下图为预留槽 2. 平面以洞（槽）中心定位 3. 标高以洞（槽）底或中心定位 4. 宜以涂色区别墙体和预留洞（槽）
13	地沟	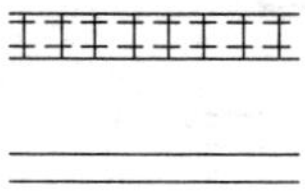	上图为有盖板地沟，下图为无盖板明沟
14	烟道	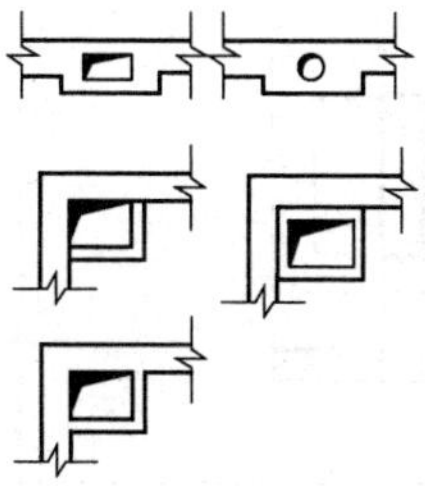	1. 阴影部分亦可填充灰度或涂色代替 2. 烟道、风道与墙体为相同材料，其相接处墙身线应连通 3. 烟道、风道根据需要增加不同材料的内衬
15	风道	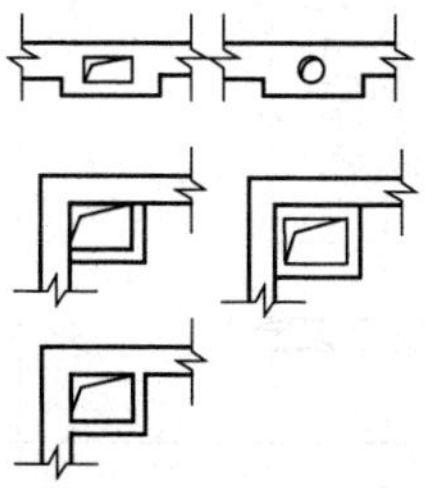	
16	新建的墙和窗	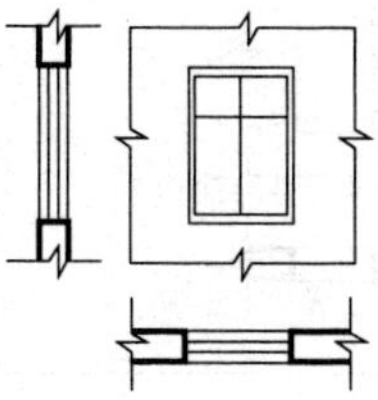	
17	改建时保留的墙和窗	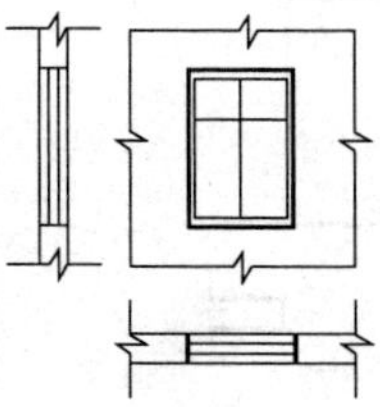	只更换窗，应加粗窗的轮廓线

序号	名称	图　例	备　注
18	拆除的墙	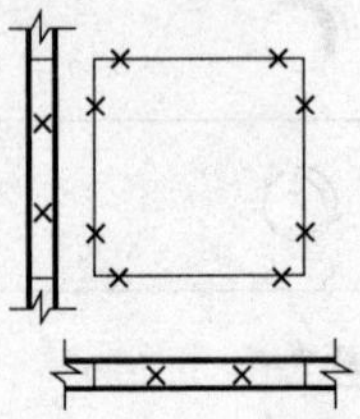	
19	改建时在原有墙或楼板新开的洞	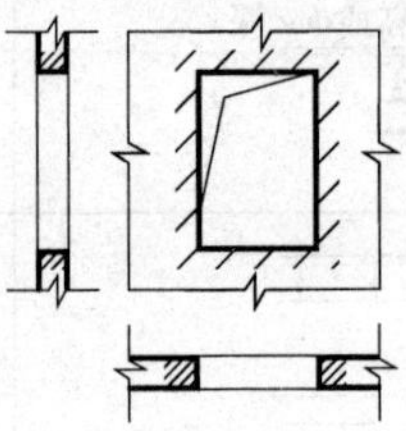	
20	在原有墙或楼板洞旁扩大的洞	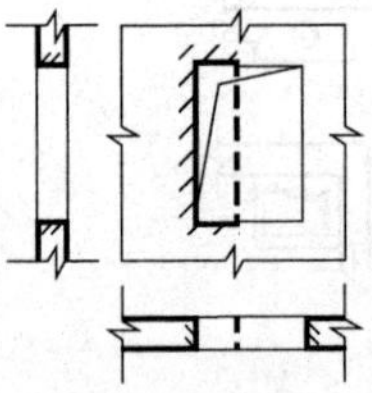	图示为洞口向左边扩大
21	在原有墙或楼板上全部填塞的洞	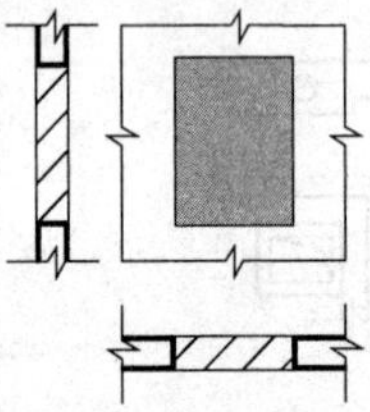	全部填塞的洞 图中立面填充灰度或涂色
22	在原有墙或楼板上局部填塞的洞	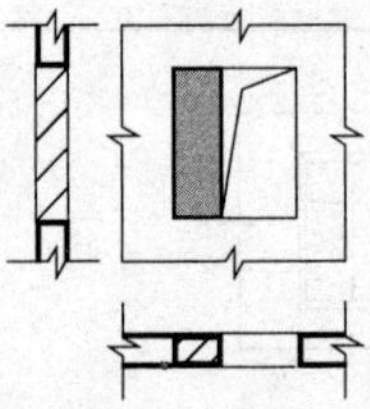	左侧为局部填塞的洞 图中立面填充灰度或涂色
23	空门洞	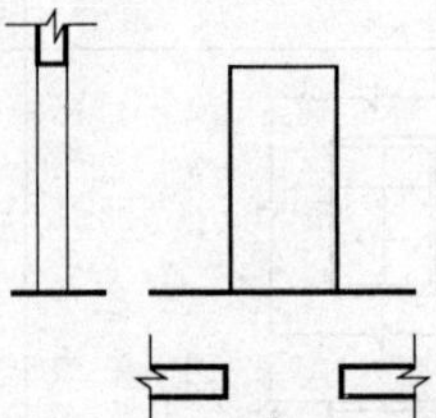	h 为门洞高度

序号	名称	图　　例	备　　注
24	单面开启单扇门（包括平开或单面弹簧）	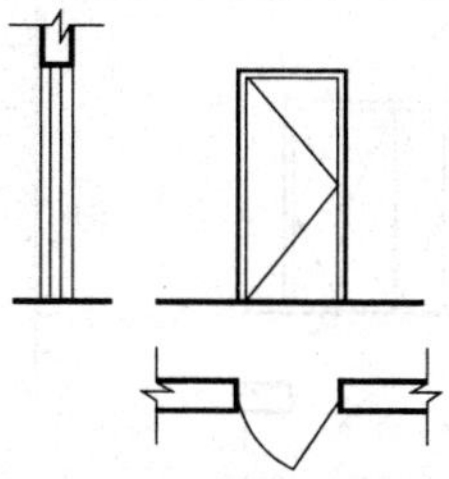	1. 门的名称代号用 M 表示 2. 平面图中，下为外，上为内 门开启线为 90°、60°或 45°，开启弧线宜绘出 3. 立面图中，开启线实线为外开，虚线为内开。开启线交角的一侧为安装合页一侧。开启线在建筑立面图中可不表示，在立面大样图中可根据需要绘出 4. 剖面图中，左为外，右为内 5. 附加纱扇应以文字说明，在平、立、剖面图中均不表示 6. 立面形式应按实际情况绘制
	双面开启单扇门（包括双面平开或双面弹簧）	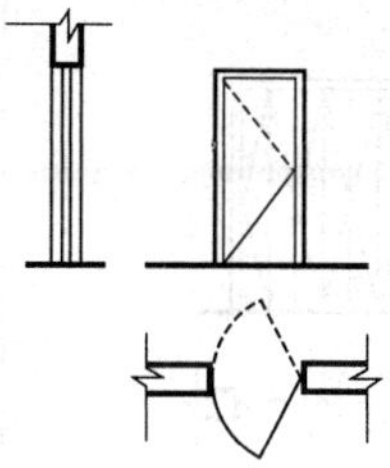	
	双层单扇平开门	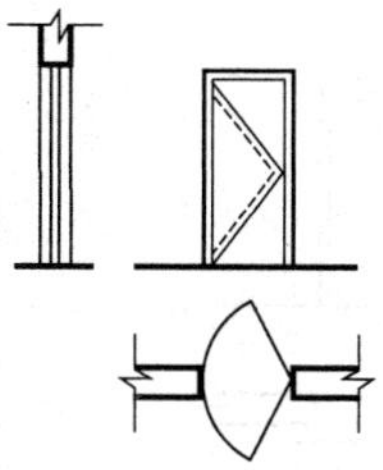	
25	单面开启双扇门（包括平开或单面弹簧）	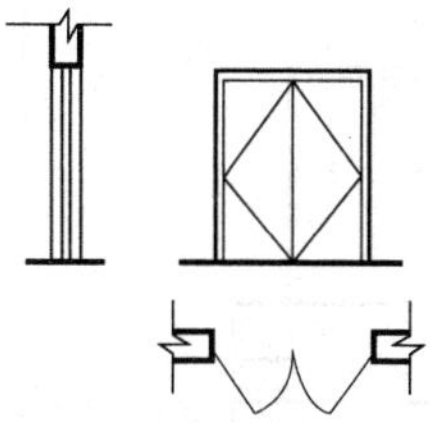	1. 门的名称代号用 M 表示 2. 平面图中，下为外，上为内 门开启线为 90°、60°或 45°，开启弧线宜绘出 3. 立面图中，开启线实线为外开，虚线为内开。开启线交角的一侧为安装合页一侧。开启线在建筑立面图中可不表示，在立面大样图中可根据需要绘出 4. 剖面图中，左为外，右为内 5. 附加纱扇应以文字说明，在平、立、剖面图中均不表示 6. 立面形式应按实际情况绘制
	双面开启双扇门（包括双面平开或双面弹簧）	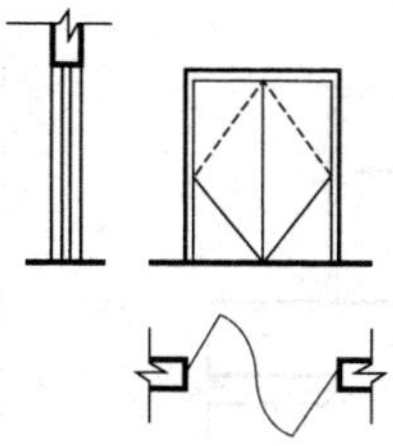	
	双层双扇平开门	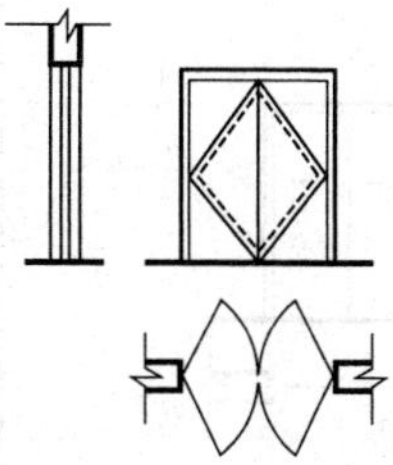	

续表

序号	名称	图 例	备 注
26	折叠门	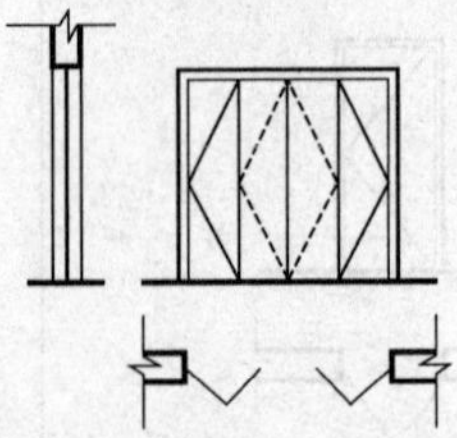	1. 门的名称代号用 M 表示 2. 平面图中，下为外，上为内 3. 立面图中，开启线实线为外开，虚线为内开。开启线交角的一侧为安装合页一侧 4. 剖面图中，左为外，右为内 5. 立面形式应按实际情况绘制
	推拉折叠门	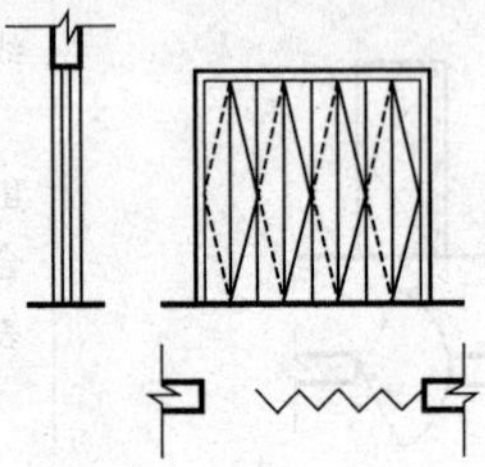	
27	墙洞外 单扇推拉门	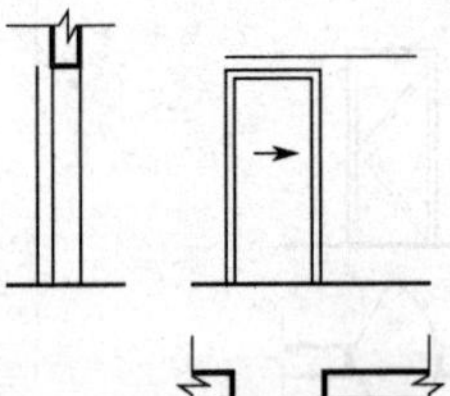	1. 门的名称代号用 M 表示 2. 平面图中，下为外，上为内 3. 剖面图中，左为外，右为内 4. 立面形式应按实际情况绘制
	墙洞外 双扇推拉门	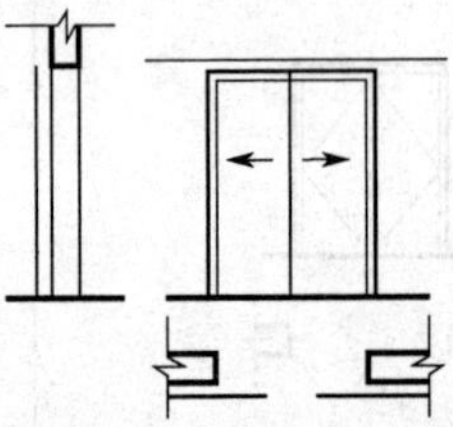	
	墙中单扇推拉门	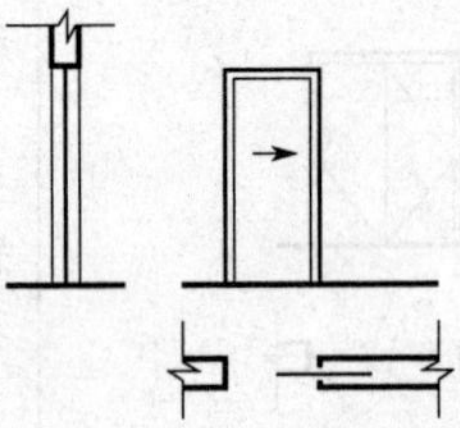	1. 门的名称代号用 M 表示 2. 立面形式应按实际情况绘制
	墙中双扇推拉门	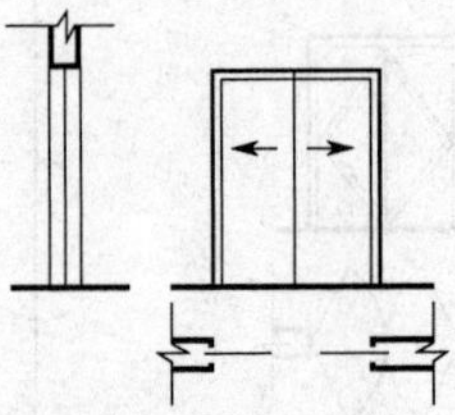	

序号	名称	图　例	备　注
28	推扛门	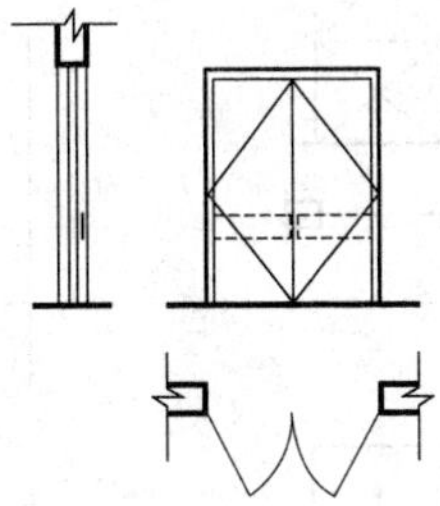	1. 门的名称代号用 M 表示 2. 平面图中，下为外，上为内门开启线为 90°、60°或 45° 3. 立面图中，开启线实线为外开，虚线为内开。开启线交角一侧为安装合页一侧。开启线在建筑立面图中可不表示，在室内设计门窗立面大样图中需绘出 4. 剖面图中，左为外，右为内 5. 立面形式应按实际情况绘制
29	门连窗	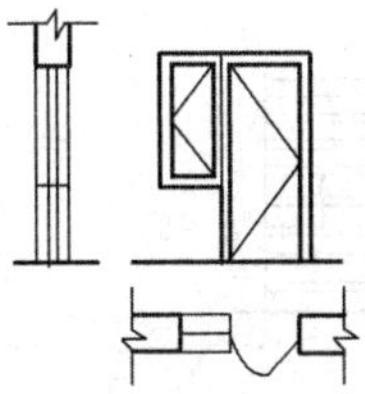	1. 门的名称代号用 M 表示 2. 平面图中，下为外，上为内 门开启线为 90°、60°或 45° 3. 立面图中，开启线实线为外开，虚线为内开。开启线交角的一侧为安装合页一侧。开启线在建筑立面图中可不表示，在室内设计门窗立面大样图中需绘出 4. 剖面图中，左为外，右为内 5. 立面形式应按实际情况绘制
30	旋转门	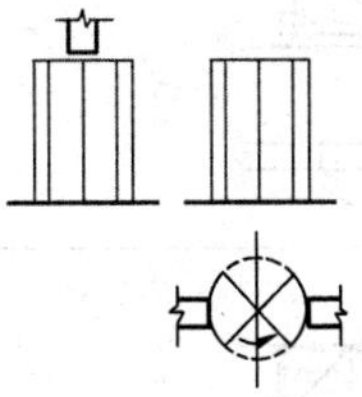	
	两翼智能旋转门	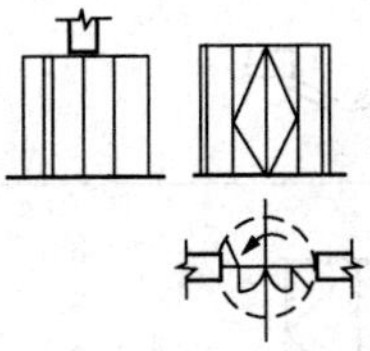	1. 门的名称代号用 M 表示 2. 立面形式应按实际情况绘制
31	自动门	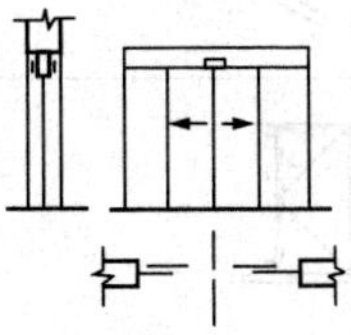	

93

续表

序号	名称	图 例	备 注
32	折叠上翻门	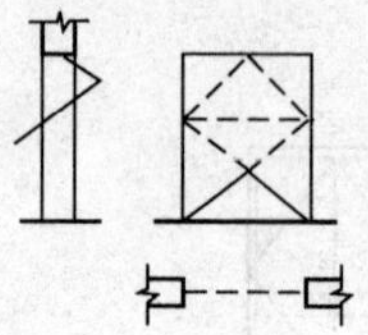	1. 门的名称代号用 M 表示 2. 平面图中，下为外，上为内 3. 剖面图中，左为外，右为内 4. 立面形式应按实际情况绘制
33	提升门	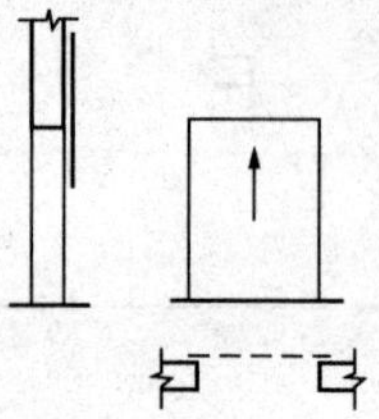	1. 门的名称代号用 M 表示 2. 立面形式应按实际情况绘制
34	分节提升门	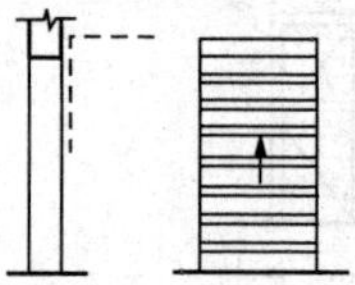	
35	人防单扇 防护密闭门	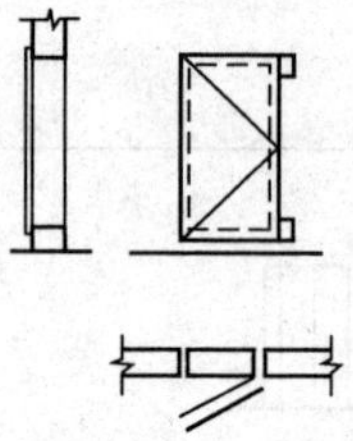	1. 门的名称代号按人防要求表示 2. 立面形式应按实际情况绘制
	人防单扇密闭门	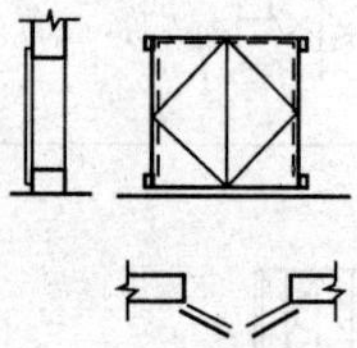	
36	人防双扇 防护密闭门	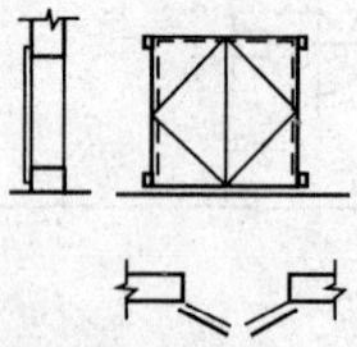	1. 门的名称代号按人防要求表示 2. 立面形式应按实际情况绘制
	人防双扇密闭门	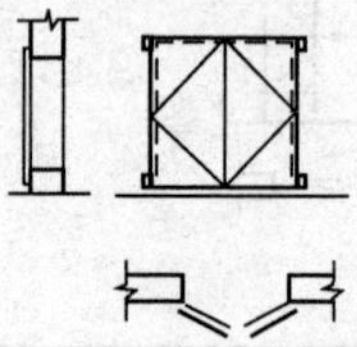	

序号	名称	图 例	备 注
37	横向卷帘门	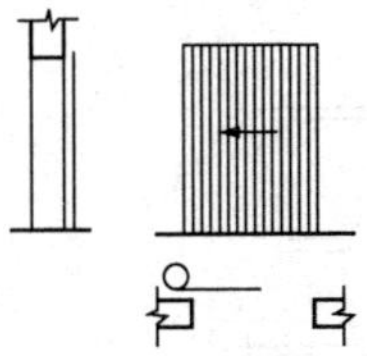	
	竖向卷帘门	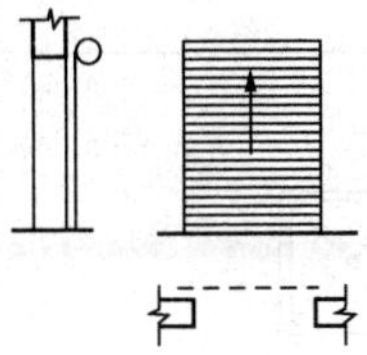	
	单侧双层卷帘门	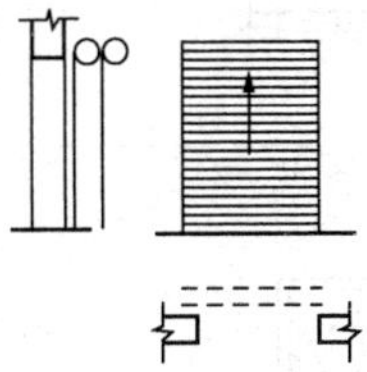	
	双侧单层卷帘门	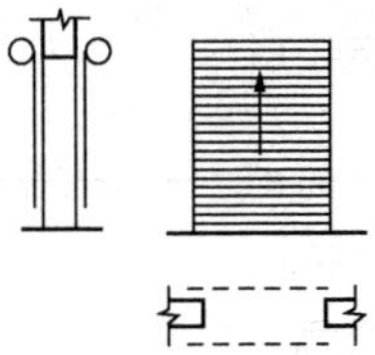	
38	固定窗	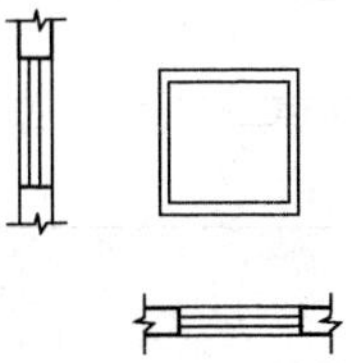	1. 窗的名称代号用 C 表示
39	上悬窗	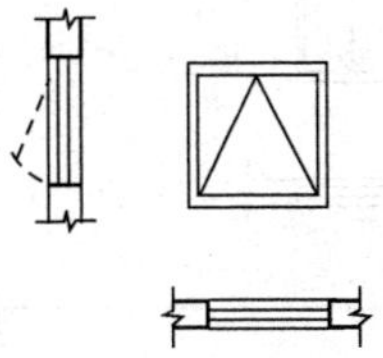	2. 平面图中，下为外，上为内 3. 立面图中，开启线实线为外开，虚线为内开。开启线交角的一侧为安装合页一侧。开启线在建筑立面图中可不表示，在门窗立面大样图中需绘出 4. 剖面图中，左为外，右为内。虚线仅表示开启方向，项目设计不表示 5. 附加纱窗应以文字说明，在平、立、剖面图中均不表示 6. 立面形式应按实际情况绘制
	中悬窗	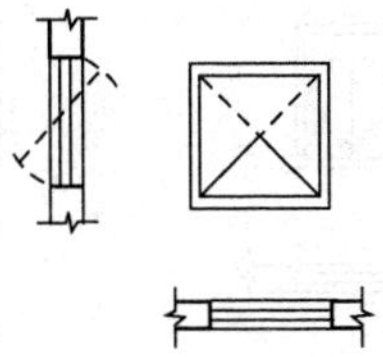	

续表

序号	名称	图 例	备 注
40	下悬窗	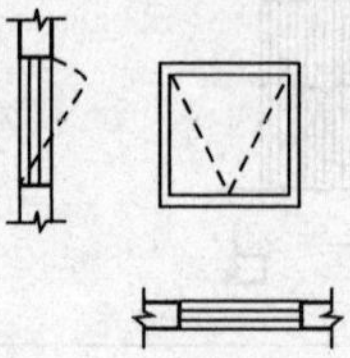	1. 窗的名称代号用 C 表示 2. 平面图中，下为外，上为内 3. 立面图中，开启线实线为外开，虚线为内开。开启线交角的一侧为安装合页一侧。开启线在建筑立面图中可不表示，在门窗立面大样图中需绘出 4. 剖面图中，左为外，右为内。虚线仅表示开启方向，项目设计不表示 5. 附加纱窗应以文字说明，在平、立、剖面图中均不表示 6. 立面形式应按实际情况绘制
41	立转窗	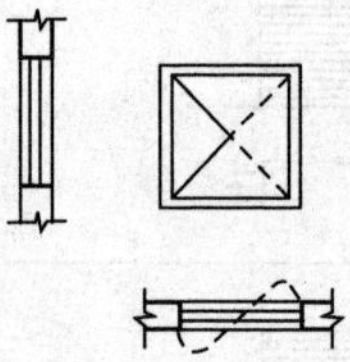	
42	内开平开内倾窗	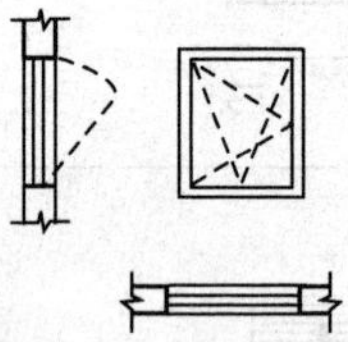	
43	单层外开平开窗	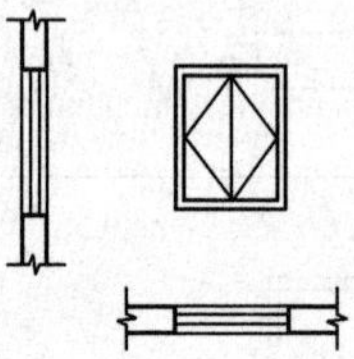	1. 窗的名称代号用 C 表示 2. 平面图中，下为外，上为内 3. 立面图中，开启线实线为外开，虚线为内开。启线交角的一侧为安装合页一侧。开启线在建筑面图中可不表示，在门窗立面大样图中需绘出 4. 剖面图中，左为外，右为内。虚线仅表示开启方向，项目设计不表示 5. 附加纱窗应以文字说明，在平、立、剖面图中均不表示 6. 立面形式应按实际情况绘制
	单层内开平开窗	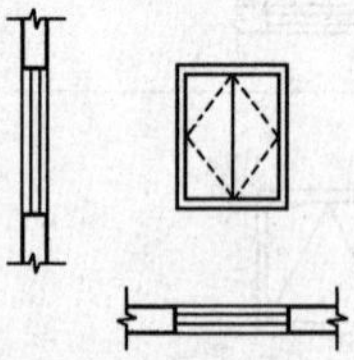	
44	双层内外开平开窗	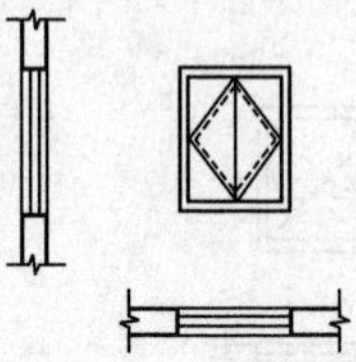	

序号	名称	图　例	备　注
45	单层推拉窗	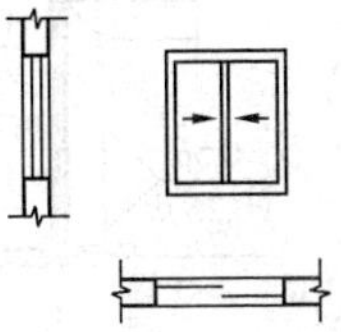	1. 窗的名称代号用 C 表示 2. 立面形式应按实际情况绘制
	双层推拉窗	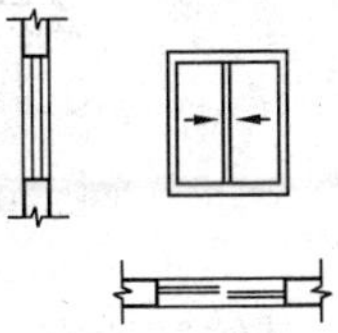	
46	上推窗	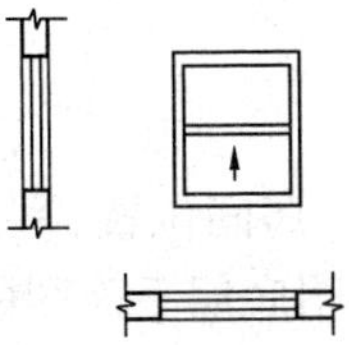	
47	百叶窗	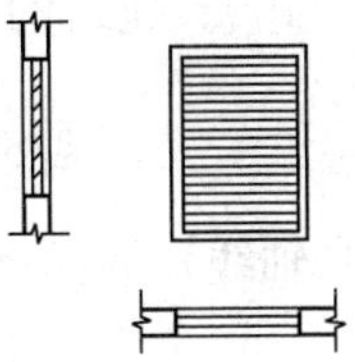	
48	高窗	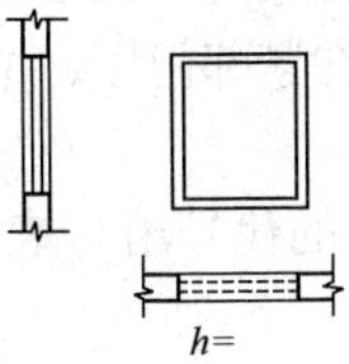 $h=$	1. 窗的名称代号用 C 表示 2. 立面图中，开启线实线为外开，虚线为内开。开启线交角的一侧为安装合页一侧。开启线在建筑立面图中可不表示，在门窗立面大样图中需绘出 3. 剖面图中，左为外，右为内 4. 立面形式应按实际情况绘制 5. h 表示高窗底距本层地面高度 6. 高窗开启方式参考其他窗型
49	平推窗	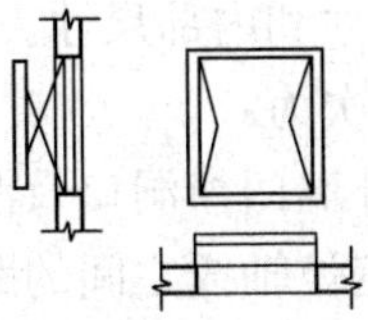	1. 窗的名称代号用 C 表示 2. 立面形式应按实际情况绘制

3. 图线表示方式

建筑平面图中被剖切到的墙、柱等主要建筑构造的轮廓线用粗实线绘制，未被剖切到的部分如楼梯、散水、室外台阶、门的开启线等用中粗实线绘制，尺寸线、折断线、引出线、标高等用细实线绘制。图内如需表示高窗、洞口、通气孔、槽、地沟及起重机等不可见部分，则应以虚线绘制。图线宽度选用示例如图 3-10 所示。

图线的宽度 b，应根据图样的复杂程度和比例，按《房屋建筑制图统一标准》GB/T 50001—2010 中的规定选用。绘制较

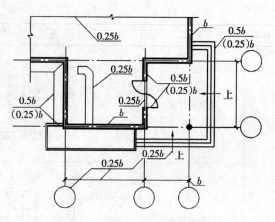

图 3-10　平面图图线宽度选用示例

简单的图样时，可采用两种线宽的线宽组，其线宽比宜 b：$0.25b$。

3.6.2　识读内容和方法

3.6.2.1　底层平面图

底层平面图主要反映房屋的平面形状，房间位置、大小，组合关系，建筑构造以及必要的尺寸、标高等。下面以图 3-11 为例说明底层平面图的识读内容和方法。

1. 图名、比例、形状、朝向

图 3-11 为底层平面图，绘制比例为 1：100。建筑的平面形状为长方形。由指北针可看出建筑为坐北朝南。

2. 结构形式与定位轴线

本建筑主要为框架结构，部分（⑧、⑩轴线）墙体承重。以框架柱中心确定定位轴线位置。

3. 平面布置

建筑底层南向设有入口、门厅、办公室及可自由分隔的开放式办公区，北向设有展示厅、财务收款室、财务经理室、机房财务档案室，大培训室贯穿南北布置于建筑西部，楼梯与开水间、卫生间等公共使用部分布置在紧邻门厅、位置明显处。

4. 门窗位置及编号

建筑平面图中门的代号用 M 表示，窗的代号用 C 表示。不同类型的门窗加编号予以区分。每种类型的门窗应与门窗表对应。

图 3-11 中，南北外墙开窗的类型均为 C-1，均为推拉窗。共有 5 种不同类型的门：门厅大门 M-1 为四扇平开门，M-2 为双扇平开门，M-3、M-4、M-5 均为单扇平开门。

5. 尺寸标注

建筑平面图中标注的尺寸分为外部尺寸和内部尺寸。

外部尺寸一般分为三道，从内到外依次为：

第一道尺寸（细部尺寸），表示建筑外墙门窗洞口及洞间墙的尺寸。

第二道尺寸（定位尺寸），表示建筑定位轴线之间的距离。

第三道尺寸（总尺寸），表示建筑的外轮廓总尺寸。

内部尺寸一般按需要标注出室内净尺寸、门窗洞尺寸、墙厚及固定设备（卫生间、工作台、隔板等）的大小与位置。

图 3-11 中，由外部第一道尺寸可以看出：C-1 洞口宽 1800mm，与轴线间距为 900mm，柱截面尺寸为 400mm×400mm，窗洞与柱间墙长度为 700mm。M-1 洞宽 3000mm。由第二道尺寸可以看出：东西方向轴线间距有 3600mm、3300mm、3900mm。南北方向轴线间距依次为：6000mm、2100mm、6000mm、1500mm。由第三道尺寸可以看出：建筑总长为 36400mm，总宽 15920mm。

由内部尺寸可以看出：M-2 洞口宽 1500mm，M-3、M-4 洞口宽 1000mm。入口雨篷柱东西间距为 7200mm，南北间距为 3300mm。入口平台长 9000mm，宽 4500mm，台阶踏面宽 350mm，建筑四周散水宽 1500mm。

6. 标高

建筑底层平面图中宜注写室内外地坪、室外台阶面等部位的完成面标高，采用相对标高（保留到小数点后三位数字，单位为"m"）。

图 3-11 中，门厅标高为 ±0.000，与其他主要使用房间地面高度相同。室外台阶面标高为 −0.020m，表示比门厅地面低 0.020m。卫生间地面标高为 −0.020m，表示比底层地面低 0.020m。室外地面、开水间外楼梯间地面标高为 −0.450m，表示比底层地面低 0.450m。

7. 剖切位置、索引标志

剖切符号画在底层平面图中，以表示剖面图的剖切位置、剖视方向。若某一局部需另见详图，应用索引符号注明。

图 3-11 中，剖切位置在⑤、⑥轴线之间的楼梯间、门厅位置，剖视方向向东。

8. 设备布置情况

底层平面图中应表示出建筑物内设备的位置、形式及尺寸。

图 3-11 中盥洗空间布置有洗手池、拖布池，卫生间布置有蹲便器、小便器。

3.6.2.2 其他层平面图

其他层平面图包括中间层（标准层）平面图及顶层平面图。已在底层平面图中表示过的内容（如散水、室外台阶、指北针、剖切符号等）不再在中间层平面图及顶层平面图中重复绘制。二层平面图需绘制雨篷及排水坡度。中间层平面图、顶层平面图与底层平面图中楼梯图例也不相同。

某办公楼二层平面图如图 3-12 所示。平面布置、房间布局与底层不同，门窗位置及编号也与底层部分不同，楼面标高为 3.600m，卫生间地面标高为 3.580m。

3.6.2.3 屋顶平面图

屋顶平面图主要表示屋顶的形状、女儿墙、水箱间、通风道、变形缝、屋面楼梯等位置，重点表示屋面排水分区、排水方向、排水坡度、雨水管位置及材料等。某办公楼屋顶平面如图 3-13 所示。

由图 3-13 可看出：该建筑楼梯间通向屋面，屋面为平屋顶，排水方式为由屋脊处的分水线向南北进行有组织外排水，横坡排水坡度为 2%，天沟纵坡排水坡度为 1%，共设 ϕ100PVC 落水管 4 根，间距约 22m。

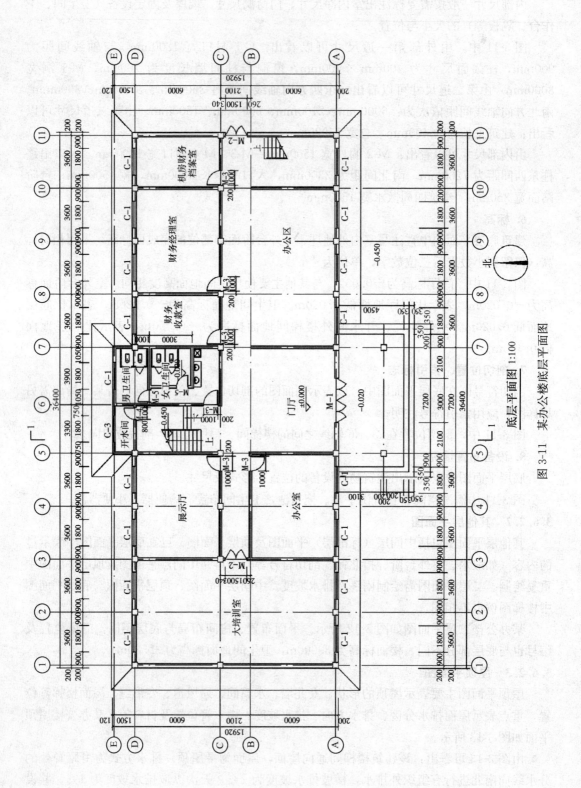

图 3-11　某办公楼底层平面图

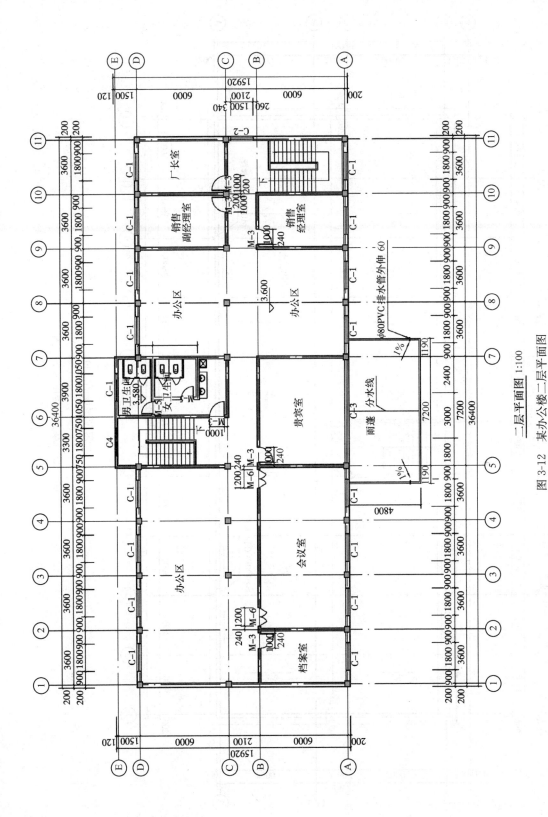

二层平面图 1:100

图 3-12 某办公楼二层平面图

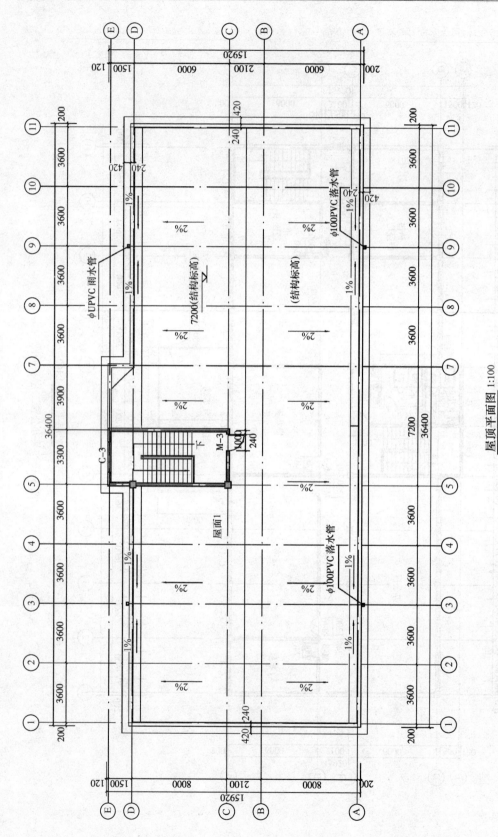

屋顶平面图 1:100

图 3-13 某办公楼屋顶平面图

3.7 建筑立面图

3.7.1 图示方法

1. 形成方法

建筑立面图是按正投影法将各立面向与之平行的投影面投影形成的图样，简称立面图。

立面图的命名宜根据两端定位轴线号编注（如①～⑩立面图、Ⓐ～Ⓔ立面图）。也可按平面图各面的朝向确定命名（如南立面图、东立面图等）。平面形状曲折的建筑物，可绘制展开立面图。圆形或多边形平面的建筑物，可分段展开绘制立面图，但均应在图名后加注"展开"二字。

2. 图样表示方法

建筑立面图常用的比例为 1：100，也可采用 1：50、1：150、1：200、1：300。建筑立面图所用的比例应与建筑平面图一致。

建筑立面图宜标注室内外地坪、楼地面、地下层地面、阳台、平台、檐口、屋脊、女儿墙、雨篷、门、窗、台阶等处的标高及高度方向的尺寸。立面图上相同的门窗、阳台、外檐装修、构造做法等可在局部重点表示，绘出其完整图形，其余部分只画轮廓线。外墙表面分格线应表示清楚。应用文字说明各部分所用面材及色彩。

相邻的立面图宜绘制在同一水平线上，图内相互有关的尺寸及标高，宜标注在同一竖线上，立面图为较简单的对称式时可绘制一半，并在对称轴线处画对称符号。

3. 图线表示方法

建筑立面图中主体外轮廓和较大转折处轮廓用粗实线绘制，门窗洞口、窗台、勒脚、阳台、雨篷、檐口、柱、台阶、花池等轮廓线用中粗实线绘制，门窗细部分格线、栏杆、雨水管、墙面装饰线、尺寸线、折断线、引出线、标高等用细实线绘制。室外地坪线用粗实线或加粗实线（1.4b）绘制。

3.7.2 识读内容和方法

建筑立面图主要反映投影方向可见的建筑外轮廓和墙面线角、构配件、墙面做法及必要的尺寸和标高等。下面以图 3-14 为例说明立面图的识读内容和方法。

1. 图名、比例

图 3-14 为①～⑪轴线立面图，即建筑的南立面图，绘制比例为 1：100。

2. 外貌

图 3-14 反映出了建筑入口、室外台阶、雨篷、门窗、柱、檐口等部位的造型特征。

3. 立面装饰装修

图 3-14 中文字标注可知：外墙面装饰以贴灰色哑光面砖为主，底层与二层之间、檐口等部位刷白色涂料，勒脚部位贴灰色仿石面砖，雨篷柱贴灰色仿石面砖，雨篷立面贴石膏装饰板，柱面采用白色成品装饰柱贴面。

4. 高度

从图 3-14 左侧的尺寸及标高可以看出建筑各部位的高度，如建筑总高度为 11.100m，层高 3.600m，室内外高差 0.450m，窗洞高 2.200m，窗台离室内地面高 1.000m 等。

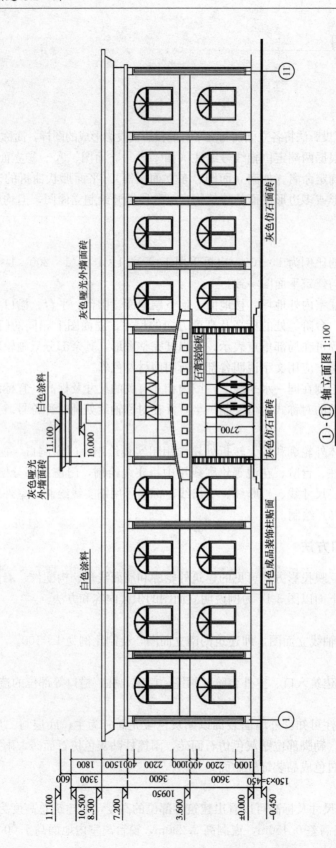

① - ⑪ 轴立面图 1:100

图 3-14 某办公楼立面图

3.8 建筑剖面图

3.8.1 图示方法

1. 形成方法

建筑剖面图是用一个假想的铅垂剖切面垂直于外墙剖切建筑，向某一方向进行正投影形成的图样，简称剖面图。剖切面应根据图纸的用途或设计深度，在底层平面图上选择能反映全貌、构造特征以及有代表性的部位，如楼梯间等，并应尽量通过门窗洞口。剖面图的命名应与底层平面图上的剖切符号一致，可用阿拉伯数字、罗马数字或拉丁字母编号。

2. 图样表示方法

建筑剖面图常用的比例为1：100，也可采用1：50、1：150、1：200、1：300。比例为1：50的剖面图，宜画出楼地面、屋面的面层线，抹灰层的面层线应根据需要而定；比例为1：100～1：200的平面图、剖面图，可画简化的材料图例（如砌体墙涂红、钢筋混凝土涂黑等），但宜画出楼地面、屋面的面层线；比例为1：300的平面图、剖面图，可不画材料图例，剖面图的楼地面、屋面的面层线可不画出。

建筑剖面图，宜标注室内外地坪、楼地面、地下层地面、阳台、平台、檐口、屋脊、女儿墙、雨篷、门、窗、台阶等处的标高及高度方向的尺寸。平屋面等不易标明建筑标高的部位可标注结构标高，并予以说明，结构找坡的平屋面，屋面标高可标注在结构板面最低点，并注明找坡坡度。有屋架的屋面，应标注屋架下弦搁置点或柱顶标高。有起重机的厂房剖面图应标注轨顶标高、屋架下弦杆件下边缘或屋面梁底、板底标高。梁式悬挂起重机宜标出轨距尺寸（以"m"计）。

3. 图线表示方法

建筑剖面图中被剖切到的墙、梁、楼地面、屋面、楼梯、散水、基础等主要构造的轮廓线用粗实线绘制，被剖切到的楼地面、屋面的面层线及未被剖切到的可见部分如楼梯、室外台阶、女儿墙、门窗洞口等轮廓线用中粗实线绘制，踢脚线、材料图例、尺寸线、折断线、引出线、标高等用细实线绘制，室内外地坪线用粗实线或加粗实线（1.4b）绘制。

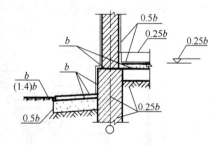

图 3-15　剖面图图线宽度选用示例

剖面图图线宽度选用示例如图3-15所示。

3.8.2 识读内容和方法

建筑剖面图主要反映建筑内部的结构形式、楼面分层、建筑构造、构配件以及必要的尺寸、标高等。下面以图3-16为例说明剖面图的识读内容和方法。

1. 图名、比例

本图为1-1剖面图，绘制比例为1：100。由底层平面图（见图3-11）查阅可知，剖切符号在⑤、⑥轴线之间的楼梯间、门厅位置，剖视方向向东。

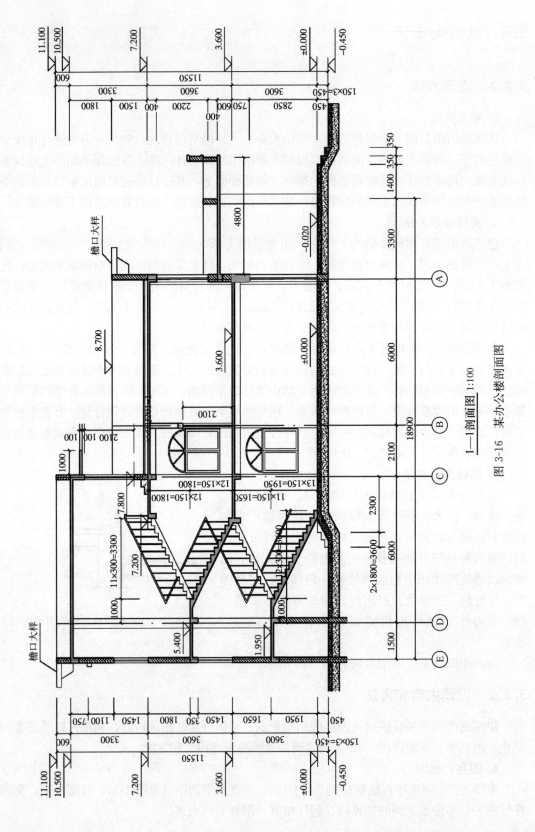

1—1剖面图 1:100

图 3-16　某办公楼剖面图

2. 定位轴线

在剖面图中，被剖切到的墙、柱均应绘制与平面图相一致的定位轴线，并标注轴线编号及轴线间尺寸。本剖面图从轴线Ⓔ～Ⓐ均绘制出来。

3. 被剖切到的部位与可见部分

将剖面图与底层平面图对照，可知 1-1 剖面依次剖切到散水、Ⓔ轴线墙体、开水间楼地面、Ⓓ轴线墙体、楼梯平台及梯段、楼梯间楼地面、Ⓒ轴线～Ⓐ轴线楼地面、Ⓐ轴线门厅大门旁隔墙、室外台阶及雨篷等。

本剖面图 3-16 中，楼地面、屋顶、楼梯、墙体、门窗、雨篷、室外台阶、女儿墙等构造组成部分均被剖切到，楼梯一半被剖切到，一半未被剖切到，为可见部分。Ⓒ～Ⓑ轴线间的窗为可见部分。

4. 图例

若剖面图绘制出断面材料图例，可了解剖面图中各部分选用的材料及构造做法，具体做法见设计说明或标准图集。《房屋建筑制图统一标准》GB/T 50001—2010 规定的常用建筑材料图例见表 3-5。

从图中的图例可了解到：楼梯、楼板、屋面板、梁均采用钢筋混凝土，墙体采用砌块砌筑。地面为灰土垫层上做 C15 混凝土，屋面板上做多孔材料保温层、卷材防水层及预制板架空隔热层等。地面垫层用混凝土，楼面垫层用细石混凝土。

常用建筑材料图例 表 3-5

序号	名 称	图 例	说 明
1	自然土壤		包括各种自然土壤
2	夯实土壤		
3	砂、灰土	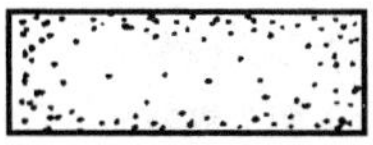	
4	砂砾土、碎砖三合土	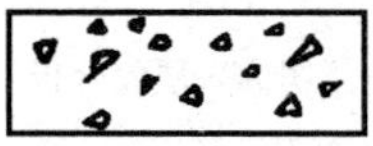	
5	石材	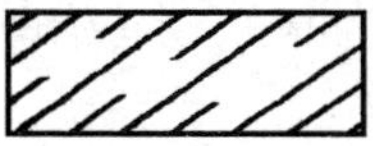	
6	毛石	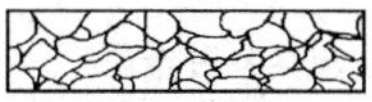	
7	普通砖	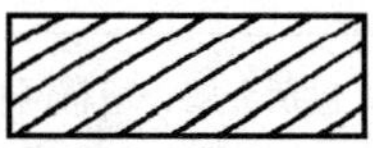	包括实心砖、多孔砖、砌块等砌体。断面较窄不易绘出图例线时，可涂红，并在图纸备注中加注说明，画出该材料图例

续表

序号	名　称	图　例	说　明
8	耐火砖	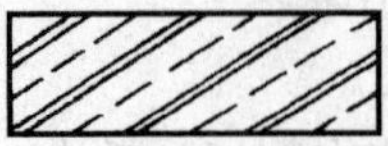	包括耐酸砖等砌体
9	空心砖		指非承重砖砌体
10	饰面砖		包括铺地砖、马赛克、陶瓷锦砖、人造大理石等
11	焦渣、矿渣	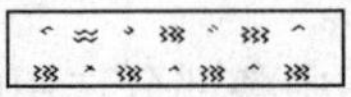	包括与水泥、石灰等混合而成的材料
12	混凝土		1. 本图例指能承重的混凝土及钢筋混凝土 2. 包括各种强度等级、骨料、添加剂的混凝土 3. 在剖面图上画出钢筋时，不画图例线 4. 断面图形小，不易画出图例线时，可涂黑
13	钢筋混凝土	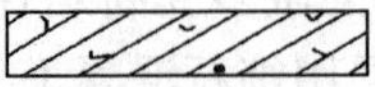	
14	多孔材料		包括水泥珍珠岩、沥青珍珠岩、泡沫混凝土、非承重加气混凝土、软木、蛭石制品等
15	纤维材料		包括矿棉、岩棉、玻璃棉、麻丝、木丝板、纤维板等
16	泡沫塑料材料	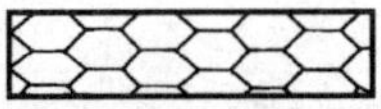	包括聚苯乙烯、聚乙烯、聚氨酯等多孔聚合物类材料
17	木材		1. 上图为横断面，上左图为垫木、木砖或木龙骨 2. 下图为纵断面
18	胶合板		应注明为×层胶合板
19	石膏板	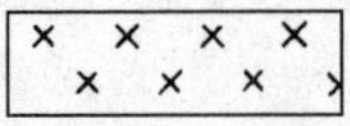	包括圆孔、方孔石膏板、防水石膏板、硅钙板、防火板等
20	金属		1. 包括各种金属 2. 图形小时可涂黑
21	网状材料		1. 包括金属、塑料网状材料 2. 应注明具体材料名称

续表

序号	名　称	图　例	说　明
22	液体	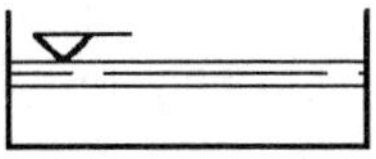	应注明具体液体名称
23	玻璃		包括平板玻璃、磨砂玻璃、夹丝玻璃、钢化玻璃、中空玻璃、夹层玻璃、镀膜玻璃等
24	橡胶		
25	塑料		包括各种软、硬塑料和有机玻璃等
26	防水材料		构造层次多或比例大时，采用上图例
27	粉刷	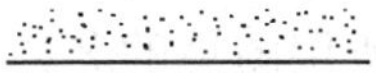	本图例采用较稀的点

注：序号1、2、5、7、8、13、14、16、17、18、22图例中的斜线、短斜线、交叉斜线等均为45°。

5. 尺寸标注

剖面图在竖向应标注细部高度（门窗洞口、窗台、室内外高差等）、层间高度及建筑总高三道尺寸，在水平方向应标注剖切到的轴线间距及建筑总宽度（或轴线间总宽）。室内还应标注楼梯、门窗以及内部设施的定位尺寸。

从图中的尺寸标注可了解到：建筑总高为 11.100m，层高为 3.600m，室内外高差为 0.450m，楼梯间窗高 1.450m，门厅门高 2.850m，二楼窗高 2.200m 等。

6. 标高

剖面图中宜标注室内外地坪、楼地面、地下层地面、阳台、平台、檐口、屋脊、女儿墙、雨篷、门、窗、楼梯休息平台、室外台阶等处的标高，并且应与尺寸标注的尺度相一致。平屋面等不易标明建筑标高的部位可标注结构标高，并予以说明。

从图中的标高可了解到：室内底层标高为 ±0.000。底层开水间地面及室外地面标高为 −0.450m，二楼楼面标高为 3.600m，房间部分屋面标高为 7.200m，楼梯间上部的屋面标高为 10.500m，檐口标高为 11.100m，楼梯休息平台处标高分别为 1.950m、5.400m，雨篷处地面标高为 −0.020m。

7. 文字说明与索引标注

剖面图中的构造层次及做法可用引出线引出并注写文字说明。对于无法在剖面图中标注的构造做法，应用索引符号引出注明详图所在图纸或图集中的位置。

从图 3-16 中的索引标注可了解到：檐口大样图见同套图纸的建筑施工图第 8 页（此处略）。详图编号分别为①、②，屋面出入口详图见图集 12T201，此处略。

3.9　建筑详图

3.9.1　建筑详图简述

1. 形成方法

由于建筑平面图、立面图、剖面图反映的内容多、范围大、比例小，所以对建筑的细部结构难以表达清楚。建筑详图是用较大的比例，按正投影方法，将建筑细部构造、构配件做法（形状、尺寸、材料等）详细地表达出来，以满足施工的需要。建筑详图简称详图，也称大样图。建筑详图是对建筑平面图、立面图、剖面图的深化和补充，是建筑构配件制作和编制预算的依据。

2. 详图设计标准化

为推进建筑设计标准化，我国先后编制了一系列的国家建筑设计标准图集，如中国建筑标准设计研究院编制的《屋面节能建筑构造》（06J204）、《建筑隔声与吸声构造》（08J931），部分省市地区也编制了一些建筑设计标准图集，如河南省建筑设计研究院编制的《河南省建筑标准设计图集》（05YJ1）、四川省建筑标准设计办公室编制的《四川省建筑标准设计图集》（川07J01）等。目前，在实际工程中，建筑详图设计大部分参考标准图集，只需在细部构造位置绘制索引符号，注明所用图集的名称、代号或页码即可查阅。若部分构造做法特殊，可在图纸中绘制详图予以表达。

3. 图示方法

详图的比例视细部的构造复杂程度而定，以能表达详尽清楚、尺寸标注齐全为目的，常选用比例为 1∶20、1∶10、1∶5、1∶2、1∶1，详图数量的选择，与建筑的复杂程度和平、立、剖面图的内容及比例有关。

详图的图示方法有局部平面图、局部立面图、局部剖面图。详图可分节点构造详图和构配件详图两类。节点构造详图是表达建筑某一局部（如墙体、楼梯、楼板、阳台、雨篷、檐口、窗口、散水等）构造做法的图样。构配件详图是表达构配件（如栏杆、扶手、花格等）构造做法的图样。自行识读图 3-17 所示的女儿墙详图、大便槽详图和护栏详图。

3.9.2　楼梯详图

楼梯由楼梯段（简称梯段）、休息平台、栏杆与扶手等组成。由于楼梯的构造比较复杂，因而常画出楼梯详图来反映楼梯的布置类型、结构形式以及踏步、栏杆、扶手、防滑条等的细部构造、尺寸和装修做法。楼梯详图是楼梯放样、施工的依据。

楼梯详图一般由楼梯平面图、楼梯剖面图和楼梯踏步、栏杆、扶手等图例组成，并尽可能画在同一张图纸内。平、剖面图比例要一致，以便对照阅读。

3.9.2.1　楼梯平面图

1. 图示方法

楼梯平面图是用假想的水平面将楼梯间水平剖切得到投影图，实际为建筑平面图中楼梯间的放大图样。一般每一层楼都要画楼梯平面图，但三层以上的建筑，若中间各层的楼梯位置及其梯段数、踏步数和大小都相同，通常只画出底层、中间层和顶层三个平面图。

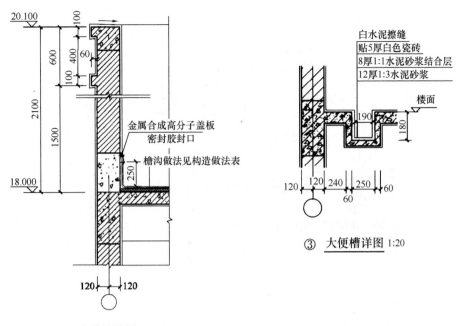

③ 大便槽详图 1:20

白水泥擦缝
贴5厚白色瓷砖
8厚1:1水泥砂浆结合层
12厚1:3水泥砂浆

楼面

① 女儿墙详图 1:20

金属合成高分子盖板
密封胶封口

檐沟做法见构造做法表

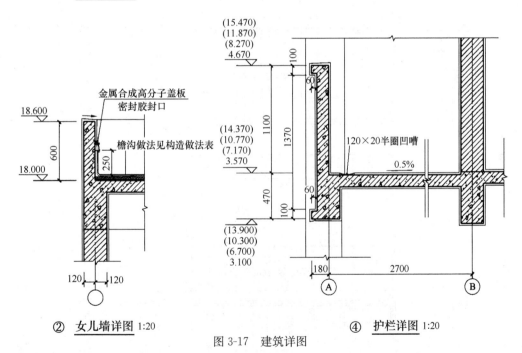

② 女儿墙详图 1:20

金属合成高分子盖板
密封胶封口

檐沟做法见构造做法表

④ 护栏详图 1:20

120×20半圈凹嘈

0.5%

图 3-17 建筑详图

三个平面图画在同一张图纸内,并互相对齐,以便于阅读。

楼梯平面图的剖切位置,是在该层上行的第一梯段(休息平台下)的楼梯间任一位置处。各层被剖切到梯段,均在平面图中用45°折断线表示。在每一梯段处画有一长箭头,并注写"上"或"下"字,也可在其后注明步级数,表明从该层楼(地)面上行或下行多少步级可达到上(或下)一层的楼(地)面。各层平面图中应标出该楼梯间的轴线。在底层平面图应标注楼梯剖面图的剖切符号,表示剖切位置和剖视方向。图 3-18 为某办公楼楼梯平面图。

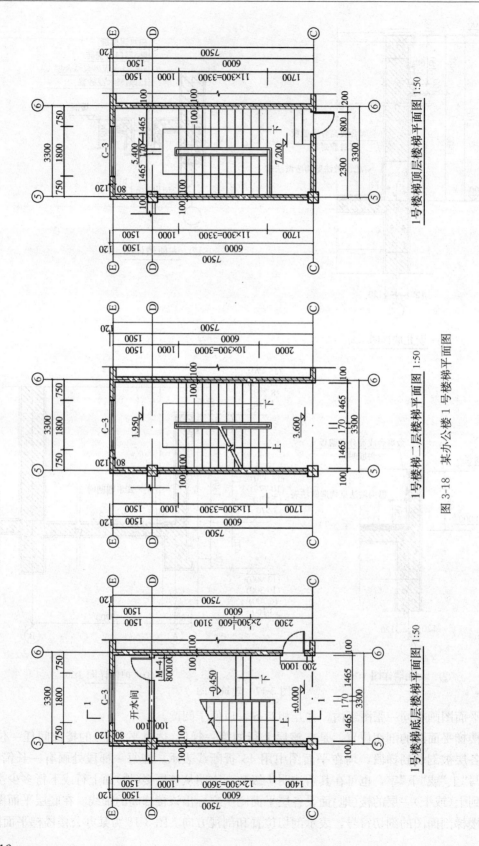

图 3-18 某办公楼 1 号楼梯平面图

2. 识读内容和方法

楼梯平面图主要反映楼梯的布置类型、结构形式以及踏步的尺寸等。下面以图 3-18 为例说明楼梯平面图的识读内容和方法。

（1）楼梯间的位置

楼梯平面图中应用定位轴线标注出楼梯间的位置，且应与所在平面图相一致。

从图中定位轴线编号可以看出：该楼梯位于⑤～⑥与Ⓒ～Ⓔ轴线之间。

（2）楼梯间的尺寸

楼梯平面图中的尺寸一般有楼梯间的开间尺寸、进深尺寸、平台深度尺寸、梯段与梯井宽度尺寸、梯段的踏面数×踏面宽＝梯段长度的三者合并尺寸，以及楼梯栏杆、扶手的位置尺寸。

以图 3-18 中底层 1 号楼梯平面图为例，从图中尺寸标注可以看出：楼梯间开间为 3300mm，进深为 7500mm，梯段宽为 1465mm，梯井宽为 170mm。图中注明了楼梯剖面图的剖切符号"1—1"，左边为被剖切的梯段，剖视方向向东。图中注有"上"、"下"字箭头表示上行、下行的方向及位置。图中上行梯段尺寸标注"12×300＝3600"表示该梯段有 12 个踏面（13 个踏步高），每个踏面宽 300mm，梯段长 3600mm。

（3）楼梯间的标高

楼梯平面图应标注楼梯间楼地面和休息平台面标高。

以图 3-18 中二层楼梯平面图为例，从图中可以看出：二层楼面标高为 3.600m，底层与二层之间休息平台面标高为 1.950m。

（4）楼梯间的门窗

图 3-18 中楼梯间休息平台处开设窗，宽度均为 1800mm，底层和三层楼梯平面图中开设门通向开水间和屋面，宽度为 800mm。

3.9.2.2 楼梯剖面图

1. 图示方法

楼梯剖面图是用假想的铅垂面通过各层的一个梯段和门窗洞将楼梯剖开，向另一未剖到的梯段方向投影得到投影图。在多层房屋中，若中间各层的楼梯构造相同，则剖面图可只画出底层、中间层和顶层剖面，中间用折断线分开。

2. 识读内容和方法

楼梯剖面图主要反映楼梯踏步、平台、栏杆的构造及其相互连接方式。下面以图 3-19 为例说明楼梯剖面图的识读内容和方法。

（1）楼梯的结构形式

从图 3-19 中梯段板可以看出：该楼梯每层有两个梯段，为双跑式楼梯。从梯段形式可知，该楼梯为板式楼梯。

（2）楼梯的标高及尺寸

楼梯剖面图中应注明地面、平台面、楼面等的标高和梯段的标高及尺寸，且应与楼梯平面图对应一致。梯段在高度尺寸中标注的是步级数，而不是平面图中的踏面数（两者相差 1）。从图 3-19 中楼梯部分的尺寸可知：每个踏步高均为 150mm，宽均为 300mm。梯段长与高因踏步数量不同而不等，如第一梯段的高度尺寸为 13×150mm＝1950mm，表示该梯段为 13 级，高 1950mm，第一梯段的长度尺寸为 12×300mm＝3600mm，表示该梯段踏面数为 13，长 3600mm。

（3）细部构造及材料

剖面图中应表达梯段、平台、梁等被剖切断面的材料图例，且应注明栏杆、扶手的做法。

从图 3-19 中梯段板可以看出：该楼梯的梯段、平台、梁材料均为现浇钢筋混凝土。栏杆的做法参照标准图集。图 3-11 中 2 号楼梯做法参照 1 号楼梯，仅梯井尺寸为 470mm。

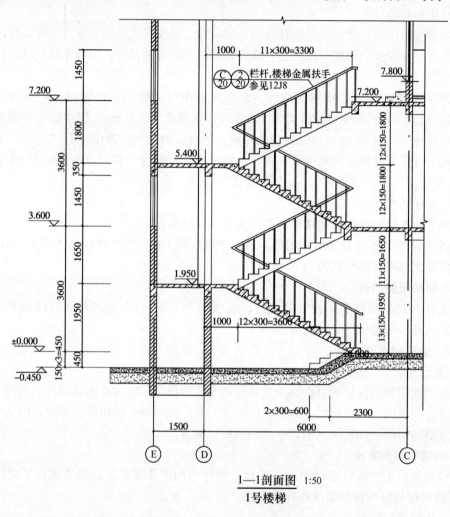

1—1剖面图 1:50
1号楼梯

图 3-19　某办公楼楼梯剖面图

3.9.2.3　楼梯节点详图

1. 图示方法

楼梯节点详图目前一般参考标准图集，需在图中标注索引符号，注明标准图集代号及节点详图所在页码及编号。图 3-20 中栏杆的做法参照标准图集，此处略。

若采用特殊形式，则需用比例较大的详图仔细表达其形状、大小、材料及具体做法。

2. 识读内容和方法

楼梯节点详图主要表达楼梯栏杆、踏步、扶手的做法。下面以图 3-20 为例说明楼梯节点详图的识读内容和方法。

由图 3-20 中踏步详图可以看出：梯段板（踏步）结构层材料采用现浇钢筋混凝土。梯段板厚度为 100mm，踏步高 150mm，宽 300mm，踏步面层材料采用水泥砂浆，在踏步阳角处做成突缘，突缘外挑 20mm。

从踏步详图索引处的详图④为防滑条详图。防滑条材料为金刚砂，宽度为 30mm，设置在距突缘 40mm 处。

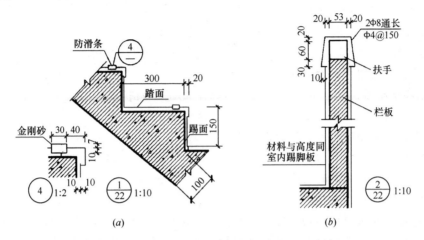

图 3-20　楼梯节点详图
(a) 踏步详图；(b) 栏板及扶手详图

由栏板详图可以看出：栏板为砌块，厚度为 53mm（一皮砖），两侧水泥砂浆抹灰。扶手宽 53mm，高 60mm，采用钢筋混凝土，内配 2Φ8 通长钢筋，拉结筋采用Φ4@150。扶手两侧及顶部用水泥砂浆抹灰，抹灰厚度如图 3-20 所示。

思考练习题

1. 名词解释

（1）建筑剖面图；（2）节点构造详图

2. 填空题

（1）首页图放在全套施工图的首页，一般包括（　　）、（　　）、（　　）、（　　）等。

（2）总平面图是用正投影的方法绘制，采用（　　）中的图例。

（3）除总平图以外，其他建筑施工图中采用相对标高，数字保留到小数点后（　　）位，单位为（　　）。

（4）建筑平面图中，散水在（　　）图中识读，雨篷在（　　）图中识读，雨水管的布置在（　　）图中识读。

（5）建筑详图可分为（　　）和（　　）两类。

（6）新建建筑的层数通常用（　　）标注在建筑的右上角。

（7）剖面图在竖向应由内到外标注（　　）、（　　）及建筑总高三道尺寸。

3. 问答题

（1）如何标注建筑平面图中的外部尺寸？

（2）由建筑剖面图中可识读哪些建筑构造组成部分（举例 8 种以上）的标高？

4. 选择题

（1）建筑总平面图常用的比例有（　　　）。

A.1∶100　　　　　B.1∶200　　　　　C.1∶500　　　　　D.1∶1000

（2）建筑平面图中被剖切到的墙、柱等主要建筑构造的轮廓线用（　　）绘制。

A. 细实线　　　　B. 中粗实线　　　　C. 粗实线　　　　D. 加粗实线

（3）新建建筑的朝向可由（　　　）确定。

A. 风向玫瑰频率图　　　　　　　　B. 雨篷位置

C. 指北针　　　　　　　　　　　　D. 建筑入口方向

（4）建筑平面图中剖切符号应画在（　　）中。

A. 底层平面图　　　　　　　　　　B. 标准层平面图

C. 顶层平面图　　　　　　　　　　D. 屋顶平面图

（5）在底层平面图中可识读的内容有（　　　）。

A. 雨篷　　　　　B. 踏步高　　　　　C. 散水　　　　　D. 雨水管

（6）建筑外墙面采用的装修材料可由（　　）图中识读。

A. 建筑总平面　　　B. 建筑平面　　　C. 建筑立面　　　D. 建筑剖面

（7）建筑剖面图中被剖切到的墙、梁、楼地面等主要构造的轮廓线用（　　　）绘制，被剖切到的楼地面、屋面的面层线及未被剖切到的女儿墙、门窗洞口等轮廓线用（　　　）绘制，踢脚线、材料图例、尺寸线等用（　　　）绘制。

A. 细实线、中粗实线、粗实线　　　　B. 中粗实线、细实线、粗实线

C. 粗实线、中粗实线、细实线　　　　D. 中粗实线、粗实线、细实线

5. 实训练习题

识读以下图例，将其名称写在其下的（　　）内。

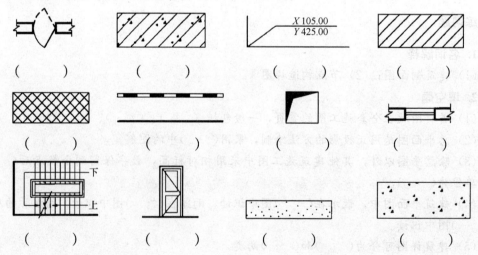

（　　　）　　　　（　　　）　　　　（　　　）　　　　（　　　）

（　　　）　　　　（　　　）　　　　（　　　）　　　　（　　　）

（　　　）　　　　（　　　）　　　　（　　　）　　　　（　　　）

第4章 识读结构施工图

建筑结构因所用的建筑材料不同，可分为混凝土结构、砌体结构、钢结构、轻型钢结构、木结构和组合结构等。不同形式的结构施工图的表达方式既有相同的地方，又有各自特定的方法。因此在识读不同结构形式的施工图之前，必须学习和掌握有关结构施工图的基本知识和识读规则。

4.1 结构施工图概述

在建筑施工图的基础上，按建筑物各方面的要求进行力学与结构计算，确定建筑承重构件（如基础、梁、板、柱等）的布置、形状、尺寸和详细设计的构造要求，并将其结果绘制成图样，用以指导施工，这样的图样，称为结构施工图。它主要用来作为施工放线、开挖基槽、支设模板、绑扎钢筋、设置预埋件、浇捣混凝土和安装梁、板、柱等构件及编制预算和施工组织计划等的依据。

4.1.1 结构施工图的内容

（1）结构设计说明。结构设计说明是全局性的文字说明，它包括结构设计依据、材料质量及构件的要求、地基的概况、施工要求、选用标准图集等。

（2）结构平面布置图。结构平面布置图与建筑平面图一样，属于全局性的图纸，主要表示房屋各承重构件总体平面布置，通常包括基础平面图、楼层结构平面布置图和屋顶结构平面布置图。

（3）构件详图。构件详图属于局部性的图纸，表示构件的形状、大小，所用材料的强度等级，是构件制作安装的依据。其主要内容有：①梁、板、柱及基础结构详图；②楼梯结构详图；③屋架结构详图；④其他构件详图，如天窗、雨篷、过梁等。

4.1.2 结构施工图中的有关规定

房屋建筑是由多种材料组成的结合体，目前房屋中采用较普遍的结构类型是混合结构和钢筋混凝土结构。由于房屋结构的基本构件很多，有时布置也很复杂，为了使图面清晰，并把不同的构件表示清楚，《建筑结构制图标准》GB/T 50105—2010 对结构施工图的绘制有明确的规定，现将有关规定介绍如下。

1. 常用构件代号

房屋结构中的构件名称应用代号来表示。表示方法是用构件名称的汉语拼音字母中的第一个字母表示，详见表 4-1。构件代号后常用阿拉伯数字标注该构件的型号或编号，也可为构件的顺序号。构件的顺序号采用带角标的阿拉伯数字连续编排。

常用构件代号　　　　　　　　　　　　　　　　　　　　　表 4-1

序号	名称	代号	序号	名称	代号	序号	名称	代号
1	板	B	15	吊车梁	DL	29	基础	J
2	屋面板	WB	16	圈梁	QL	30	设备基础	SJ
3	空心板	KB	17	过梁	GL	31	桩	ZH
4	槽形板	CB	18	连系梁	LL	32	柱间支撑	ZC
5	折板	ZB	19	基础梁	JL	33	水平支撑	SC
6	密肋板	MB	20	楼梯梁	TL	34	垂直支撑	CC
7	楼梯板	TB	21	檩条	LT	35	梯	T
8	盖板或沟盖板	GB	22	屋架	WJ	36	雨篷	YP
9	檐口板	YB	23	托架	TJ	37	阳台	YT
10	吊车安全走道板	DB	24	天窗架	CJ	38	梁垫	LD
11	墙板	QB	25	框架	KJ	39	预埋件	M
12	天沟板	TGB	26	钢架	GJ	40	天窗端壁	TD
13	梁	L	27	支架	ZJ	41	钢筋网	W
14	屋面梁	WL	28	柱	Z	42	钢筋骨架	G

　　注：1. 预制钢筋混凝土构件、现浇钢筋混凝土构件、钢构件和木构件，一般可直接采用表中的构件代号。在绘图中，当需要区别上述构件的种类时，应在图纸中加以说明。

　　　　2. 预应力钢筋混凝土构件代号，应在构件代号前加注"Y-"，例如 Y-KB 表示预应力钢筋混凝土空心板。

2. 常用钢筋符号

　　钢筋按其强度和品种分成不同等级，并用不同的符号表示。常用的普通钢筋一般采用热轧钢筋，各等级钢筋的符号见表 4-2。

常用钢筋符号　　　　　　　　　　　　　　　　　　　　　表 4-2

种类	牌号	强度等级	符号	强度标准值 f_{yk}（N·mm^{-2}）
热轧钢筋	HPB300	Ⅰ	Φ	300
	HRB335	Ⅱ	Φ	335
	HRB400	Ⅲ	Φ	400
	RRB400	Ⅲ	Φ^R	400

3. 钢筋的名称和作用

　　配置在钢筋混凝土结构构件中的钢筋，按其作用一般可分为以下几种，如图 4-1 所示。

　　（1）受力钢筋：承受构件内拉、压应力的钢筋。其配置根据受力通过计算确定，且应满足构造要求。

　　（2）架立筋：一般设置在梁的受压区，与纵向受力钢筋平行，用于固定梁内钢筋的位置，并与受力筋形成钢筋骨架。架立筋是按构造配置的。

　　（3）箍筋：用于承受梁、柱中的剪力、扭矩，固定纵向受力钢筋的位置等。

　　（4）分布筋：用于单向板、剪力墙中。单向板中的分布筋与受力筋垂直。其作用是将

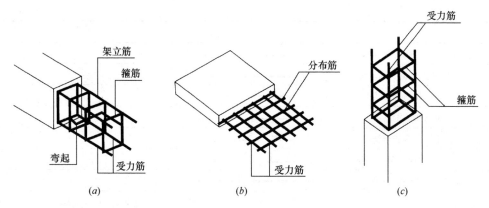

图 4-1　钢筋混凝土梁、板、柱配筋示意图

(*a*) 钢筋混凝土简支梁；(*b*) 钢筋混凝土板；(*c*) 钢筋混凝土柱

承受的荷载均匀地传递给受力筋，并固定受力筋的位置以及抵抗热胀冷缩所引起的温度变形。在剪力墙中布置的水平和竖向分布筋，除上述作用外，不可参与承受外荷载。

（5）构造筋：因构造要求及施工安装需要而配置的钢筋，如腰筋、吊筋和拉接筋等。

4. 钢筋的弯钩

为了增强钢筋与混凝土的粘结力，表面光圆的钢筋两端需要做弯钩。弯钩的形式如图4-2 所示。

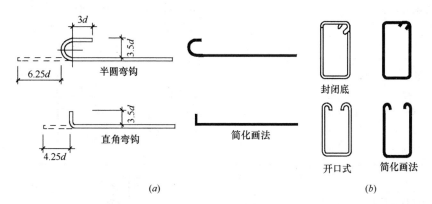

图 4-2　钢筋的弯钩

（*a*) 受力筋的弯钩；(*b*) 箍筋的弯钩

5. 钢筋的表示方法

了解钢筋混凝土构件中钢筋的配置非常重要。在结构图中通常用粗实线表示钢筋。普通钢筋的一般表示方法见表 4-3。钢筋在结构构件中的画法见表 4-4。

一般钢筋的表示方法　　　　　　　　　　　　　表 4-3

序号	名　　称	图　　例	说　　明
1	钢筋横断面	●	
2	无弯钩的钢筋端部		下图表示长、短钢筋投影重叠时，短钢筋的端部用 45°斜画线表示

续表

序号	名　称	图　例	说　明
3	带半圆形弯钩的钢筋端部		
4	带直弯钩的钢筋端部		
5	带丝扣的钢筋端部		
6	无弯钩的钢筋搭接		
7	带半圆弯钩的钢筋搭接		
8	带直弯钩的钢筋搭接		
9	花篮螺丝钢筋接头	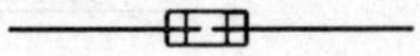	
10	机械连接的钢筋接头		用文字说明机械连接的方式（或冷挤压或锥螺纹等）

结构构件中钢筋的画法　　　　　　　　　　　　　　　　　　　　　表 4-4

序号	说　明	图　例
1	在结构平面图中配置双层钢筋时，底层钢筋的弯钩指向应向上或向左，顶层钢筋的弯钩指向则向下或向右	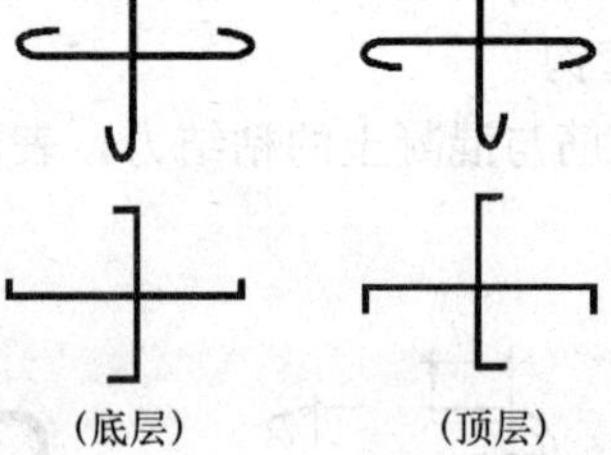 （底层）　　　　（顶层）
2	钢筋混凝土墙体配双层钢筋时，在配筋立面图中，远面钢筋的弯钩指向应向上或向左，而近面钢筋的弯钩指向应向下或向右（JM 近面，YM 远面）	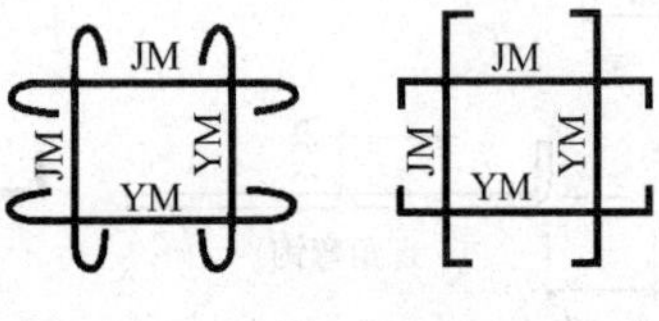
3	若在断面图中不能表达清楚的钢筋布置，应在断面图外增加钢筋大样图（如钢筋混凝土墙、楼梯等）	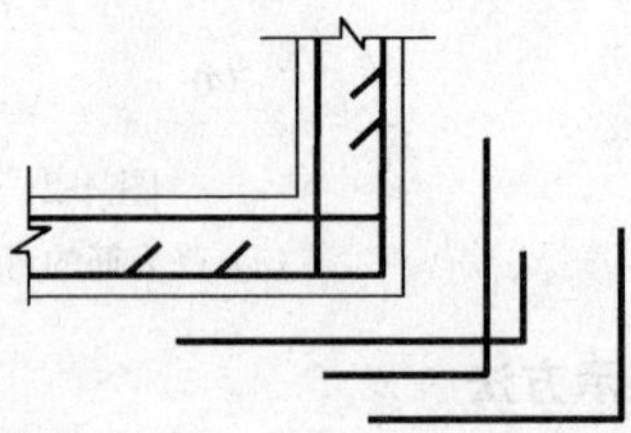
4	图中所表示的箍筋、环筋等若布置复杂时，可加画钢筋大样图（如钢筋混凝土墙、楼梯等）	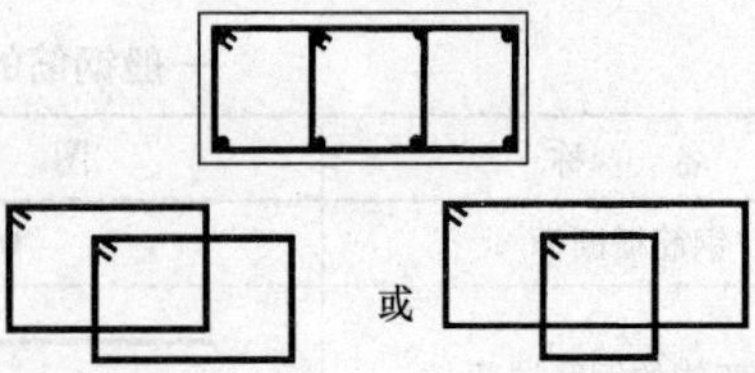 或

序号	说　明	图　例
5	每组相同的钢筋、箍筋或环筋，可用一根粗实线表示，同时用一两端带斜短线的横穿细线表示其钢筋及起止范围	 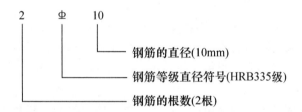

6. 钢筋的标注

在图中为了区分不同直径和数量的各种类型的钢筋，要求对图中所示的各种钢筋加以标注。一般采用引出线方式标注，其标注形式有下面两种：

（1）标注钢筋的根数、种类和直径（如梁内受力筋和架立筋）。

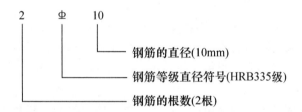

（2）标注钢筋的种类、直径和相邻钢筋的中心距离（如梁内箍筋和板内钢筋）

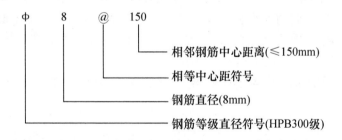

7. 钢筋的保护层

最外层钢筋外边缘到构件表面的距离称为钢筋的保护层。设置保护层的作用是保护构件中的钢筋不被锈蚀、加强钢筋与混凝土的粘结力。保护层的厚度因结构设计使用年限和环境的不同有不同的规定。根据《混凝土结构设计规范》GB 50010—2010 规定，一般情况下，梁和柱的最小保护层厚为 $20\sim35\text{mm}$，板的最小保护层厚为 $15\sim25\text{mm}$。

4.2　钢筋混凝土构件详图

4.2.1　钢筋混凝土基本知识

钢筋混凝土在建筑工程中是一种应用极为广泛的建筑材料，它由力学性能完全不同的钢筋和混凝土两种材料组合而成。混凝土是由水泥、砂子、石子和水按一定比例拌和，经浇捣、养护硬化后而形成的一种人造材料。凝固后的混凝土如同天然石材，具有较高的抗压强度，但抗拉强度却很低，容易因受拉而断裂。为了解决混凝土受拉易断裂的矛盾，充分利用混凝土的受压能力，往往在混凝土构件的受拉区域内加入一定数量的钢筋，使之与混凝土粘结成一个整体，共同承受外力。这种配有钢筋的混凝土称为钢筋混凝土，没有配置钢筋的混凝土称为素混凝土。

用钢筋混凝土制成的梁、板、柱、基础等构件称为钢筋混凝土构件。钢筋混凝土构件分为定型构件和非定型构件两种。定型构件可直接引用标准图或通用图，只要在图纸上写明选用构件所在标准图集或通用图集的名称、代号即可。非定型构件为自行设计的构件，这种构件必须绘制其构件详图，其作用是为加工制作钢筋、浇筑混凝土提供依据。此外，钢筋混凝土构件还分为现浇钢筋混凝土构件和预制钢筋混凝土构件。现浇钢筋混凝土构件是在现场支模板、绑扎钢筋、浇灌混凝土而成型的，因此，必须画出构件的位置、支座情况。

4.2.2　钢筋混凝土构件的图示方法

成型的钢筋混凝土构件只能看见其外形，内部的钢筋是不可见的。为了清楚地表明构件内部的钢筋，可假设混凝土为透明体，使其构件中的钢筋在施工图中便可看见。钢筋在结构图中长度方向按其投影用单根粗实线表示，钢筋断面用圆黑点表示，构件的外形轮廓线用细实线绘制。

钢筋混凝土构件图的图示内容包括模板图、配筋图、钢筋表和文字说明。

1. 模板图

模板图也称为外形图，它是为浇筑构件的混凝土绘制的，主要表达构件的外形尺寸、预埋件的位置、预留孔洞的大小和位置。对于外形简单的构件，一般不必单独绘制模板图，只需在配筋图中把构件的尺寸标注清楚即可。对于外形较复杂或预埋件较多的构件，一般要单独画出模板图，以便于模板的制作和安装。

模板图的图示方法就是按构件的外形绘制的视图。外形轮廓线用中粗实线绘制，如图4-3所示。

2. 配筋图

配筋图就是钢筋混凝土构件（结构）中的钢筋配置图，主要表示构件内部所配置钢筋的形状、直径、数量和排放位置。梁、柱的配筋图又分为立面图、断面图和钢筋详图，板的配筋图分为平面图、剖面图和钢筋详图及钢筋表。

梁的配筋图表示方法如下（如图4-4所示）：

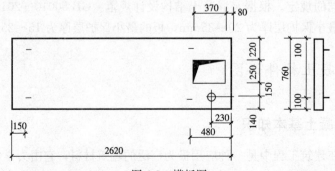

图 4-3　模板图

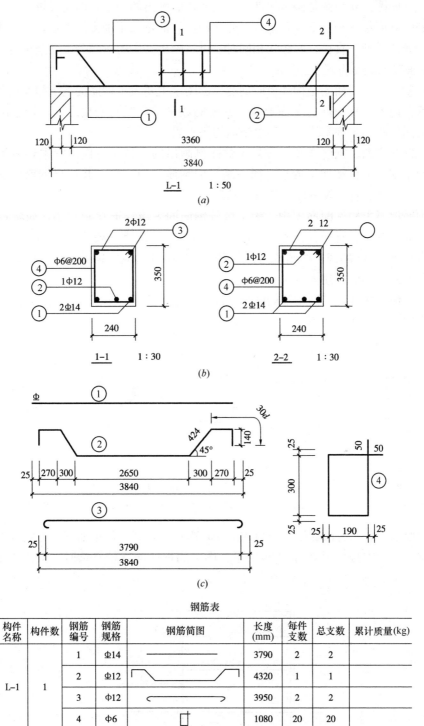

图 4-4 钢筋混凝土简支梁配筋图

(a) 立面图；(b) 断面图；(c) 钢筋详图；(d) 钢筋表

（1）立面图。立画图是假定构件为一透明体而画出的一个纵向正投影图。主要表示构件中钢筋的立面形状和上下排列位置。通常构件外形轮廓用细实线表示，钢筋用粗实线表示。当钢筋的类型、直径、间距均相同时，可只画出其中的一部分，其余可省略不画，如图 4-4 中箍筋的表示方式。

（2）断面图。断面图是构件横向剖切投影图。主要表示钢筋的上下和前后的排列、箍筋的形状等内容。凡构件的断面形状、钢筋的数量、位置有变化之处，均应画出其断面图。断面图的轮廓为细实线，钢筋横断面用黑点表示。

（3）钢筋详图。钢筋详图是按规定的图例画出的一种示意图。它主要表示钢筋的形状，以便于钢筋下料和加工成型。同一编号的钢筋只画一根，并注出钢筋的编号、数量（或间距）、等级、直径及各段的长度和总尺寸。

在钢筋混凝土构件配筋图中，为了区分钢筋的等级、形状和大小，应将钢筋予以编号。凡钢筋的等级、直径、长度、形状均相同时，可采用同一编号。编号是用阿拉伯数字注写在直径为 6mm 的细实线圆圈内，并用引出线指到对应的钢筋部位。同时在引出线的水平线段上注出钢筋标注内容。

这里要注意构件配筋图中箍筋的长度尺寸，应指箍筋的里皮尺寸。弯起钢筋高度尺寸应指钢筋的外皮尺寸，见图 4-5。

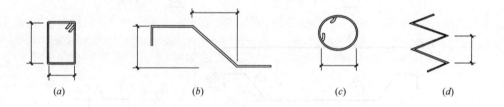

(a) (b) (c) (d)

图 4-5　钢箍尺寸标注法

(a) 箍筋尺寸标注图；(b) 弯起钢筋尺寸标注图；(c) 环形钢筋尺寸标注图；(d) 螺旋钢筋尺寸标注图

板的配筋图表示方法如下：当板的配筋较简单时，其配筋平面图可与结构平面布置图合并绘制，表示方法见图 4-6；当板的平面图中的钢筋配置较复杂时，可按图 4-7 的方法绘制。

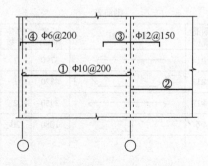

图 4-6　钢筋在楼板配筋图中的表示方法

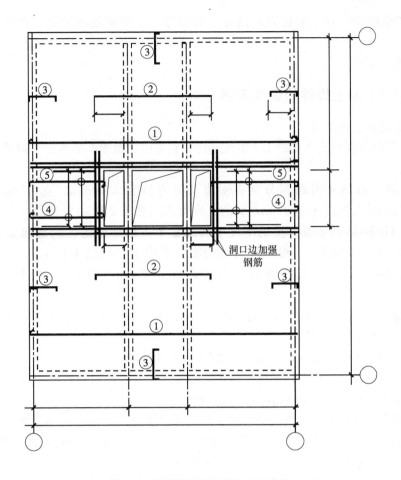

图 4-7 楼板配筋较复杂的表示方法

3. 钢筋表

为了便于编制施工预算，统计用料，在配筋图中还应列出钢筋表，表内应注明构件代号、构件数量、钢筋编号、钢筋简图、直径、长度、数量、总数量、总长和重量等，见图 4-4 中的钢筋表。对于比较简单的构件，可不画钢筋详图，只列钢筋表即可。

4.2.3 钢筋混凝土构件的看图要点

（1）构件名称或代号、比例。绘制钢筋混凝土构件图的比例可根据所表达的构件大小和构件中所配钢筋的情况来决定，常用比例有 1∶50、1∶30、1∶20、1∶10、1∶5 等。同一钢筋混凝土构件图的立面图和断面图可采用不同的比例绘制，而立面图和钢筋详图通常选用相同的比例绘制。

（2）构件的定位轴线及其编号。构件的定位轴线及编号应与平面图的标注一致。

（3）构件的形状、尺寸和预埋件代号及布置。

（4）构件内部钢筋的布置。阅读构件内部钢筋的布置应将构件的立面图、断面图和钢筋详图结合起来。

（5）构件的外形尺寸、钢筋规格、构造尺寸以及构件底（顶）面标高。构件外形尺寸注法与一般结构物一样。根据钢筋的标注和编号，了解钢筋的数量、直径、等级、间距等。

（6）施工说明。

4.2.4　钢筋混凝土构件的识读实例

1. 钢筋混凝土简支梁

图 4-4 是钢筋混凝土简支梁 L-1 的配筋图，它是由立面图、断面图、钢筋详图和钢筋表组成。

L-1 配筋立面图和断面图分别表明简支梁的长为 3840mm、宽为 240mm、高为 350mm。两端搭入墙内各 240mm，梁的下皮角部配置了 2 根编号为①的直受力筋，直径 14mm，HRB335 级钢筋；梁的下皮中部配置了 1 根编号为②的弯起受力筋，直径 12mm，HRB335 级钢筋；2 根编号为③的架立筋配置在梁的上皮角部，直径 12mm，HPB300 级钢筋；编号④的钢筋是箍筋，直径 6mm，HPB300 级钢筋，间距为 200mm。

钢筋表中表明了 4 种类型钢筋的形状、编号、根数、等级、直径和长度等。各编号钢筋的设计总长度的计算方法：

① 号钢筋设计总长度应该是梁长减去两端保护层厚度，即 3840−2×25＝3790mm。

② 号钢筋设计总长度应该是弯起后各段长度之和（每段长度见图 4-4c），即 2650＋2×（424＋270＋140）＝4318mm，取 4320mm。

③ 号钢筋设计总长度应该是梁长减去两端保护层厚度，加上两端弯钩所需长度。一个半圆弯钩的长度为 6.25d，实际计算长度为 6.25×12＝75mm，施工中取 80mm。③号钢筋设计总长度为 3840−2×25＋80×2＝3950mm。

④ 号箍筋的设计总长度按图 4-4（c）中④号钢筋的详图所标尺寸进行计算。④号箍筋应为 135°的弯钩，当不考虑抗扭要求时，Φ6 的箍筋弯钩按施工经验一般取 50mm。④号钢筋设计总长度为 2×（190＋300＋50）＝1080mm。

在这里要注意，我们所计算的每种钢筋的长度是钢筋的设计长度，它与钢筋的下料长度是不同的。钢筋成型时，由于钢筋弯曲变形，要伸长一些，因此施工时实际下料长度应比设计长度缩短。所减长度取决于钢筋直径和弯折角度，直径和弯折角度越大，伸长越多，应减长度也就越多，如图 4-8 所示。

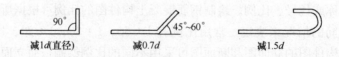

图 4-8　实际下料长度比设计长度减短长度

2. 钢筋混凝土板

图 4-9 是现浇钢筋混凝土板 XB-1 的配筋图。它由平面图、剖面图和钢筋详图组成。

XB-1 是现浇钢筋混凝土板的代号。该现浇钢筋混凝土板为三跨连续板，中间跨为双向受力板，两边跨为单向受力板。三跨板的跨度尺寸为 1500mm、2100mm、1500mm，长向尺寸均为 3600mm。在图中采用了重合断面（图中涂黑的部分）表示了梁和板的布置及支承情况。从图中表明的钢筋的形状、弯钩指向及钢筋标注可知钢筋的位置、直径和间距。如中跨①号和⑤号两种受力钢筋布置在板下皮，并构成方格网，两边跨在板下皮布置①号受力钢筋，为构成方格网与其垂直方向布置分布筋（分布筋一般图中可不画，但要用文字说明），板的分布筋为 Φ6@200。②号、③号、④号布置在板边上皮，沿墙体四周布置，它们的定位尺寸为 500mm、450mm、700mm。

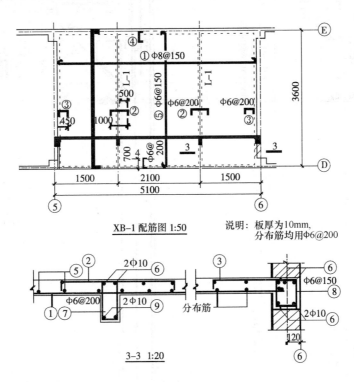

图 4-9 钢筋混凝土板配筋图

3. 钢筋混凝土柱

图 4-10 是某单层工业厂房 Z1 柱的详图，包括模板图和配筋图，主要标明模板尺寸和预埋件及配筋情况。

（1）模板图。图 4-10（a）所示模板图主要表示柱的外形、尺寸、标高，以及预埋件的位置。从图中可看出该柱总高 8200mm，分为上柱和下柱两部分，上柱高 2200mm，用来支撑屋架，下柱高 6000mm，上下柱之间突出的牛腿用来支撑吊车梁。与配筋图的断面图对照可以看出上柱与下柱的断面均为长方形，断面尺寸为 400mm×400mm 和 600mm×400mm，牛腿处断面为 400mm×1000mm。模板图中的 M—1，M—2，……表示柱与其他构件相连的预埋件的代号，按其图中标注可了解各种预埋件的位置及数量。

（2）配筋图。图 4-10（b）所示柱配筋图包括立面图、断面图、钢筋详图。阅读时，以立面图为主，结合断面图便可了解配筋情况。如果再配合钢筋详图、钢筋表，阅读更方便。（本例中未给出钢筋详图、钢筋表）

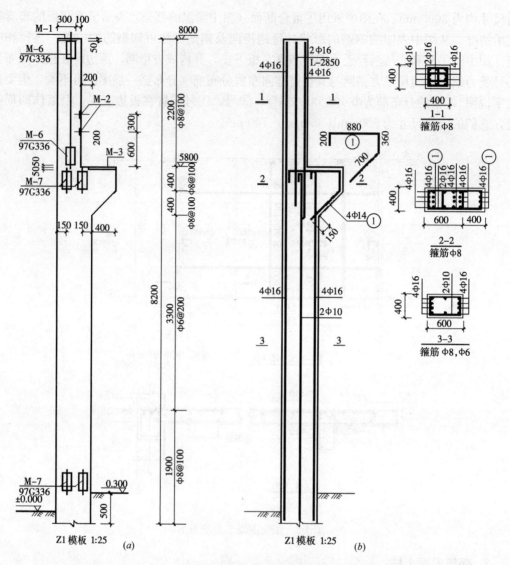

图 4-10 钢筋混凝土柱配筋图

(a) 模板图；(b) 配筋图

4.2.5 现浇钢筋混凝土构件平面整体设计方法简介

1. 平法设计的意义

平法是建筑结构施工图平面整体设计方法的简称。平法对我国目前钢筋混凝土结构施工图的设计表示方法作了重大的改革，被国家科委列为《"九五"国家级科技成果重点推广计划》项目，被建设部列为 1996 年科技成果重点推广项目。

平法的表达形式，概括来讲，是把结构构件的尺寸和配筋等，按照平面整体表示方法制图规则，整体直接表达在各类构件的结构平面布置图上，再与标准构造详图相配合，即构成一套新型完整的结构设计。它改变了传统的那种将构件从结构平面布置图中索引出来，再逐个绘制配筋详图的繁琐方法。

下面介绍常用现浇钢筋混凝土框架结构中柱、梁构件的平法制图示例与规则，此规则既是设计者完成柱梁平法施工图的依据，也是施工、监理人员准确理解和实施平法施工图的依据。

2. 平法设计的注写方式

在平面布置图上注写各构件尺寸和配筋的方式有平面注写方式、列表注写方式和截面注写方式三种。

按平法设计绘制结构施工图时，应将所有柱、墙、梁构件进行编号，并用表格或其他方式注明各结构层楼（地）面标高、结构层高及相应的结构层号。常见柱、梁的代号见表4-5所示。

常见柱、梁的代号 表 4-5

名称	代号	名称	代号
框架柱	KZ	楼层框架梁	KL
框支柱	KZZ	屋面框架梁	WKL
芯柱	XZ	框支梁	KZL
梁上柱	LZ	非框架梁	L
剪力墙上柱	QZ	悬挑梁	XL
		井字梁	JZL

3. 柱平法施工图的制图规则及示例

柱平法施工图系在柱平面布置图上采用列表方式或截面注写方式表达。这里仅介绍柱平法施工图中的截面注写方式。

截面注写方式系在分标准层绘制的柱平面布置图上，分别在同一编号的柱中选择一个截面，并将此截面在原位放大，以直接注写截面尺寸和配筋具体数值。

下面以图 4-11 为例，说明采用截面注写方式表达柱平法施工图的内容。

从图中柱的编号可知，LZ1 表示梁上柱，KZ1、KZ2、KZ3 则表示框架柱。

LZ1 下的标注意义：

LZ1——梁上柱，编号为 1；

250×300——LZ1 的截面尺寸；

6Φ16——LZ1 周边均匀对称布置 6 根直径为 16mm 的 HRB335 级钢筋；

Φ8@200——LZ1 内箍筋直径为 8mm，HPB300 级钢筋，间距 200mm，均匀布置；

KZ3 下的标注意义：

KZ3——框架柱，编号为 3；

650×600——KZ3 的截面尺寸；

24Φ22——沿 KZ3 周边布置的纵向受力筋为 HRB335 级钢筋，直径 22mm，共 24 根；

Φ10@100/200——KZ3 内箍筋为 HPB300 级钢筋，直径为 10mm，加密区间距为100mm，非加密区间距为 200mm。

本图中 KZ1、KZ2 标注的意义，读者可自行识读。

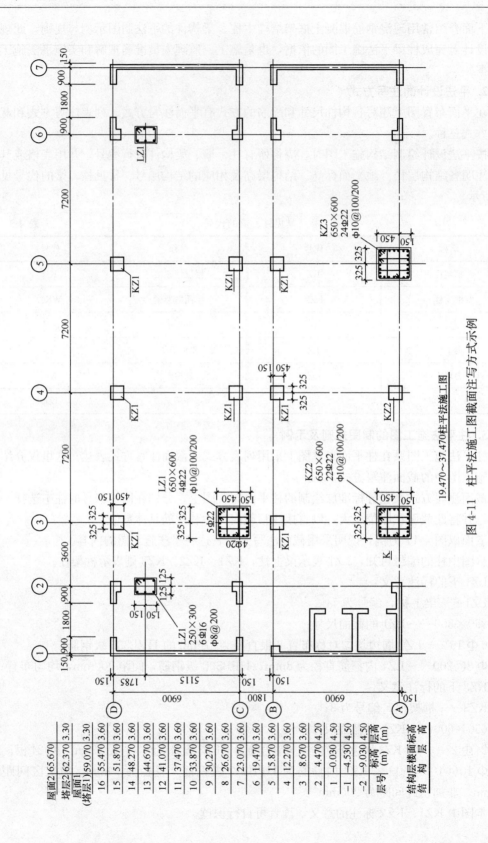

图 4-11　柱平法施工图截面注写方式示例

4. 梁平法施工图的制图规则及示例

梁平法施工图系在梁平面布置图上采用平面注写方式或截面注写方式表达。这里仅介绍梁平法施工图中的平面注写方式。

平面注写方式系在梁平面布置图上，分别在不同编号的梁中各选一根梁，在其上注写截面尺寸和配筋具体数值的方式来表达梁平法施工图。

平面注写包括集中标注和原位标注，集中标注表达梁的通用数值，原位标注表达梁的特殊数值。当集中标注中的某项数值不适用于梁的某部位时，则将该项数值原位标注，施工时，原位标注取值优先，如图4-12所示。

图4-13四个梁截面系采用传统表示方法绘制，用于对比按平面注写方式表达的同样内容。实

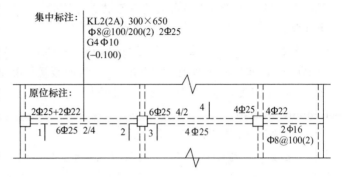

图 4-12　梁平面注写方式示例

际采用平面注写方式时，不需绘制梁截面配筋图和图4-12中的相应截面号。

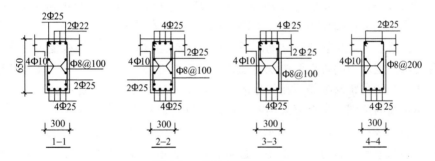

图 4-13　梁的截面配筋图

梁编号由梁类型代号、序号、跨数及有无悬挑代号几项组成，应符合表4-6的规定。

例如，KL7（5A）表示第7号框架梁，5跨，一端有悬挑；L9（7B）表示第9号非框架梁，7跨，梁两端有悬挑。

梁 编 号 表 4-6

梁类型	代　　号	序　　号	跨数及是否带有悬挑
楼层框架梁	KL	XX	（XX），（XXA）或（XXB）
屋面框架梁	WKL	XX	（XX），（XXA）或（XXB）
框支梁	KZL	XX	（XX），（XXA）或（XXB）
非框支梁	L	XX	（XX），（XXA）或（XXB）
悬挑梁	XL	XX	
井字梁	JZL	XX	（XX），（XXA）或（XXB）

注：（XXA）为一端有悬挑，（XXB）为两端有悬挑，悬挑不计入跨数。

（1）梁集中标注

梁集中标注的内容，有5项必注值及1项选注值（集中标注可以从梁的任意一跨引

出），规定如下。

第 1 项：梁编号。

第 2 项：梁截面尺寸 $b \times h$（宽×高）。

第 3 项：梁箍筋，包括钢筋级别、直径、加密区与非加密区间距及肢数。加密区与非加密区的不同间距及肢数用斜线 "/" 分隔；当梁箍筋为同一种间距及肢数时，则不需要用斜线；当加密区与非加密区的箍筋肢数相同时，则将肢数注写一次；箍筋肢数应注写在括号内。

例如，Φ10@100/200（4）表示箍筋为 HPB300 级钢筋，直径为 10mm，加密区间距为 100mm，非加密区间距为 200mm，均为四肢箍；Φ8@100（4）/150（2）表示箍筋为 HPB300 级钢筋，直径为 8mm，加密区间距为 100mm，四肢箍；非加密区间距为 150mm，双肢箍。

当抗震结构中的非框架梁、悬挑梁、井字梁，及非抗震结构中的各类梁采用不同的箍筋间距及肢数时，也用斜线 "/" 将其分隔开来。注写时，先注写梁支座端部的箍筋（包括箍筋的箍数、钢筋级别、直径、间距与肢数），在斜线后注写梁跨中部分的箍筋间距及肢数。

例如，13Φ10@150/200（4）表示箍筋为 HPB300 级钢筋，直径为 10mm，梁的两端各有 13 个四肢箍，间距为 150mm；梁跨中部分，间距为 200mm，四肢箍。18Φ12@150（4）/200（2），表示箍筋为 HPB300 级钢筋，直径为 12mm，梁的两端各有 18 个四肢箍，间距为 150mm；梁跨中部分，间距为 200mm，双肢箍。

第 4 项：梁上部通长筋或架立筋配置。所注规格与根数应根据结构受力要求及箍筋肢数等构造要求而定。当同排纵筋中既有通长筋又有架立筋时，应用 "+" 将通长筋和架立筋相连。注写时须将角部纵筋写在加号的前面，架立筋写在加号后面的括号内，以示不同直径及与通长筋的区别。当全部采用架立筋时，则将其写入括号内。

例如，2Φ22+（4Φ12），表示梁上部角部通长筋为 2Φ22，4Φ12 为架立筋。当梁的上部纵筋和下部纵筋为全跨相同，且多数跨配筋相同时，此项可加注下部纵筋的配筋值，用分号 "：" 将上部与下部纵筋的配筋值分隔开来，少数跨不同者，按平面注写方式的规定进行处理。3Φ22：3Φ20，表示梁的上部配置 3Φ22 的通长筋，梁的下部配置 3Φ20 的通长筋。

第 5 项：梁侧面纵向构造钢筋或受扭钢筋配置。当梁腹板高度 $h_w \geqslant 450mm$ 时，须配置纵向构造钢筋，所注规格与根数应符合规范规定。此项注写值以大写字母 G 打头，接续注写设置在梁两个侧面的总配筋值，且对称配置。

例如，G4Φ12 表示梁的两个侧面共配置 4 根直径为 12mm 的 HPB300 级纵向构造钢筋，每侧各配置 2Φ12。

当梁侧面需配置受扭纵向钢筋时，此项注写值以大写字母 N 打头，接续注写配置在梁两个侧面的总配筋值，且对称配置。

例如，N6Φ22，表示梁的两个侧面共配置 6Φ22 的受扭纵向钢筋，每侧共配置 3Φ22。

第 6 项：梁顶面标高高差。指相对于结构层楼面标高的高差值。有高差时，必将其写入括号内，无高差时不注。当某梁的顶面高于所在结构层的楼面时，其标高高差为正值，反之为负值。

例如，某结构层的楼面标高为 44.950m 和 48.250m，当某梁的梁顶面标高高差注写为（－0.050）时，即表明该梁顶面标高分别相对于 44.950m 和 48.250m，低 0.050m。

以上 6 项中，前 5 项为必注值，第 6 项为选注值。现以图 4-12 中的集中标注为例，说明各项标注的意义：

KL2（2A）——第 2 号框架梁，两跨，一端有悬挑；

300×650——梁的截面尺寸，宽度为 300mm，高度为 650mm；

Φ86@100/200（2）——梁内箍筋为 HPB300 级钢筋，直径为 8mm，加密区间距为 100mm，非加密区间距为 200mm，双肢箍；

2Φ25——梁上部通长筋有 2 根，直径 25mm，HRB335 级钢筋；

G4Φ10——梁的两个侧面共配置 4Φ10 的纵向构造钢筋，每侧各配置 2Φ10；

（－0.100）——该梁顶面低于所在结构层的楼面标高 0.1m。

（2）梁原位标注

梁原位标注的内容规定如下：

1）梁支座上部纵筋：含通长筋在内的所有纵筋。

①当上部纵筋多于一排时，用斜线"／"将各排纵筋自上而下分开。

例如，梁支座上部纵筋注写为 6Φ25 4／2，则表示上一排纵筋为 4Φ25，下一排纵筋为 2Φ25。

②当同排纵筋有两种直径时，用加号"＋"将两种直径相连，注写时将角部纵筋写在前面。

例如，梁支座上部纵筋注写为 2Φ25＋2Φ22，表示梁支座上部有 4 根纵筋，2Φ25 放在角部，2Φ22 放在中部。

③当梁中间支座两边的上部纵筋不同时，须在支座两边分别标注；当梁中间支座两边的上部纵筋相同时，可仅在支座的一边标注配筋值，另一边省去标注（图 4-12）。

2）梁下部纵筋。

①当下部纵筋多于一排时，用斜线"／"将各排纵筋自上而下分开。

例如，梁下部纵筋注写为 6Φ25 2/4，则表示上一排纵筋为 2Φ25，下一排纵筋为 4Φ25，全部伸入支座。

②当同排纵筋有两种直径时，用加号"＋"将两种直径的纵筋相连，注写时角筋写在前面。

③当梁下部纵筋不全部伸入支座时，将梁支座下部纵筋减少的数量写在括号内。

例如，梁下部纵筋注写为 6Φ25 2（－2）/4，表示上一排纵筋为 2Φ25，且不伸入支座；下一排纵筋为 4Φ25，全部伸入支座。梁下部纵筋注写为 2Φ25＋3Φ22（－3）/5Φ25 则表示上一排纵筋为 2Φ25 和 3Φ22，其中 3Φ22 不伸入支座；下一排纵筋为 5Φ25，全部伸入支座。

④当在梁的集中标注中，已按规定注写了梁上部和下部均为通长的纵筋值时，则不需在梁下部重复做原位标注。

3）附加箍筋或吊筋：可直接画在平面图中的主梁上，用线引注总配筋值，见图4-14。当多数附加箍筋或吊筋相同时，可在梁平法施工图上统一注明，少数与统一注明值不同时，再原位引注。

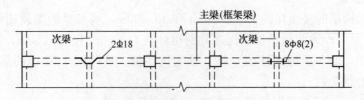

图 4-14　附加箍筋和吊筋的画法示例

4）当在梁上集中标注的内容不适用于某跨或某悬挑部分时，则将其不同数值原位标注在该跨或该悬挑部位，施工时应按原位标注数值取用。

梁的原位标注和集中标注的注写位置及内容见图 4-15。梁的集中标注和原位标注的识读见图 4-12。图中第一跨梁上部原位标注代号 $2\Phi25+2\Phi22$，表示梁上部配有一排纵筋，角部为 $2\Phi25$，中间为 $2\Phi22$。下部代号 $6\Phi25$ 2/4，表示该梁下部纵筋有两排，上一排为 $2\Phi25$，下一排为 $4\Phi25$。图中第一、二跨梁内箍筋配置见集中标注，第三跨梁内箍筋有所不同，见原位标注中 $\Phi8@100$（2），表示该跨箍筋间距全部为 100mm，双肢箍。

梁平法施工图平面注写方式示例见图 4-16，读者可根据上述制图规则，识读施工图中各标注符号的意义。

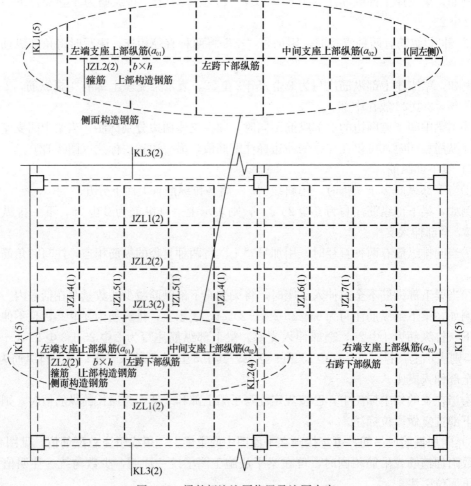

图 4-15　梁的标注注写位置及注写内容

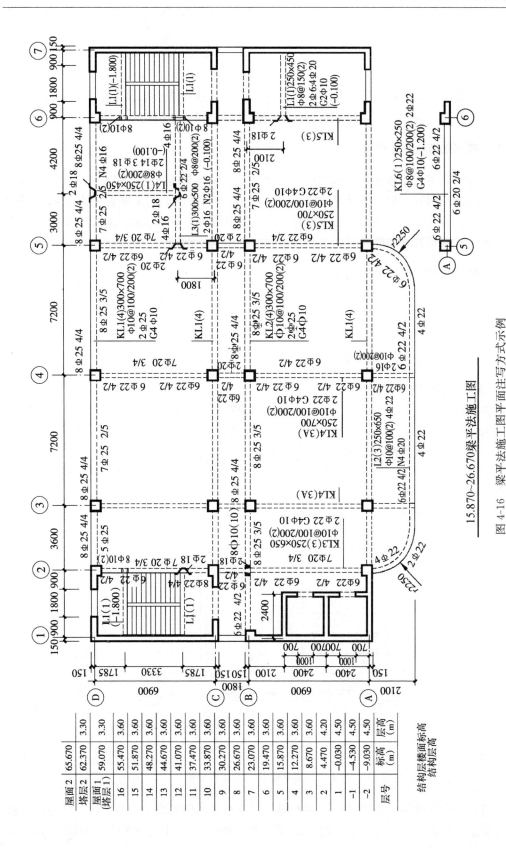

图 4-16 梁平法施工图平面注写方式示例

15.870~26.670梁平法施工图

4.3　结构平面图

结构平面图是表示建筑物室外地面以上各层平面承重构件（如梁、板、柱、墙、门窗过梁、圈梁等）布置的图样，一般包括楼层结构平面图和屋顶结构平面图。

4.3.1　楼层结构平面图的形成

楼层结构平面图是假想用一水平剖切平面，沿每层楼板面将建筑物水平剖开，移去剖切平面上部建筑物后，向下作水平投影所得到的水平剖面图。它主要是用来表示每层的梁、板、柱、墙等承重构件的平面布置。一般房屋有几层，就应画出几幅楼层结构布置平面图。对于结构布置相同的楼层，可只画一幅标准结构平面图。

4.3.2　楼层结构平面图的用途

楼层结构平面图是安装梁、板等各种楼层构件的依据，是现场支模板、绑扎钢筋、浇灌混凝土制作现浇楼板的依据，也是计算构件数量、编制施工预算的依据。

4.3.3　楼层结构平面图的基本内容

1. 预制楼板层结构平面图

预制楼板层结构平面图（预制楼板在某些建筑物中已不再使用，此例仅为综合表述一种建筑结构形式）的基本内容包括结构平面图、剖面详图、构件统计表和说明四部分。这部分图与相应的建筑平面图及墙身剖面图有着密切的关系，应配合阅读。

在平面图上，绘制出轴线编号和轴线间的尺寸，确定各种承重构件和墙体的位置。轴线应与建筑平面图完全一致。预制楼板应按实际布置情况用细实线表示，并在布板的区域内用细实线画一对角线并注写板的数量和代号，见图 4-17 所示。

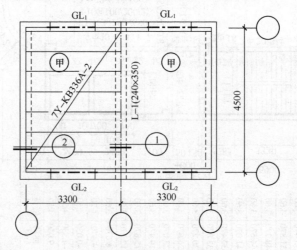

图 4-17　预制楼板层结构平面图

目前各地标注预制楼板的代号方法不同，应注意按选用图集中的规定代号注写。一般应包含数量、标志长度、板宽、荷载等级等内容。如图 4-17 中标注的 7Y－KB336A－2，各符号的含义如下：

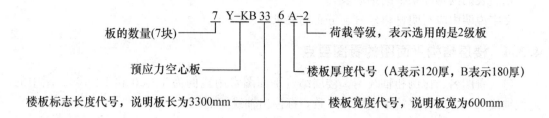

如果每个开间梁、板布置相同，可只布置一个开间，编上甲、乙等编号，其余可以只写甲、乙等表示类同，如图 4-17 所示。

为了表示清楚梁、板、墙之间的连接关系和构造处理，通常要绘制剖面详图。剖面详图的剖切位置通常可用剖切符号或局部剖切详图索引符号在结构平面图中标注，如图 4-17 中的 $=\underbrace{1}$ 和 $=\underbrace{2}$ 等。

结构剖面详图主要表示墙、梁与轴线间的关系，板与墙、梁之间的搭接关系，板上皮标高等，见图 4-18。

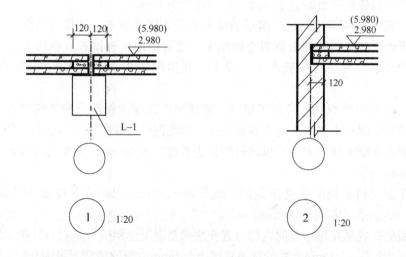

图 4-18 预制楼板层结构剖面详图

构件统计表根据标注梁、板的代号分类进行统计所需数量，为进料和施工提供依据。文字说明主要写明材料标号、施工要求、所选用的标准图集等。

2. 现浇楼板层结构平面图

现浇楼板层结构平面图的基本内容包括结构平面图、剖面详图、钢筋表和说明四部分。这部分图与相应的建筑平面图及墙身剖面图有着密切的关系，应配合阅读。

在平面图上，应绘制轴线编号、轴线间的尺寸、承重墙的布置和尺寸，见图 4-9。对于板内不同类型的钢筋采用编号形式表示出来，并注明定位尺寸，如图 4-9 中的②号钢筋下面的 500mm。钢筋的编号、规格、间距、定位尺寸，是绑扎钢筋的依据。

在剖面详图中，表示梁、墙体、楼板的关系，如图 4-9 中的 3-3 剖面。

钢筋表的内容同梁中的钢筋表。

文字说明中应写明材料标号、分布筋要求等。

4.3.4　楼层结构平面图的看图要点

（1）看图名、比例和轴线网。楼层结构平面图常用比例为 1∶50 和 1∶100。图中的定位轴线及编号应与建筑平面图相一致，标注出轴线间的尺寸。

（2）表明墙、柱、梁、板等构件的位置及代号和编号。

（3）预制板的跨度方向、数量、型号或编号和预留洞的大小及位置。

（4）详图索引符号及剖切符号。

（5）文字说明。

4.3.5　楼层结构平面图的识读实例

现以图 4-19 某公寓楼二～六层楼层结构平面图为例，说明结构平面图的内容和图示要求。

（1）由图 4-19 的图名可知，该图为某公寓楼二～六层楼层结构平面图，图中轴线编号，轴间尺寸同建筑平面图完全一致。绘图比例为 1∶100。

（2）由图 4-19 可看出，该公寓楼的承重方式为墙承重式，即楼面荷载是通过楼板传递给墙或梁的。各房间的楼板搁置在横墙上，走道中的楼板搁置在纵墙上。现浇板 XB1 一端搁在横墙上，另一端搁置在 L-4 梁上。其他现浇板 XB2、XB3、XB4 的搁置如图所示。

（3）从图 4-19 中板的标注可了解到，各楼层中除现浇板部分和楼梯间外，其余房间和走道铺设钢筋混凝土预应力空心板和平板。铺设钢筋混凝土预应力空心板的每一房间均铺设 8 块钢筋混凝土预应力空心板，板的标志长度为 3600mm，板的标志宽度为 600mm，板的荷载等级为Ⅱ级。

板的厚度是根据板的长度决定的。板长在 4200mm 以内，其厚度 120mm；板长在 4500～6000mm 时，其厚度 180mm。

走道板的布置是在每一开间内均布置 6 块钢筋混凝土预应力平板，其中 3 块平板的规格为板的标志长度 2100mm，板的标志宽度为 600mm，板的荷载等级为Ⅱ级，3 块平板的规格为板的标志长度为 2100mm，板的标志宽度为 500mm，板的荷载等级为Ⅱ级。

（4）各楼层中现浇板 XB1、XB2、XB3、XB4 的配筋图采用直接在现浇板的位置处绘出的方法表示，并由钢筋的标注清楚地了解各现浇板的配筋情况。如现浇板 XB1 的配筋为双向布置Φ8@200，即钢筋直径为 8mm，HRB335 级圆钢，每两根钢筋之间的中心距为 200mm，沿房间四周上部设Φ8@200 的构造筋。其他现浇板和阳台板的配筋，读者可自行识读。

（5）从图 4-19 中可看出楼板与墙体（或梁）的构造关系。在结构平面图中，配置在板下的圈梁、过梁、梁等钢筋混凝土构件轮廓线可用中虚线表示，也可用单线（粗点画线）表示，并应在构件旁侧标注其编号和代号，如图 4-19 中的 L4、L7 等。

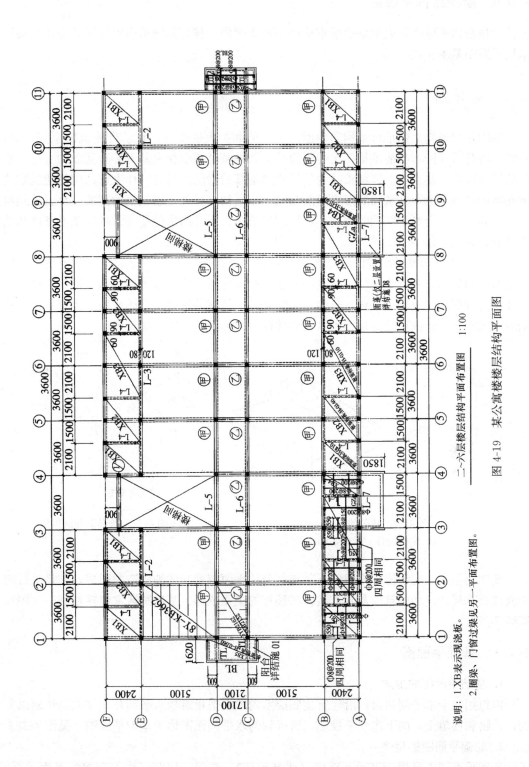

二~六层楼层结构平面布置图 1:100

图 4-19 某公寓楼楼层结构平面图

说明：1. XB 表示现浇板。

2. 圈梁、门窗过梁见另一平面布置图。

4.3.6　屋顶结构平面图

屋顶结构平面图是表示屋面承重构件平面布置的图样，其图示内容和表达方法与楼层结构平面图基本相同。

4.4　基础图

基础是建筑物上部承重结构向地面以下延伸和扩大的部分，它承受建筑物全部荷载，并把这些荷载连同本身的重量一起传到地基上。地基是指承受由基础传来荷载的土层。基础的类型取决于建筑物上部承重结构的形式和地基的情况。具有同样上部结构的建筑物建造在不同的地基上，其基础的形式可能是完全不同的。另外，建筑物的荷载大小、建筑材料性能等因素也会影响基础的类型。在民用建筑中，混合结构的基础常采用条形基础和独立基础，如图 4-20 所示。

图 4-21 为条形基础组成的示意图。基坑是为基础施工而在地面上开挖的土坑。坑底就是基础的底面，基坑边线就是放线的灰线。埋入地下的墙叫基础墙。基础墙下阶梯形的砌体叫大放脚。大放脚下最宽部分的一层叫垫层。从室外地面至基础底面的垂直距离叫基础的埋置深度。防潮层是防止地下水对墙体侵蚀而铺设的一层防潮材料。

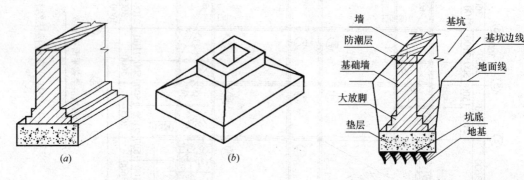

图 4-20　基础的形式
(*a*) 条形基础；(*b*) 独立基础

图 4-21　条形基础的组成

基础图主要是表示房屋地面以下基础部分的平面布置和详细构造的图样，它是进行施工放线、基槽开挖和砌筑以及施工组织和预算的主要依据。基础图通常包括基础平面图和基础详图。

4.4.1　基础平面图

1. 基础平面图的形成

假想用一个水平剖切面，沿建筑物底层室内地面把建筑物水平剖开，移去剖切面以上的建筑物和回填土，向下作水平投影，所得到的水平剖面图称为基础平面图，见图 4-22。

2. 基础平面图的用途

基础平面图主要用来表示基础墙（或基础柱）、垫层、留洞、构件布置的平面关系。它可作为布置基础的平面，确定墙、柱与轴线关系的依据。

3. 基础平面图的基本内容

（1）表明各部分的基础位置的轴线网，包括轴线号、轴线尺寸。基础平面图应注出与建筑平面图相一致的定位轴线编号和轴线尺寸。

（2）表明基础墙、柱以及基础底面的形状、大小及其与轴线的关系。通常，在基础平面图中，只画出基础墙、柱及基础底面的轮廓线，基础的细部轮廓（如大放脚）省略不画。凡被剖切到的基础墙、柱轮廓线，应画成中实线，基础底面的轮廓线应画成细实线。

（3）表明基础墙上留有的管洞位置、具体做法及尺寸。当基础墙上留有管洞时，应用虚线表示管洞位置。具体做法和尺寸可另用详图表示。

（4）表明基础中设置的基础梁和地圈梁的位置及代号。当基础中设基础梁和地圈梁时，用粗单点画线表示其中心线的位置。

（5）标注基础平面图的尺寸。基础平面图的尺寸标注分内部尺寸和外部尺寸两部分。外部尺寸只标注定位轴线的间距和总尺寸。内部尺寸应标注各道墙的厚度、柱的断面尺寸和基础底面的宽度等。

（6）标注出基础编号或基础断面图的剖切符号及编号。凡基础宽度、墙厚、大放脚、基底标高、管洞做法不同时，均以不同的基础编号或断面图（基础详图）表示，以便对照查阅。

4. 基础平面图的看图要点

（1）图名、比例。基础平面图的绘图比例、轴线编号及轴线间的尺寸必须同建筑平面图一样。

（2）纵横向定位轴线及编号、轴线尺寸。

（3）基础墙、柱的平面布置，基础底面形状、大小及其与轴线的关系。

（4）基础梁的位置、代号。

（5）基础编号、基础断面图的剖切位置线及其编号。

（6）施工说明，即所用材料的强度等级、防潮层做法、设计依据以及施工注意事项等。

5. 基础平面图的识读实例

1）条形基础平面图的识读

现以某公寓楼基础平面图为例，说明条形基础平面图的内容和图示要求，见图 4-22。

从图 4-22 可知，该图为某公寓楼的条形基础及锚杆桩平面布置图，绘图比例为 1：100，其定位轴线和轴线尺寸与该楼建筑平面图一致。

本基础的类型为条形基础，条形基础的底面宽度有 2000mm 和 1600mm 两种，基础墙的宽度，平面图中未标注，可从基础详图中找到。图中粗单点画线表示基础圈梁 JQL 和梁 L-4，梁 L-4 分别设在轴线Ⓐ～Ⓑ，Ⓔ～Ⓕ之间，位于每个卫生间下部，主要承受盥洗间和卫生间之间隔墙的重量。

在不同的位置，基础的形状、尺寸、埋置深度及与轴线的相对位置不同，需要分别画出它们的断面图（基础详图）。在基础平面图中画出相应的剖切符号，并注明断面图的编号，如图 4-22 中的 1-1、2-2、3-3。从图中编号可知，该基础有 3 个不同断面，各细部构造与尺寸可以从相应的基础详图中了解到。

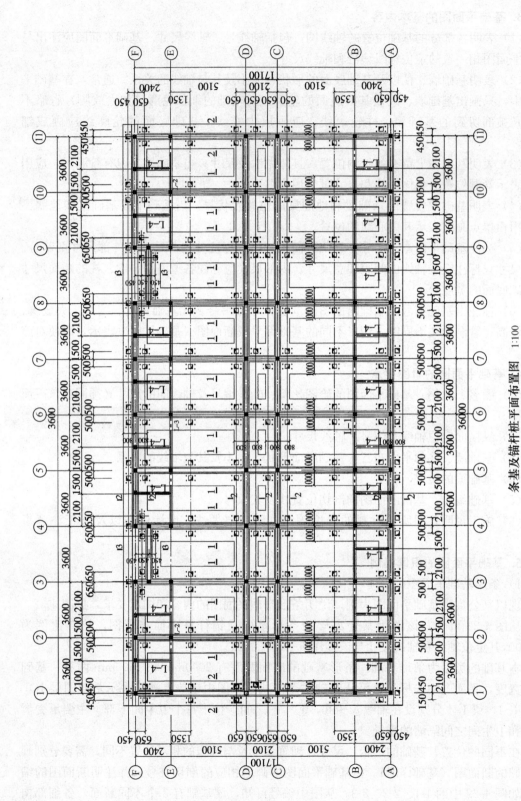

条基及锚杆桩平面布置图 1:100

图 4-22　某公寓楼条形基础平面图

本公寓楼地基土承载力较低，为加强条形基础的承载力，在条形基础四周还设计了锚杆静压桩。从图中可看到锚杆桩孔的位置，桩孔四周的 4 个小黑点表示锚杆，此锚杆是用来固定压桩机作压桩之用的。

2）独立基础平面图的识读

在工业厂房和某些民用建筑中，经常采用独立基础。常见的为钢筋混凝土杯形基础。现以某厂房的钢筋混凝土杯形基础平面图为例，说明独立基础平面图的内容和图示要求，见图 4-23。

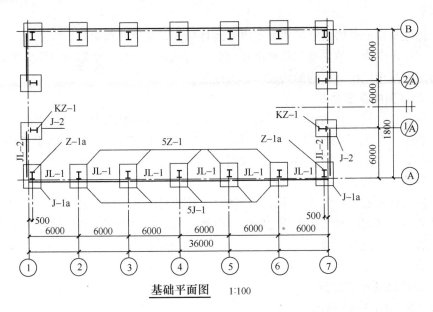

基础平面图　1:100

图 4-23　某厂房独立基础平面图

从图 4-23 可知，该图为某厂房的钢筋混凝土杯形基础平面图，绘图比例为 1：100。独立基础平面图不但要表示出每个独立基础的平面形状，而且要标明各独立基础的相对位置。图中的□表示单独基础的外轮廓，图中"Ⅰ"是Ⅰ字表钢筋混凝土柱的断面。基础沿定位轴线分布，其代号及编号为 J-1、J-1a、J-2，其中 J-1 共 10 个，布置在②～⑥轴，分布两排；J-1a 为 4 个，分布在车间四角，J-2 也有 4 个布置在⑭A和㉒A轴线上。独立基础之间一般设置有基础梁，图中其编号为 JL-1、JL-2。

4.4.2　基础详图

基础平面图中只表明了基础的平面布置，而基础各部分的形状、大小、材料、构造以及基础的埋置深度等都没有表达出来，这就需要画出各部分的基础详图，以满足施工需要。

1. 基础详图的形成

假想用剖切平面垂直剖切基础，用较大比例画出的断面图称为基础详图，如图 4-24 所示。

对于同一幢房屋，由于各处有不同的荷载和不同的地基承载力，不同位置的基础形状、尺寸、埋置深度等都不同，需要分别画出它们的详图，并在基础平面图中用 1-1、2-2、……剖切符号或用 J1、J2、……基础代号，表明详图的位置。

2. 基础详图的用途

基础详图主要用于表达基础断面的形状，基础及圈梁的配筋，基础埋置深度，防潮层、基础垫层、室内外地坪的位置等内容。

3. 基础详图的基本内容

（1）表明基础断面形状的细部构造，如垫层、砖基础的大放脚、钢筋混凝土杯形基础的杯口等。

（2）表明基础所用材料。在基础断面图中，除钢筋混凝土材料外，其他材料宜画出材料图例符号。

（3）标注基础断面的详细尺寸和室内外地坪标高、基础底面标高。

（4）对钢筋混凝土独立基础除画出基础的断面图外，还应画出基础的平面图，通常在基础平面图中采用局部剖面的形式表示底板配筋。

4. 基础详图的看图要点

（1）图名、比例。基础详图的图名常用 1-1、2-2、……断面或用 J1、J2、……基础代号表示。看图时先用基础详图的图名（1-1、2-2、J1、J2 等），对照基础平面图的位置，了解是基础哪个位置的详图。基础详图常用 1：10、1：20、1：50 比例绘制。

（2）基础断面形状、大小、材料及配筋。

（3）看基础断面图的各部分详细尺寸和室内外地面、基础底面的标高。基础断面图中的详细尺寸包括基础底部的宽度及与轴线的关系、基础的埋置深度及大放脚的尺寸。

（4）防潮层的位置和做法。

（5）施工说明等。

5. 基础详图的识读实例

（1）条形基础详图的识读

现以某公寓楼基础平面图中的 2-2 剖面图为例，说明条形基础详图的内容和图示要求，见图 4-24（b）。

图 4-24（b）是某公寓楼条形基础 2-2 剖面详图。根据图名 2-2 在该公寓楼的基础平面图（图 4-22）中找到对应的位置，可知该详图位于外纵墙Ⓐ轴和Ⓑ轴上。由材料图例和表达方法可知该基础为钢筋混凝土条形基础，基础底面宽 1600mm，基础高 650mm，基础底部下的垫层为 100mm 厚 C10 素混凝土。基础详图中的虚线为预留压桩孔，孔的形状为上小下大的棱台孔，孔的上部尺寸为 300mm×300mm，下部尺寸为 350mm×350mm。基础底板的配筋有：受力筋为Φ12@150，基础梁两边各放置 3Φ8 的分布筋，基础梁的配筋如图所示。

基础墙为砖墙，厚度为 370mm，在标高为−0.300m 处设基础圈梁，圈梁断面尺寸为 240mm×250mm，圈梁以上墙体厚度为 240mm，从图中标高可知，基础底面标高为−2.400m，基础圈梁上皮标高为−0.050m。

（2）独立基础详图的识读

钢筋混凝土独立基础详图一般应画出平面图和剖面图，用以表达每一基础的形状、尺寸和配筋情况。

图 4-25 是钢筋混凝土独立基础 J1 的结构详图。从图中可知，该基础底面尺寸为 2000mm×2500mm，总高为 950mm，底面标高为−1.850m。板底双向配筋，均采用Φ10@200。

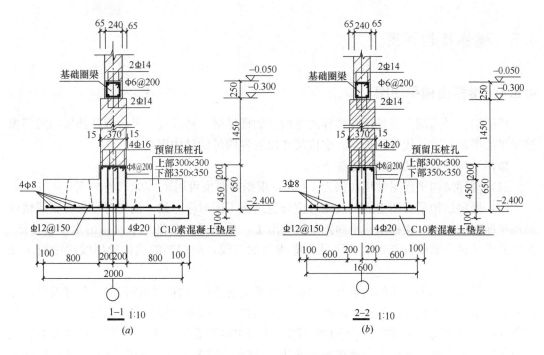

图 4-24　钢筋混凝土条形基础详图

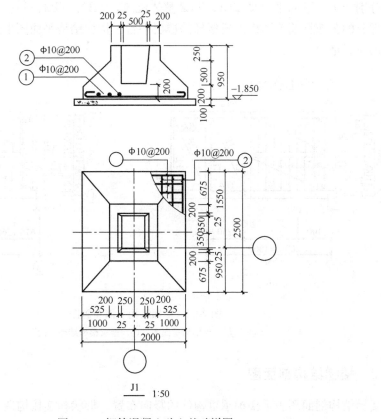

图 4-25　钢筋混凝土独立基础详图

4.5 楼梯结构详图

4.5.1 楼梯结构平面图

楼梯结构平面图主要是反映楼梯的各构件如楼梯梁、梯段板、平台板及楼梯间的门窗过梁等的平面布置、代号、形状、定位尺寸以及各构件的结构标高。

楼梯结构平面图的识读要点如下：

（1）楼梯结构平面图常用比例为 1：50，根据需要也可用 1：40、1：30 等。

（2）楼梯结构平面图中的轴线编号应与建筑施工图对应一致。剖切符号仅在底层楼梯结构平面图中标出。楼梯结构平面图是假想沿上一层楼平台梁剖切后所得的水平投影图，图中的不可见轮廓线画细虚线，可见轮廓线画细实线，剖切到的墙体轮廓线用中粗实线表示。

（3）楼梯结构平面图的内容有楼梯板和楼梯梁的平面布置、构件代号、尺寸及结构标高。多层房屋应画出底层结构平面图、中间层结构平面图和顶层结构平面图。

如图 4-26 所示为楼梯结构平面布置图。从图中可以看出，平台梁 TL2 设置在①轴线上兼作楼层梁，底层楼梯平台通过平台梁 TL3 与室外雨篷 YPL、YPB 连成一体，楼梯平台是平台板 TB5 与 TL1、TL3 整体浇筑而成的。楼梯段分别为 TB1、TB2、TB3、TB4，它们分别与上、下的平台梁 TL1、TL2 整体浇筑，TB2、TB3、TB4 均为折板式楼段，其水平部分的分布钢筋连通而形成楼梯的楼层平台。楼梯结构平面图上还表示了双层分布钢筋④的布置情况。

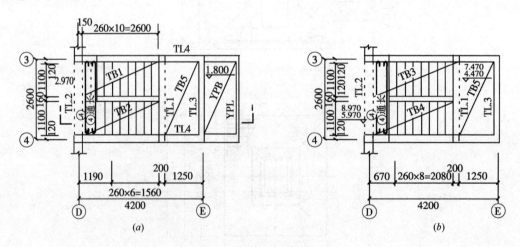

图 4-26 楼梯结构平面布置图
(a) 底层楼梯结构平面图；(b) 楼层楼梯结构平面图

4.5.2 楼梯结构剖面图

楼梯结构剖面图表示楼梯承重构件的竖向布置、形状和连接构造等情况。

楼梯结构剖面图常用比例为 1：50，根据需要也可用 1：40、1：30、1：25、1：20

等。如图 4-27 所示，表示了剖切到的踏步板、楼梯梁和未剖切到的可见的踏步板的形状和联系情况，也表示了剖切到的楼梯平台板和过梁。在楼梯结构剖面图中，应标注各构件代号，标注出楼层高度和楼梯平台梁等构件的结构标高以及平台板顶、平台梁底的结构标高。

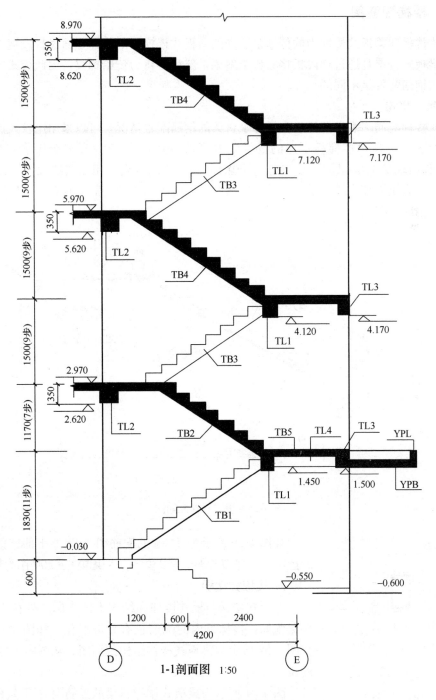

1-1剖面图 1:50

图 4-27 楼梯结构剖面图

由图 4-27 的 1-1 剖面图，并对照底层平面图 4-26 可以看出，楼梯采用的是 "左上右下" 的布置方法。梯段为长短跑设计，第一个梯段是长跑，第二个梯段是短跑。剖切在第二梯段一侧，因此在 1-1 剖面图中，短跑和与短跑平行的梯段、平台均剖切到，用涂黑方式表示其断面。长跑侧则只画其可见轮廓线用细线表示。

4.5.3　楼梯配筋图

板式楼梯和梁板式楼梯力的传递是不同的。板式楼梯力的传递是通过梯段把力传给梯梁，而梁板式楼梯是通过梯段板将力传给斜梁，斜梁再将力传给梯梁，因此板式楼梯和梁板式楼的钢筋配置是不同的。

1. 板式楼梯

板式楼梯配筋图表示楼梯板和楼梯平台梁的钢筋配置情况，可以采用用较大比例单独画出，如图 4-28 所示楼梯板下层的⑧号受力筋采用Φ 10@130，②号分布筋采用Φ 6@290。楼梯板端部上层配置⑨号构造钢筋Φ 10@130。图中钢筋用粗实线表示，楼梯板和楼梯梁的轮廓线用细实线表示。如果在配筋图中不能表示清楚钢筋的布置，可以增画钢筋大样图即钢筋详图。

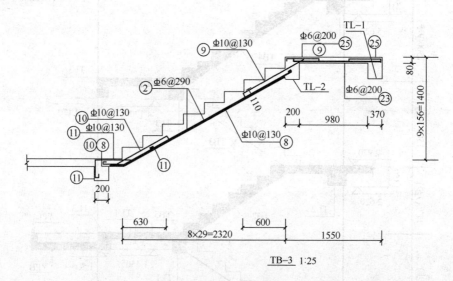

图 4-28　板式楼梯配筋图

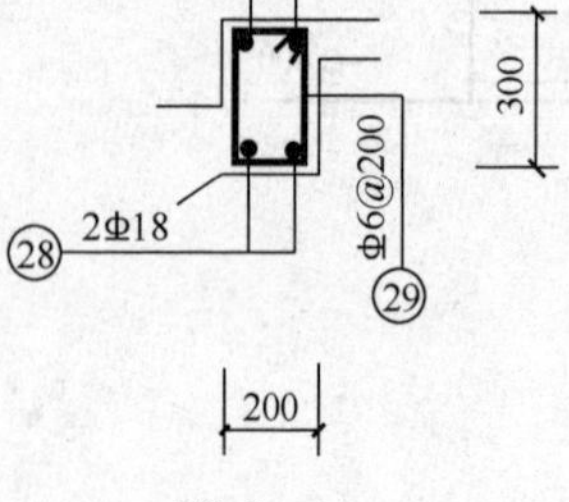

如图 4-29 所示为 TL-2 的配筋图。TL-2 下部布置受力筋 2Φ18，上部布置架立筋 2Φ14，采用Φ 6@200 作为箍筋。

2. 梁板式楼梯

梁板式楼梯与板式楼梯在结构上的不同之处在于增加了斜梁配筋，楼梯板内的配筋也有相应变化，如图 4-30 所示。如图 4-32 所示为梁板式楼梯结构剖面图，从图中可看到斜梁的位置。

图 4-31 所示为梁板式楼梯斜梁的配筋图。识读图纸可知斜梁上部设架立筋 2Φ14，下部设受力筋 2Φ16，箍筋为

图 4-29　TL-2 配筋图

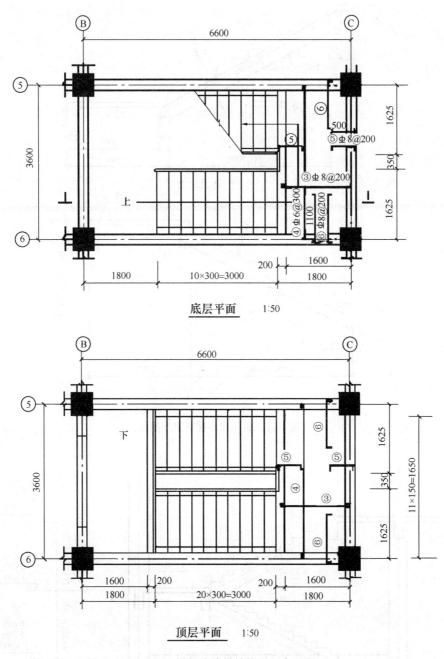

底层平面　　1:50

顶层平面　　1:50

图 4-30　梁板式楼梯结构平面布置图

Φ6@200。

　　图 4-33 所示为平台梁的配筋图。下部为受力筋 2Φ16，上部为架立筋 2Φ14，箍筋为Φ6@200。

　　图 4-34 所示为梯段板的配筋图。下部配置受力筋Φ8@200 和分布筋Φ6@300。

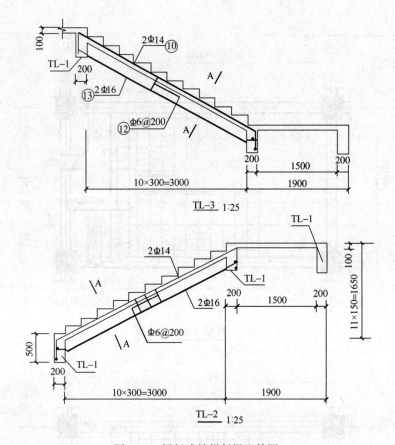

图 4-31　梁板式楼梯斜梁配筋图

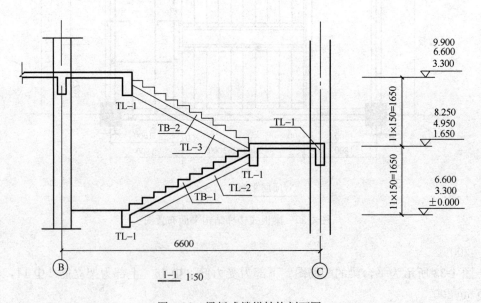

图 4-32　梁板式楼梯结构剖面图

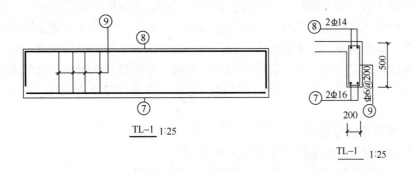

图 4-33 平台梁配筋图

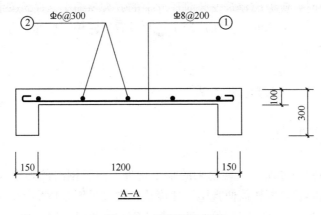

图 4-34 梯段板配筋图

4.6 建筑施工图和结构施工图的综合看图方法

在第三章和第四章中，分别讲述了怎样看建筑施工图和结构施工图。在实际工作中，我们要经常同时看建筑施工图和结构施工图。只有将两者结合起来看，把它们融会在一起，一栋建筑物才能进行施工。

1. 建筑施工图和结构施工图的关系

建筑施工图和结构施工图有相同的地方、不同的地方，以及相关联的地方。

相同的地方，轴线位置、编号都相同，墙体厚度应相同，过梁位置与门窗洞口位置应相符合等。因此凡是应相符合的地方都应相同，如果有不符合时，即说明有问题，在看图时应记下来、留在会审图纸时提出，或随时与设计人员联系，以便得到解决，使图纸内容对应上才能施工。

不同的地方，建筑施工图中的标高，有时与结构施工图中的标高是不一样的；结构尺寸和建筑（做好装饰后）尺寸是不相同的；承重的结构墙不仅在建筑施工图中表示，在结构施工图中也应表示，而非承重的隔墙则只在建筑施工图中有，等等。这些要积累看图经验后，了解到哪些东西应在哪种图纸上看到，才能了解建筑物的全貌。

相关联的地方，看图时必须将两种图同时看。如民用建筑中的雨篷、阳台的结构施工图和建筑的装饰施工图必须结合起来看。如圈梁的结构布置图中圈梁通过门、窗口处对门窗高度有无影响，这时也要把两种图结合起来看；还有，楼梯的结构施工图往往与建筑施工图结合在一起绘制等。工业建筑中，建筑部分的图纸与结构图纸很相近，如外墙围护结构就绘制在建筑施工图上，还有如柱子与墙的连接，这就要将两种图结合起来看。随着施工经验和看图经验的积累，建筑施工图和结构施工图相关联处的结合看图会慢慢熟练起来。

2. 结合看图应注意事项

（1）查看建筑尺寸和结构尺寸有无矛盾之处。

（2）建筑标高和结构标高之差，是否符合应增加的装饰厚度。

（3）建筑施工图上的一些构造，在做结构时是否需要先做预埋件或木砖之类。

（4）结构施工时，应考虑建筑安装时尺寸上的放大与缩小。建筑安装时所需尺寸的变化在图纸上是没有具体标志的，但在从施工经验及看了两种图后的配合，应该预先想到应放大或缩小的尺寸。

以上几点只是应引起注意的一些方面，当然还可以举出一些。总之，在看图时能全面考虑到施工，才算真正领会和消化图纸。

4.7　钢结构施工图

钢结构是由型钢经过加工组装起来的承重构件。由于钢材的强度大，相对重量比较轻，能耐高温和耐震动，制作简便且施工速度快，常被采用在桥梁、大型工业厂房、大型活动场所或高层建筑中，作为房屋的骨架，制成钢柱、钢梁、钢屋架等。

钢结构工程设计中，通常将结构施工图的设计分为设计图设计和施工详图设计两个阶段。设计图设计由具有相应设计资质级别的设计单位设计完成。施工详图设计是以设计图为依据，由具有相应设计资质级别的钢结构加工制造企业或委托设计单位完成，并将其作为钢结构构件加工和安装的依据。有时也称为加工图。

设计图与施工详图的主要区别是：设计图是根据工艺、建筑和初步设计等的要求，经设计和计算编制而成的较高阶段的施工设计图。它的目的和深度以及所包含的内容是施工详图编制的依据，它由设计单位编制完成。图纸表达简洁明了，其内容一般包括：图纸目录、设计总说明、结构布置图、纵横立面图、节点图、构件图和钢材订货表等。施工详图是根据设计图编制的工厂加工和安装详图，也包含少量的连接和构造计算，它是对设计图的进一步深化设计，目的是为制造厂或施工单位提供制造、加工和安装的施工详图。它一般由制造厂或施工单位编制完成，其图纸表示详细，数量多，内容包括：构件安装布置图、构件详图等。

通过这一章钢结构基础知识的学习和训练，可以掌握识读简单钢结构施工图的基本技巧。

4.7.1　型钢及其连接

1. 型钢及标注方法

钢结构的钢材是由轧钢厂按标准规格（型号）轧制而成，通常称为型钢。钢结构系有各种型钢通过一定连接方式组合而成。常用的建筑型钢有角钢、工字钢、槽钢及钢板等。各种型钢的截面形式、符号及标注方法见表4-7。

2. 型钢的连接及表示方法

型钢的连接，有铆接、焊接和螺栓连接等方法。

铆接是用铆钉把两块型钢或金属板连接起来，称为铆接。铆接分工厂连接和现场连接两种。铆接所用的铆钉形式有半圆头、单面埋头、双面埋头等。螺栓分普通螺栓和高强螺栓两种，螺栓连接可作为永久性的连接，也可作为安装构件时临时固定用。螺栓、孔、电焊和铆钉的表示方法见表4-8。常用焊缝的表示方法见图4-35～图4-45。

常用型钢的标注方法 表4-7

序号	名称	截面	标注	说明
1	等边角钢		$\llcorner$ $b \times t$	b 为肢宽，t 为壁厚
2	不等边角钢	 B	$\llcorner$ $B \times b \times t$	B 为长肢宽，b 为短肢宽，t 为壁厚
3	工字钢	 I	N Q N	轻型工字钢加注 Q 字，N 为工字钢的型号
4	槽钢		N Q N	轻型槽钢加注 Q 字，N 为槽钢型号
5	方钢	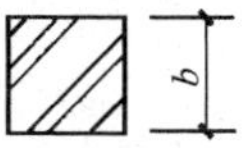 b	$\square$ b	b 为边长
6	扁钢	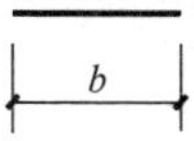 b	$—b \times t$	b 为宽度，t 为厚度
7	板钢		$\dfrac{—b \times t}{l}$	$\dfrac{宽 \times 厚}{板长}$
8	圆钢		ϕd	d 为直径
9	钢管	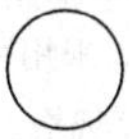	$DN \times \times$ $D \times t$	内径 外径×壁厚
10	薄壁方钢管	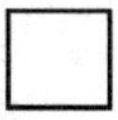 $\square$	B $\square$ $b \times t$	
11	薄壁等肢角钢	 $\llcorner$	B$\llcorner$ $b \times t$	
12	薄壁等肢卷边角钢	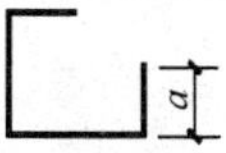 a	B$\llcorner$ $b \times a \times t$	薄壁型钢加注 B 字。t 为壁厚
13	薄壁槽钢	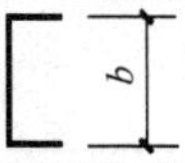 b	B$[$ $h \times b \times t$	
14	薄壁卷边槽钢	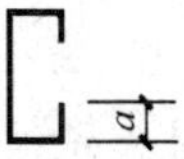 a	B$[$ $h \times b \times a \times t$	

续表

序号	名称	截　面	标　注	说　明
15	薄壁卷边 Z 型钢	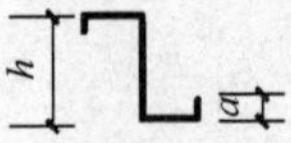 h	$B \quad h \times b \times a \times t$	薄壁型钢加注 B 字 t 为壁厚
16	T 型钢		TW×× TM×× TN××	TW 宽翼缘 T 型钢; TM 中翼缘 T 型钢; TN 窄翼缘 T 型钢
17	H 型钢	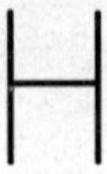	HW×× HM×× HN××	HW 宽翼缘 H 型钢; HM 中翼缘 H 型钢; HN 窄翼缘 H 型钢
18	起重机 钢轨		QU××	详细说明产品规格型号
19	轻轨 及钢轨		××kg/m	

螺栓、孔、电焊和铆钉的表示方法　　　　　　　　　　表 4-8

序号	名称	图　例	说　明
1	永久 螺栓	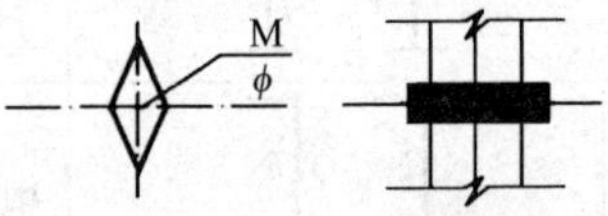 $\dfrac{M}{\phi}$	
2	高强 螺栓	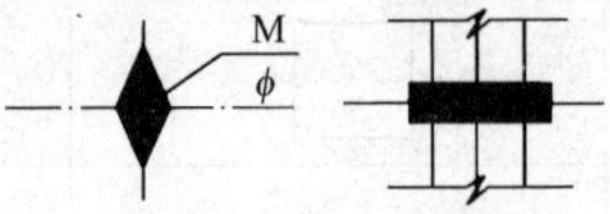 $\dfrac{M}{\phi}$	
3	安全 螺栓	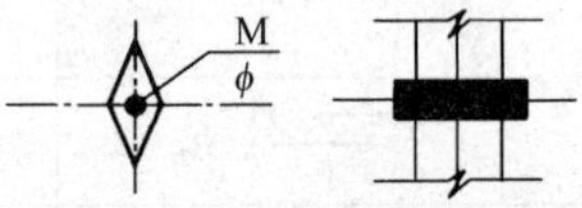 $\dfrac{M}{\phi}$	1. 细"+"线表示定位线 2. M 表示螺栓型号 3. ϕ 表示螺栓孔直径 4. d 表示膨胀螺栓、电焊铆钉直径 5. 采用引出线标注螺栓时,横线上表示螺栓规格,横线下标注螺栓孔直径
4	膨胀 螺栓	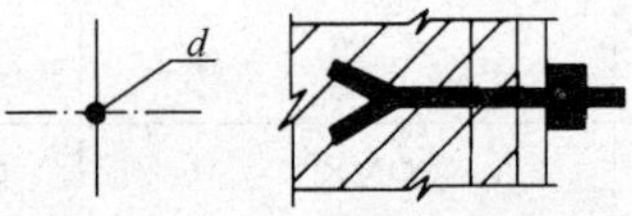 d	
5	圆形 螺栓孔	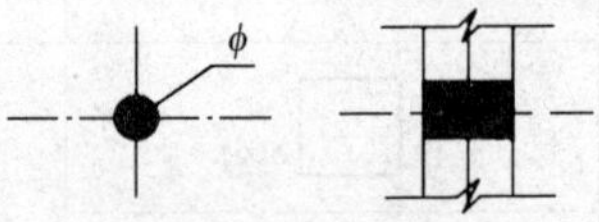 ϕ	
6	长圆形 螺栓孔	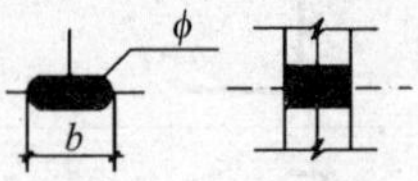 ϕ b	
7	电焊 铆钉	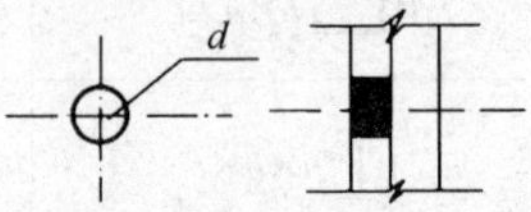 d	

常用焊缝的表示方法

焊接钢构件的焊缝除应按现行的国家标准《焊缝符号表示法》GB/T 324—2008 中的

规定外，还应符合本节的各项规定。

（1）单面焊缝的标注方法应符合下列规定：

1）当箭头指向焊缝所在一面时，应将图形符号和尺寸标注在横线的上方，见图4-35（a）所示；当箭头指向焊缝所在的另一面（相对应的那面）时，应将图形符号和尺寸标注在横线的下方，见图4-35（b）所示。

2）表示环绕工件周围的焊缝时，其围焊焊缝的符号为圆圈，绘在引出线的转折处，并标注焊角尺寸K，见图4-35（c）所示。

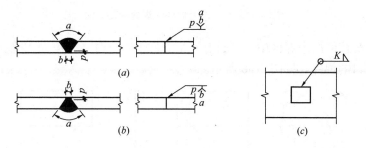

图 4-35　单面焊缝的标注方法

（2）双面焊缝的标注，应在横线的上、下都标注符号和尺寸。上方表示箭头一面的符号和尺寸，下方表示另一面的符号和尺寸，见图4-36（a）所示；当两面的焊缝尺寸相同时，只需在横线上方标注焊缝的符号和尺寸，见图4-36（b）、（c）、（d）所示。

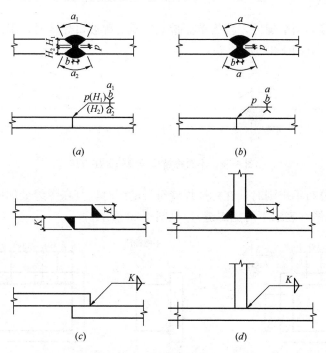

图 4-36　双面焊缝的标注方法

（3）3个和3个以上的焊件相互焊接的焊缝，不得作为双面焊缝标注。其焊缝符号和尺寸应分别标注，见图4-37所示。

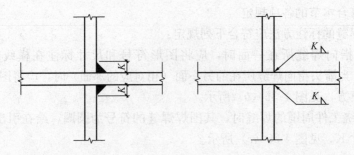

图 4-37　3 个以上焊件的焊缝标注方法

（4）相互焊接的两个焊件中，当只有一个焊件带坡口时（如单面 V 形），引出线箭头必须指向带坡口的焊件，见图 4-38 所示。

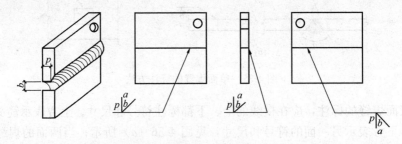

图 4-38　1 个焊件带坡口的焊缝标注方法

（5）相互焊接的两个焊件，当为单面带双边不对称坡口焊缝时，引出线箭头必须指向较大坡口的焊件，见图 4-39 所示。

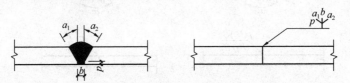

图 4-39　不对称坡口焊缝的标注方法

（6）当焊缝分布不规则时，在标注焊缝符号的同时，宜在焊缝处加中实线（表示可见焊缝），或加细栅线（表示不可见焊缝），见图 4-40 所示。

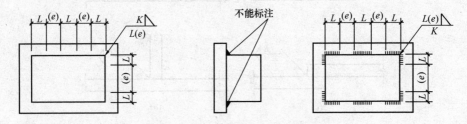

图 4-40　不规则焊缝的标注方法

（7）相同焊缝符号应按下列方法表示：

1）在同一图形上，当焊缝形式、断面尺寸和辅助要求均相同时，可只选择一处标注焊缝的符号和尺寸，并加注"相同焊缝符号"，相同焊缝符号为 3/4 圆弧，绘在引出线的转折角处，见图 4-41（*a*）所示。

2）在同一图形上，当有数种相同焊缝时，可将焊缝分类编号标注。在同一类焊缝中可选择一处标注焊缝符号和尺寸。分类编号采用大写的拉丁字母 A、B、C……，见图 4-41（*b*）所示。

（*a*） 或 （*b*）

图 4-41 相同焊缝的表示方法

（8）需要在施工现场进行焊接的焊件焊缝，应标注"现场焊缝"符号。现场焊缝符号为涂黑的三角形旗号，绘在引出线的转折处，见图 4-42 所示。

（9）图样中较长的角焊缝（如焊接实腹钢梁的翼缘焊缝），可不用引出线标注，而直接在角焊缝旁标注焊缝尺寸值 K，见图 4-43 所示。

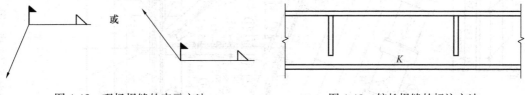

图 4-42 现场焊缝的表示方法   图 4-43 较长焊缝的标注方法

（10）熔透角焊缝的符号应按图 4-44 的方式标注。熔透角焊缝的符号为涂黑的圆圈，绘在引出线的转折处。

（11）局部焊缝应按图 4-45 方式标注。

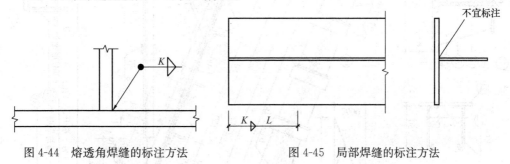

图 4-44 熔透角焊缝的标注方法   图 4-45 局部焊缝的标注方法

4.7.2 钢屋架结构详图及识读方法

钢屋架系用型钢（主要是用角钢）通过节点板，以焊接、铆接及螺栓连接的方法，将各个杆件汇集在一起而制作成的。钢屋架结构详图是表示钢屋架的形式、大小、型钢的规格、杆件的组合和连接情况的图样。其主要内容包括屋架简图、屋架详图（包括节点图）、杆件详图、连接板详图、预埋件详图以及钢材用量表等。现以某厂房钢屋架结构详图（图4-46）为例，识读如下：

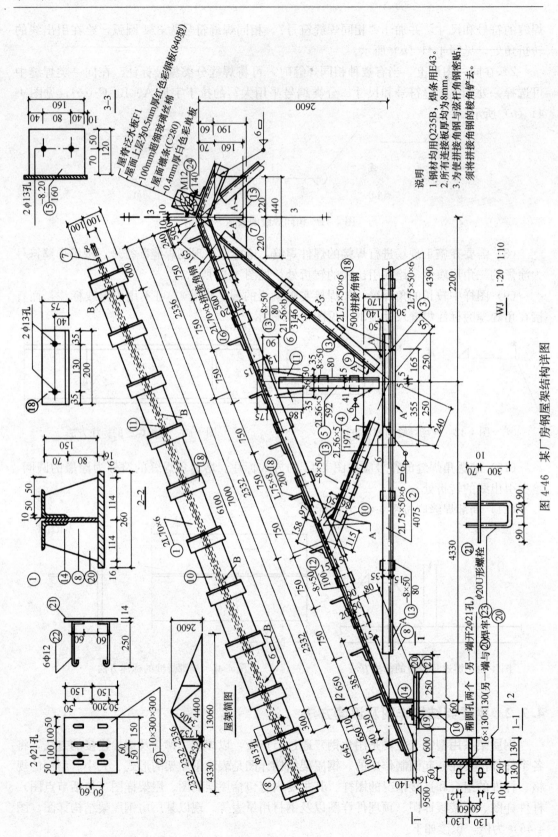

图 4-46　某厂房钢屋架结构详图

1. 看屋架简图。屋架简图又称屋架示意图或屋架杆件几何尺寸图,用于表达屋架的结构形式、各杆件的计算长度,作为放样的一种依据。在简图中,屋架各杆件用单线画出,习惯上放在图纸的左上角或右上角。比例常用1:100或1:200。图中要标注屋架的跨度、高度以及节点之间杆件的长度尺寸等。

2. 看屋架立面图。用较大比例画出屋架的立面图,这是屋架的主要视图。由于该屋架完全对称,所以只画出半个屋架,并在中心线上方画出对称符号,但必须把中心线上的节点结构画全。图中详细画出各杆件的组合、各节点的构造和连接情况,以及每根杆件的型钢型号、长度和数量等。图中所示各杆件的组合形式 ⌟ ⌞ 或 ⌝ ⌜,即背向背。杆件的连接全用焊接。对构造复杂的上弦杆还补充画出上弦杆斜面实形的辅助投影图,这是钢屋架结构图图示特点之一。该图详细表明檩托⑱(用来托住檩条的短角钢)和两个安装屋架支撑所用的螺栓孔(φ13)的位置。对支座节点,另作出1-1剖面图和2-2剖面图。

这个屋架支撑在钢筋混凝土柱上。屋架和柱子之间用锚固螺栓㉓连接。为了便于安装,在支座垫板⑳处开两个长圆孔,详见1-1剖面图。

在同一钢屋架详图中,经常采用两种比例。屋架轴线长度采用较小的比例(本图用1:20),而节点、杆件和剖面图则用较大的比例(本图用1:10)。

3. 看屋架节点图。现以节点2为例(图4-47),介绍钢屋架节点详图的内容。

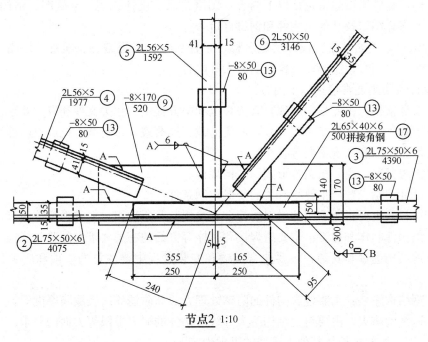

节点2 1:10

图 4-47　节点 2 详图

节点 2 是下弦杆和三根腹杆的连接点。整个下弦杆共分三段,这个节点在左段的中间连接处。下弦杆左段②和中段③都由两根不等边角钢 L75×50×6 组成,接口相隔10以便焊接。竖杆⑤由两根等边角钢 L56×5 组成。斜杆⑥是两根等边角钢 L50×6。斜杆④是两根等边角钢 L56×5。这些杆件的组合形式都是背向背,并且同时夹在一块节点板⑨上,然后焊接起来。这些节点板有矩形的(如⑨号)也有多边形的(如⑩号)。它的形状和大小是根据每个节点杆件的放置以及焊缝长度而决定的。无论矩形的或多边形的节点板都按厚、宽、长的顺序标注大小尺寸，其注法如图中⑨号节点板所示。由于下弦杆是拼接的，除焊接在连接板外，下弦杆两侧面还要分别加上一块拼接角钢⑬，把下弦杆左段和中段夹紧，并且焊接起来。

由两角钢组成的杆件，每隔一定距离还要夹上一块填板⑬，以保证两角钢连成整体，增加刚性。

图中详细地标注了焊缝代号。节点 2 竖杆⑤中画出 A $\rangle\!-\!^{6}\!\rightarrow\!\wedge$ 指引线，表示竖杆与连接板相连的地方，要焊双面贴角焊缝，焊缝高 6。焊缝代号尾部的字母 A 是焊缝分类编号。在同一图样上，可将其中具有共同焊缝形式、剖面尺寸和辅助要求的焊缝分别归类，编为 A、B、C……每类只标注一个焊缝代号，其他与 A $\rangle\!-\!^{6}\!\rightarrow\!\wedge$ 相同的焊缝，则只需画出指引线，并注一个 A 字，如 A $\rightarrow$。

此外，还要详细标注杆件的编号、规格和大小 $\left(\text{如图中的}② \dfrac{2L75\times50\times6}{4075}\right)$，以及节点中心至杆件端面的距离，如图中的 240、95 和 50 等。

4.7.3　钢结构施工图的识读

钢结构工程施工图通常包括以下内容：图纸目录、设计说明、基础图、结构布置图、构件图、节点详图以及其他次构件和钢材订货表等。

1. 图纸目录上通常注有设计单位名称、工程名称、工程编号、项目、出图日期、图纸名称、图别、图号、图幅以及校对制表人等内容。

2. 设计说明则通常包括以下内容：

（1）设计依据：主要是国家现行有关规范和甲方提供的相关文件和有关要求。

（2）设计条件：主要指永久荷载、可变荷载、风荷载、雪荷载、抗震设防烈度及工程主体结构使用年限和结构重要等级等。

（3）工程概况：主要指结构形式和结构规模等。

（4）设计控制参数：主要指有关的变形控制条件。

（5）材料：主要指所选用的材料要符合有关规范及所选用材料的强度等级等。

（6）钢构件制作和加工：主要指焊接和螺栓等方面的有关要求及其验收标准。

（7）钢结构运输和安装：主要包含运输和安装过程中要注意的事项和应满足的有关要求。

（8）钢结构涂装：主要包含构件的防锈处理方法和防锈等级及漆膜厚度等。

（9）钢结构防火：主要包含结构防火等级及构件的耐火极限等方面的要求。

（10）钢结构的维护及其他需说明的事项内容。

3. 基础图包括基础平面布置图和基础详图。基础平面布置图主要表示基础的平面位置（即基础与轴线的关系），以及基础梁、基础其他构件与基础之间的关系；在平面布置图中还应标注清楚基础、柱、基础梁等有关构件的编号，并在说明中明确对地基持力层、地耐力、基础混凝土等级和钢材强度等级等有关方面的要求。而基础详图则主要表示基础的各个细部的尺寸，如基底平面尺寸、基础高度、底板配筋、基底标高和基础所在轴线号等；基础梁详图则主要表示梁的断面尺寸、配筋和标高等。

4. 柱脚平面布置图主要为了表明柱脚的轴线位置及柱脚的编号。柱脚详图用来标明柱脚的各细部尺寸、锚栓位置及柱脚二次灌浆的位置和要求等内容。

5. 结构平面布置图主要表示结构构件在平面上与轴线的相互关系和各个构件间的相互位置关系，以及构件的编号。如刚架、框架或主次梁、楼板的编号以及它们与轴线间的位置关系。

6. 墙面结构布置图是指墙面檩条布置图或柱间支撑布置图。墙面檩条布置图主要表示墙面檩条的位置、间距及檩条的型号，同时也表示隔撑、拉条、撑杆的布置位置和所选用的钢材型号，以及墙面其他构件的相互关系，如门窗位置、轴线编号、墙面标高等。柱间支撑布置图表示柱间支撑的位置和支撑杆件的型号。

7. 屋盖支撑布置图用来表示屋盖支撑系统的布置情况。屋面的水平横向支撑通常由交叉圆杆组成，设置在与柱间支撑相同的柱间；屋面的两端和屋脊处设有刚性系杆，刚性系杆通常是圆钢管或角钢，其他为柔性系杆可用圆钢。

8. 屋面檩条布置图主要表示屋面檩条的布置位置、间距和型号以及拉条、撑杆、隔撑的布置位置和所选用的型号。

9. 构件图表示的可以是框架图、刚架图，也可以表示单根构件。如刚架图主要表示刚架的各个细部的尺寸、梁和柱的变截面位置，刚架与屋面檩条、墙面檩条的相互关系；刚架轴线尺寸、编号及刚架纵向高度、标高；刚架梁、柱的编号、尺寸以及刚架节点详图索引编号等内容。

10. 节点详图是用来表示某些在构件图上无法清楚表达的复杂节点的细部构造图。如刚架端部和屋脊的节点，它清楚地表达了连接节点的螺栓个数、螺栓直径、螺栓等级、螺栓位置、螺栓孔直径、节点板尺寸、加劲肋位置、加劲肋尺寸以及连接焊缝尺寸等细部构造情况。

11. 次构件详图包括隔撑、拉条、撑杆、系杆及其他连接构件的细部构造情况。

12. 材料表主要包括构件的编号、零件号、截面代号、截面尺寸、构件数量及重量等。

4.8 建筑结构抗震设防

4.8.1 地震危害及抗震设防

地震是地球内部构造运动的产物，如同风、霜、雨、雪一样是一种自然现象，但其危害性极大，会造成惨重的人员伤亡和巨大的经济损失，这主要是由于建筑物的破坏所引起的。抗震就是和地震这种自然灾害进行斗争。在建筑结构抗震设计中，所指的地震为构造地震，是由于地壳构造状态的变动，使岩层处于复杂的应力作用状态之下，当应力积聚超过岩石的强度极限时，地下岩层就会发生突然的断裂和强烈错动，岩层中所积聚的能量大量释放，引起剧烈震动，并以波的形式传到地面形成地震。

在地下某一深度处发生断裂、错动的区域称为震源。震源正上方的地面位置称为震中。震中附近地面震动最强烈的，一般也就是建筑物破坏最严重的地区称为震中区。震源和震中之间的距离称为震源深度。一般把震源深度小于 60km 的地震称为浅源地震；60～

300km 的地震称为中源地震；大于 300km 的地震称为深源地震。其中浅源地震造成的危害最为严重。

地震时，地下岩体断裂、错动而引起的振动以波的形式从震源向各个方向传播并释放能量，这就是地震波。它包括在地球内部传播的体波和只限于在地球表面传播的面波。体波中包括有纵波和横波两种形式。纵波是由震源向外传递的压缩波，这种波质点振动的方向与波的前进方向一致，其特点是周期短、振幅小、传播速度快，能引起地面上下颠簸（竖向振动）。横波是由震源向外传递的剪切波，其质点振动的方向与波的前进方向垂直，其特点是周期长、振幅大、传播速度较慢，能引起地面水平摇晃。面波是体波经地层界面多次反射传播到地面后，又沿地面传播的次生波。面波的特点是周期长、振幅大，能引起地面建筑的水平振动。面波的传播是平面的，衰减较体波慢，故能传播到很远的地方。总之，地震波的传播以纵波最快，横波次之，面波最慢。因此，地震时一般先出现由纵波引起的上下颠簸，而后出现横波和面波造成的房屋左右摇晃和扭动。一般建筑物的破坏主要由于房屋的左右摇晃和扭动造成的。

地震的震级是衡量一次地震大小的等级，与震源释放的能量大小有关，目前国际上通用的是里氏震级，用符号 M 表示。一般说来，$M<2$ 的地震人们感觉不到，称为微震；$M=2\sim4$ 的地震称为有感地震；$M>5$ 的地震会对建筑物引起不同程度的破坏，称为破坏地震；$M=7\sim8$ 的地震称为强烈地震或大地震；$M>8$ 的地震称为特大地震。

地震烈度是指地震对一定地点震动的强烈程度。对于一次地震，表示地震大小的震级只有一个，但它对不同地点的影响程度是不同的。一般说来，震中区的地震烈度最高，随距离震中区的远近不同，地震烈度就有差异。为了评定地震烈度，就需要建立一个标准，这个标准称为地震烈度表。我国使用的是 12 度烈度表。

抗震设防烈度是指国家规定的权限批准作为一个地区抗震设防依据的地震烈度。必须按国家规定的权限审批、颁发的文件确定。一般情况下，可采用中国地震动参数区划图的地震基本烈度。对抗震设防烈度为 6 度及以上地区的建筑，必须进行抗震设计。

4.8.2 建筑抗震设防的分类、标准与目标

1. 抗震设防分类

根据使用功能的重要性不同，《建筑工程抗震设防分类标准》GB 50223—2008（以下简称《分类标准》）将建筑物按其使用功能的重要性分为甲、乙、丙、丁四个抗震设防类别：

特殊设防类——重大建筑工程和地震时可能发生严重次生灾害的建筑（如放射性物质的污染、剧毒气体的扩散、爆炸等），简称甲类。

重点设防类——地震时使用功能不能中断或需尽快恢复的建筑（如通讯、医疗、供水、供电等），简称乙类。

标准设防类——除甲、乙、丁类以外的一般建筑（如公共建筑、住宅、旅馆、厂房等），简称丙类。

适度设防类——抗震次要建筑（如一般库房、人员较少的辅助性建筑），简称丁类。

2. 抗震设防标准

各抗震设防类别建筑的抗震设防标准，应符合下列要求：

（1）特殊设防类，应按高于本地区抗震设防烈度提高一度的要求加强其抗震措施；但抗震设防烈度为 9 度时应按比 9 度更高的要求采取抗震措施。同时，应按批准的地震安全性评价的结果且高于本地区抗震设防烈度的要求确定其地震作用。

（2）重点设防类，应按高于本地区抗震设防烈度一度的要求加强其抗震措施；但抗震设防烈度为 9 度时应按比 9 度更高的要求采取抗震措施；地基基础的抗震措施，应符合有关规定。同时，应按本地区抗震设防烈度确定其地震作用。

（3）标准设防类，应按本地区抗震设防烈度确定其抗震措施和地震作用，达到在遭遇高于当地抗震设防烈度的预估罕遇地震影响时，不致倒塌或发生危及生命安全的严重破坏的抗震设防目标。

（4）适度设防类，允许比本地区抗震设防烈度的要求适当降低其抗震措施，但抗震设防烈度为 6 度时不应降低。一般情况下，仍应按本地区抗震设防确定其地震作用。

注：对于划为重点设防类而规模很小的工业建筑，当改用抗震性能较好的材料且符合抗震设计规范对结构体系的要求时，允许按标准设防类设防。

3. 抗震设防目标

由于地震的随机性和多发性，建筑物在设计使用年限期间有可能遭受多次不同烈度的地震。从概率的角度来看，遭受较多的是低于该地区设防烈度的地震（即小震），但也不排除遭受高于该地区设防烈度的地震（即大震）。对多发的小震，要求防止结构破坏，这在技术上、经济上是可以做到的。对于发生几率较小的大震，要求做到结构完全不损坏，这在经济上是不合理的。比较合理的做法是，允许结构损坏，但在任何情况下，不应导致建筑物倒塌。为此，《建筑抗震设计规范》GB 50011—2010 提出了"三水准"的抗震设防目标。

第一水准：当遭受低于本地区抗震设防烈度的多遇地震影响时，建筑物一般不受损坏或不需修理可继续使用。

第二水准：当遭受相当于本地区抗震设防烈度的地震影响时，可能损坏，经一般修理或不需修理仍可继续使用。

第三水准：当遭受高于本地区抗震设防烈度的罕遇地震影响时，不致倒塌或发生危及生命的严重破坏。

上述抗震设防目标可概括为"小震不坏、中震可修、大震不倒"。在进行建筑抗震设计时，原则上应满足上述三水准的抗震设防要求。在具体做法上，我国《抗震规范》采用了简化的两阶段设计方法。

第一阶段设计：按多遇地震烈度对应的地震作用效应和其他荷载效应的组合验算结构构件的承载能力和结构的弹性层间位移。

第二阶段设计：按罕遇地震烈度对应的地震作用效应验算结构的弹塑性层间位移。

第一阶段设计保证了第一水准的承载力要求和变形要求，第二阶段设计则旨在保证结构满足第三水准的抗震设防要求。而良好的抗震构造措施则有助于第二水准要求的实现。

4.8.3　建筑的抗震等级

抗震等级是建筑结构构件抗震设防的标准。钢筋混凝土房屋应根据设防类别、烈度、结构类型和房屋高度采用不同的抗震等级，并应符合相应的计算和构造措施要求。建筑抗震等级共分为四级，它体现了不同的抗震要求，甲类建筑抗震要求最高。丙类建筑的抗震等级应按表 4-9 确定。

　　其他类建筑采取的抗震措施应按有关规定和表 4-9 确定对应的抗震等级。由表 4-9 可见，在同等设防烈度和房屋高度的情况下，对于不同的结构类型，其次要抗侧力构件抗震要求可低于主要抗侧力构件，即抗震等级低些。

现浇钢筋混凝土房屋的抗震等级表

表 4-9

（下表列数字为设防烈度 6、7、8、9）

结构类型		6		7			8			9	
框架结构	高度（m）	≤24	>24	≤24	>24		≤24	>24		≤24	
	框架	四	三	三	二		二	二		一	
	大跨度框架	三		二			一				
框架-抗震墙结构	高度（m）	≤60	>60	≤24	25～60	>60	≤24	25～60	>60	≤24	25～50
	框架	四	三	四	三	二	三	二	一	二	一
	抗震墙	三		三			二			一	
抗震墙结构	高度（m）	≤80	>80	≤24	25～80	>80	≤24	25～80	>80	≤24	25～60
	剪力墙	四	三	四	三	二	三	二	一	二	一
部分框支抗震墙结构	高度（m）	≤80	>80	≤24	25～80	>80	≤24	25～80			
	抗震墙　一般部位	四	三	四	三	二	三	二			
	抗震墙　加强部位	三	二	三	二	一	二	一			
	框支层框架	二		二			一	一			
框架-核心筒结构	框架	三		二			二			一	
	核心筒	二		二			二			一	
筒中筒结构	外筒	三		二			二			一	
	内筒	三		二			二			一	
板柱-抗震墙结构	高度（m）	≤35	>35	≤35	>35		≤35	>35			
	框架、板柱的柱	三	二	二	二		二	一			
	抗震墙	二	二	二	二		二	一			

注：1. 建筑场地为 Ⅰ 类时，除 6 度外应允许按表内降低一度所对应的抗震等级采取抗震构造措施，但相应的计算要求不应降低；

　　2. 接近或等于高度分界时，应允许结合房屋不规则程度及场地、地基条件确定抗震等级；

　　3. 大跨度框架指跨度不小于 18m 的框架；

　　4. 高度不超过 60m 的框架-核心筒结构按框架-抗震墙的要求设计时，应按表中框架-抗震墙结构的规定确定其抗震等级。

思考练习题

1. 简述结构施工图的作用和内容。

2. 熟记表 4-1 所列常用构件代号。

3. 简述钢筋混凝土梁、板、柱内钢筋的组成及作用。

4. 配筋图的图示内容是什么？如何对钢筋编号和标注尺寸？

5. 楼层结构平面布置图中，如何表达梁、板、柱的布置?

6. 条形基础平面图中表达哪些内容? 基础详图中表达哪些内容?

7. 熟记表 4-5 、表 4-6 的内容。

8. 叙述钢屋架图的图形组成和图示内容。

9. 怎样识读钢结构施工图?

10. 建筑结构抗震设防的重大意义和抗震设防的标准、目标是什么?

第5章 识读设备施工图

5.1 设备施工图概述

5.1.1 设备施工图的内容

一幢房屋，除了具有建筑和结构两大部分外，还要包括一些配套设备的施工，例如给水、排水、供暖、通风、空调、电气照明、消防报警、电话通信、有线电视、燃气等各种设备系统。设备施工图就是表达这些设备系统的组成、安装等内容的图纸。

根据建筑物功能的要求，按照建筑设备工程的基本原则和相关标准规范进行设计，然后根据设计结果绘制成图样，以反映设备系统布置形式、材料选用、连接方式、细部构造及其他技术参数，并指导设备系统安装施工，这种图样称为设备施工图。

设备施工图的种类很多，常见的有给水排水设备施工图、供暖通风设备施工图、电气系统设备施工图、燃气设备施工图等。设备施工图虽然有多种多样的类型，但基本包括下列内容：

1. 设计总说明

用文字的形式表述设备施工图中不易用图样表达的有关内容，如工程概况、设计依据、设计范围及内容、设计参数、系统形式、引用的标准图集、主要设备材料表、施工安装要求以及其他技术要求等。

2. 设备平面图

表示设备系统的平面布置方式，各种设备与建筑、结构的平面关系，平面上的连接形式等。平面图一般是在建筑平面图的基础上绘制的。

3. 设备系统图

表示设备系统的空间关系或者器件的连接关系，系统图与平面图相结合能很好地反映系统的全貌和工作原理。

4. 详图

表示设备系统中某一部位具体安装细节或安装要求的图样，通用做法可参照有关标准图集。

5.1.2 设备施工图的特点

1. 设备施工图和建筑施工图、结构施工图一起组成一套完整的建筑工程施工图，彼此之间有着密切的联系。因此，在设计过程中，必须注意与其他工种的紧密配合和协调一致，只有这样，才能使建筑物的各种功能得到充分发挥。

2. 设备施工图一般采用规定的图形符号表示各种设备、器件、管网、线路等。而这些图例符号一般不反映实物的原形，因此，在识图前应首先了解各种符号表示的实物。

3. 设备施工图中用系统图等图样表示设备系统的全貌和工作原理。

4. 设备施工图往往直接采用通用的标准图集上的内容，表达某些构件的构造和作法。

5. 设备施工图中有许多安装、使用、维修等方面的技术要求不在图样中表达，因为有关的标准和规范中都有详细的明确规定，在图样中只需说明参照某一标准执行即可。

6. 各种设备系统都有自己的走向，在识图时按顺序去读，使设备系统一目了然，易于掌握，如电气系统：进户线→配电盘→干线→分配电板→支线→用电设备；给水系统：引入管→水表井→干管→立管→支管→用水设备等。

5.2 给水排水系统施工图

给水排水工程包括给水工程和排水工程两部分。给水工程是指水源取水、水质净化、净水输送、配水使用等工程；排水工程是指污水排除、污水处理、污水排放等工程，给水排水工程均由各种管道及其配件和水处理设备或构筑物组成。在房屋建筑工程中给水排水工程是必不可少的内容，因此，给水排水工程的施工图也是工程图的一个主要内容，给水排水施工图包括室内给水排水施工图和室外给水排水施工图两部分。室内给水排水系统施工图包括：给排水平面图、系统图、详图和施工说明；室外给水排水系统施工图包括：室外给水排水总平面图、纵断面图、详图以及施工说明。

在给水排水系统的施工图中，一般都采用规定的图形符号来表示。表5-1列出了一些常用的图例符号。

给水排水施工图常用图例表　　　　表 5-1

名　称	图　例	名　称	图　例
生活给水管	——— J ———	蹲式大便器	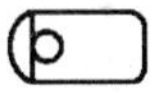
污水管	——— W ———	坐式大便器	
水嘴	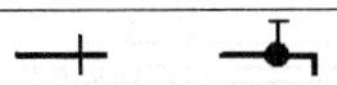 平面　　系统	淋浴喷头	
室外消火栓		水泵接合器	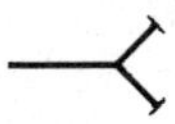
通气帽	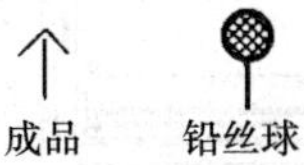 成品　　铅丝球	洗脸盆	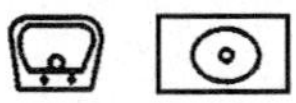
存水弯	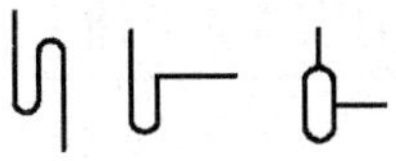	清扫口	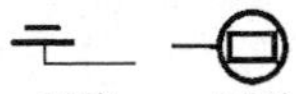 系统　　平面
截止阀	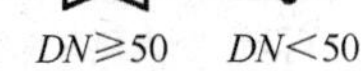 $DN \geqslant 50$　$DN < 50$	止回阀	
壁挂式小便器		球阀	
小便槽	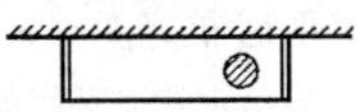	盥洗槽	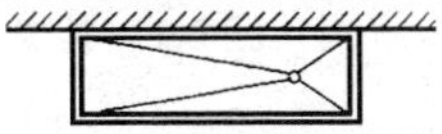

续表

名　　称	图　　例	名　　称	图　　例
方沿浴盆		室内消火栓（双口）	平面 　系统
拖布盆		卧式水泵	平面　系统
圆形地漏	平面　系统	管道清扫口	平面　系统
自动冲水箱		室内消火栓（单口）	平面　系统

本节重点介绍室内给排水系统，简略介绍室外给排水系统。

5.2.1　给水平面图

在建筑内部，凡需要用水的房间，均需要配以卫生设备和给水用具。图 5-1 所示为某男生宿舍楼公共卫生间室内给水管道平面布置图，其主要表示供水管线的平面走向以及公

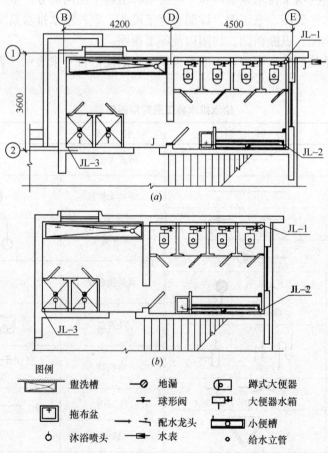

图 5-1　某男生宿舍楼公共卫生间室内给水管道平面布置图（尺寸单位：mm）
（a）底层给水管道平面布置图；（b）二、三层给水管道平面布置图

共卫生间所配备的卫生设备和给水用具。

从图 5-1 (a) 中可以看出,给水引入管自室外水表井引入楼内公共卫生间,在卫生间地面下敷设水平干管,在三个墙角处分别设三根给水立管 JL-1、JL-2、JL-3,由 JL-1 在各层地面上接出给水支管供四个蹲式大便器和盥洗台,由 JL-2 在各层地面上接出给水支管供小便槽和拖布池,由 JL-3 在各层地面上接出给水支管供两个淋浴喷头。地漏的位置和各给水用具均已在图中标出,故按照给水管的平面顺序较容易看懂该图。请自行识读图 5-1 (b)。

5.2.2 排水平面图

排水平面图主要表示排水管道的平面走向以及排出口的方向。仍以某男生宿舍楼公共卫生间为例给出如图 5-2 所示的排水平面图。为了靠近室外排水管道,将排水立管布置在东北角,与给水引入管成 90°,并将粪便排出管与淋浴、盥洗排出管分开,把后者的排出管布置在房屋的前墙面(南面),直接排到室外排水管道。图中还给出了污水排出装置、拖布池、大便器、小便槽、盥洗池、淋浴间和地漏。请自行识读图 5-2 (b) 所示排水管网平面布置图。

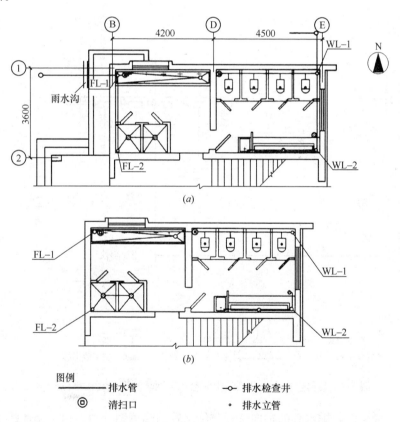

图 5-2 某男生宿舍楼公共卫生间排水管网平面布置图(尺寸单位:mm)

(a) 底层排水管道平面布置图;(b) 二、三层排水管道平面布置图

5.2.3 给水排水系统轴测图

给水排水系统的平面图由于管道交错、读图时比较困难,而轴测图能够清楚、直观地

表示出给水排水管的空间布置情况，立体感强，易于识别。在轴测图中能够清晰地标注出管道的空间走向、标高、管径、坡度及坡向，以及用水设备的型号、位置。识读轴测图时，给水系统按照树状由干到支的顺序；排水系统按照由支到干的顺序逐层分析，也就是按照水流方向读图，再与平面图紧密结合，就可以清楚地了解到各层的给水排水情况。如图 5-3 所示的室内给水系统轴测图，从引入管开始读图，各管的标高、管径、走向和用水设备的位置一目了然。如引入管标高为－1.000m，第一根立管管径为 $DN50$，水平干管的标高为－0.300m，管道最高点标高为 8.800m 等。

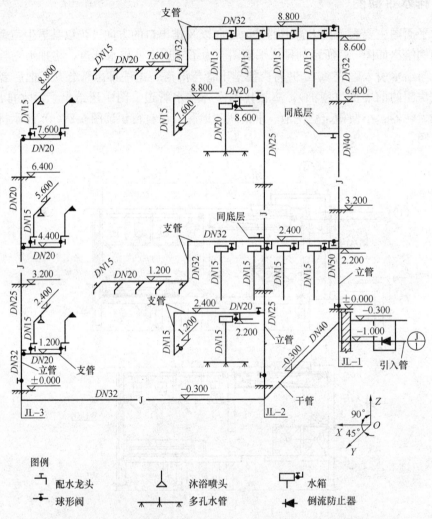

图 5-3　某男生宿舍楼公共卫生间给水管网轴测图（高程单位：m）

在同一幢房屋中，排水管的轴向选择与给水管的轴测图一致。由于粪便污水与盆洗淋浴污水分两路排出室外，故其轴测图是分别绘制的。图 5-4（a）是盥洗台、淋浴间废水管网轴测图；图 5-4（b）是大便器、地漏、小便槽排水管网轴测图。

5.2.4　给水排水系统详图

给水排水系统的详图用于表示某些设备、构配件或管道上节点的详细构造与安装尺寸。

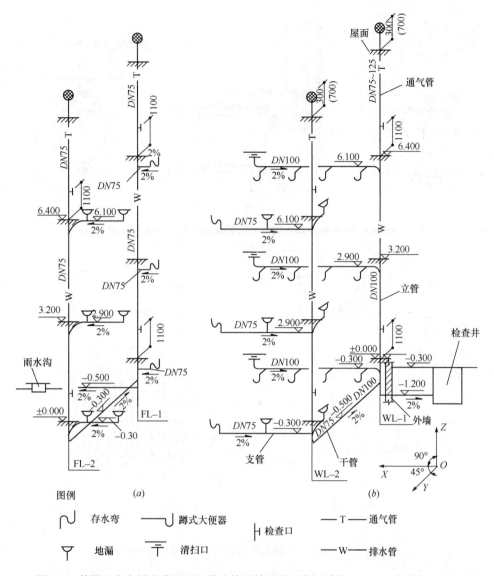

图 5-4　某男生宿舍楼公共卫生间排水管网轴测图（高程单位：m；尺寸单位：mm）

如图 5-5 所示为坐式大便器的安装详图，表明了安装尺寸的要求，如水箱高度为 910mm，坐便器与地面的高度为 350mm，水平进水支管高度为 250mm 等。又如图 5-6 所示圆形不锈钢地漏详图，表明了该地漏的加工尺寸以及制作要求，如外圆尺寸 $D=232mm$，上盖厚度为 8mm，上盖与壳体的间隙为 2mm，选材及加强筋的设置等情况均可在该详图中读出。

在识读详图时，应着重掌握详图上的各种尺寸及其要求。如图 5-7 所示为墙架式洗脸盆安装详图。

5.2.5　高层建筑给水排水系统

按照建筑物的一般规定，建筑高度超过 20m 的公共建筑或 6 层以上的居住建筑，称为高层建筑。建筑高度超过 100m 的高层建筑，称为超高层建筑。

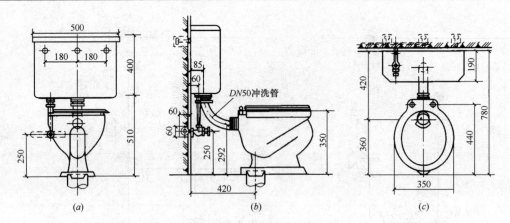

图 5-5 低水箱坐式大便器的安装详图（尺寸单位：mm）

(*a*) 正立面图；(*b*) 侧立面图；(*c*) 平面图

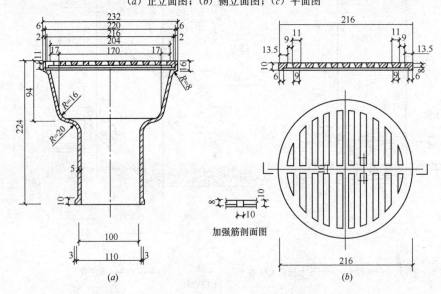

图 5-6 普通圆形不锈钢地漏详图（尺寸单位：mm）

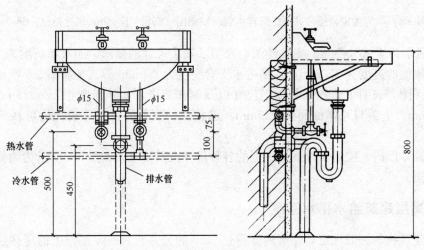

图 5-7 墙架式洗脸盆安装详图（尺寸单位：mm）

172

由于管道、配件、附件和涉水设备所承受的水压，均不得大于其工作压力，当大于此值时会产生不良的后果。因而在高层建筑的给水、消防给水系统中，采用分区给水的方式，分区的方式有并联给水、串联给水、减压水箱给水、减压阀给水等。

高层建筑对消防要求较高，应按《高层民用建筑设计防火规范》要求设置消火栓给水系统、自动喷水灭火系统及固定灭火设备等。

高层建筑排水系统由于立管较长，则应考虑通气及排水体制等问题。

现以某大厦给水排水施工图为例讲解其识读方法，如图 5-8 所示。

该建筑为超高层建筑，地下 1 层，地上 50 层，建筑高度为 180m。其给水系统根据大楼竖向功能分区，采用并联给水方式，各区供水方式结合大楼实际情况采用不同的形式，主要保证大楼供水安全、经济；热水系统分区同给水系统，热媒为蒸汽，热交换器分设于地下 1 层及地上 30 层；消防给水系统采用并联供水结合减压阀减压的给水方式，节约建筑面积，减少控制环节，提高给水安全性，并且消火栓均带自救式水喉；自动喷水灭火系统采用双立管环网供水，满足了安全性及消防部门的要求，为使各层喷水强度控制在规定的上下不超过设计值的 20%，竖向进行分区，裙房部分面积较大水平方向采用环网布管网；室内排水为分流制，粪便污水经化粪池处理，厨房含油脂废水经隔油池处理后排入市政污水管网，为使管道不堵，隔油池设于各厨房制作中心；室内排水系统设主通气立管，卫生器具设器具通气管。

5.2.6 室外给水排水系统

室外给水排水施工图主要是表明房屋建筑的室外给水排水管道、室外构筑物、室外检查井及其与区域性的给水排水管网、设施的连接和构造情况。室外给水排水施工图一般包括室外给水排水平面图、高程图、纵断面图及详图。对于规模不大的一般工程，只需室外给水排水平面图即可表达清楚。

室外给水排水平面图是以建筑总平面的主要内容为基础，表明建筑小区（厂区）或某幢建筑物室外给水排水管道的布置情况，一般包括以下内容：

1. 建筑总平面图主要是表明地形及建筑物、道路、绿化等平面布置及标高状况的。

2. 该区域内新建和原有给水排水管道及设施的平面布置、规格、数量、标高、坡度、流向等。

3. 当给水和排水管道种类繁多、地形复杂时，给水与排水管道可分系统绘制或增加局部放大图、纵断面图。

所以，识读室内外给水排水施工图时，应做到：

（1）了解设计说明，熟悉有关图例。

（2）区分给水与排水及其他用途的管道，区分原有和新建管道，分清同种管道的不同系统。

（3）分系统按给水及排水的流程逐个了解新建阀门井、水表井、消火栓和检查井、雨水口、化粪池以及管道的位置、规格、数量、坡度、标高、连接情况等。

必要时需与室内平面图，尤其是底层平面图及其他室外有关图纸对照识读。

下面以某科研所办公楼为例识读如下（见图 5-9）。

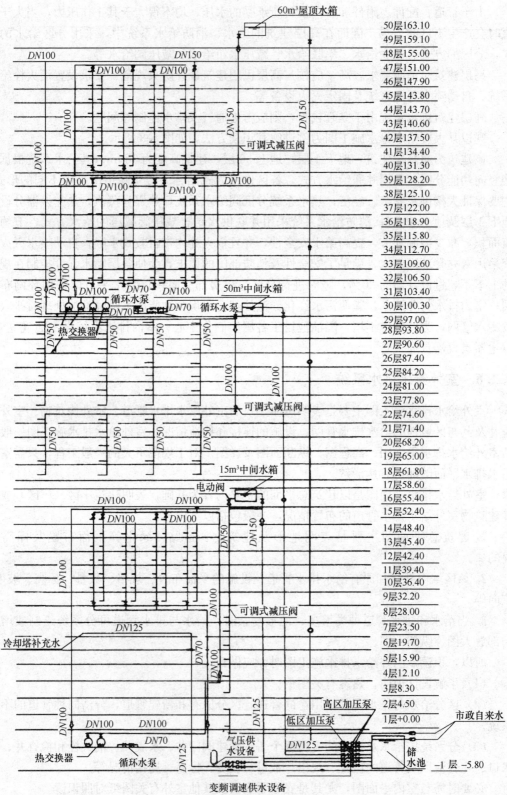

图 5-8(a) 某大厦给水系统

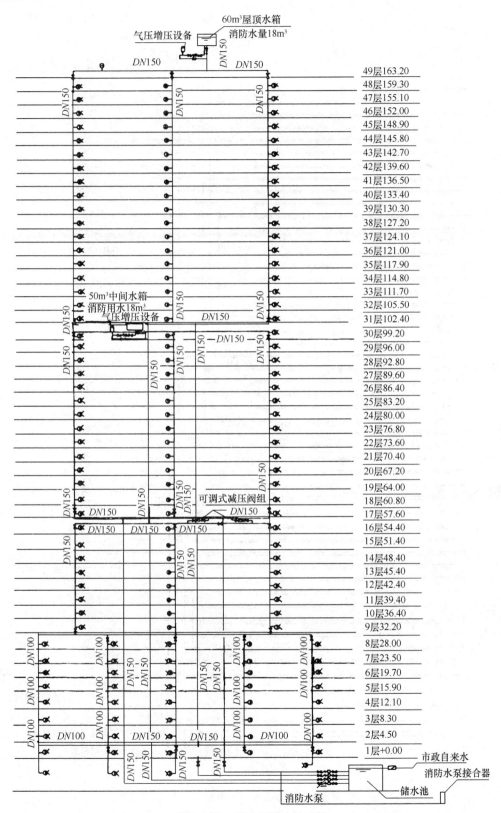

图 5-8(*b*) 某大厦消火栓系统

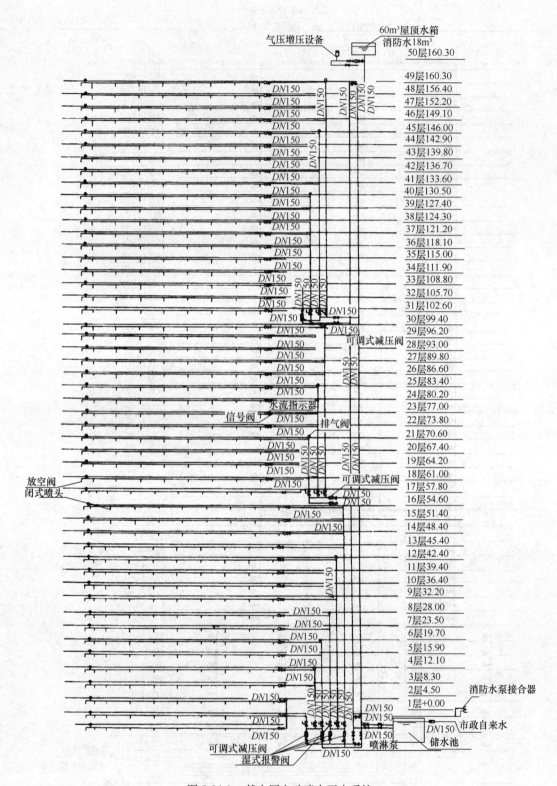

图 5-8(c)　某大厦自动喷水灭火系统

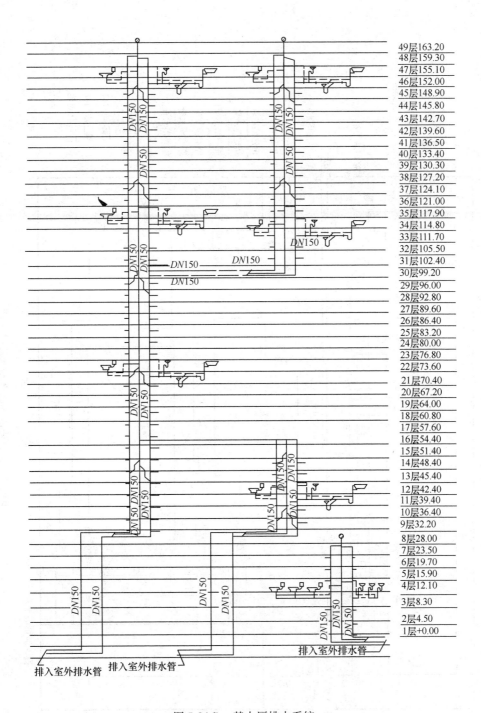

图 5-8(*d*) 某大厦排水系统

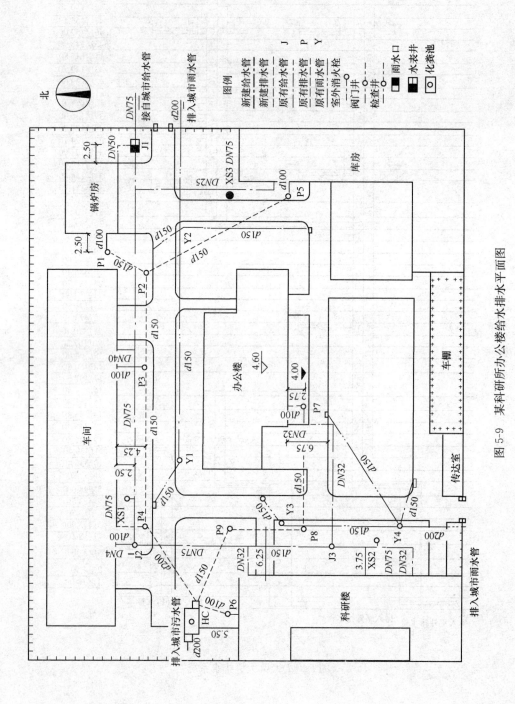

图 5-9　某科研所办公楼给水排水平面图

给水系统：给水主管道自东侧市政给水管网引入，水表井中心距离锅炉房2.5m，管径为$DN75$。经水表井（内装水表及控制阀）BJ1，一直向西再折向南，沿途分设支管分别接入锅炉房（$DN50$）、库房（$DN25$）、试验车间（$2×DN40$）、科研楼（$2×DN32$），并设置了三个室外消火栓。

新建给水管道则是由科研楼东侧的原有给水管阀门井J3（预留口）接出，向东再向北引入新建办公楼，管径为$DN32$，管中心标高3.10m。

排水系统：根据市政排水管网提供的条件采用分流制，分为污水和雨水两个系统分别排放。其中，污水系统原有污水管道是分两路汇集至化粪池的进水井。北路：连接锅炉房、库房和试验车间的污水排出管，由东向西接入化粪池（P5，P1—P2—P3—P4—H.C.）。南路：连接科研楼污水排出管向北排入化粪池（P6—H.C.）。新建污水管道是办公楼污水排出管由南向西再向北排入化粪池（P7—P8—P9—H.C.）。汇集到化粪池的污水经化粪池预处理后，从出水井排入附近市政污水管。各管段管径、检查井井底标高及管道、检查井、化粪池的位置和连接情况如图5-9所示（同时参阅图5-10）。

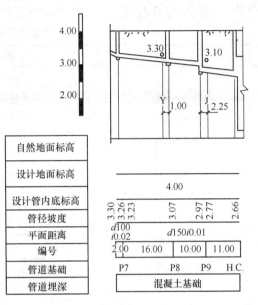

图5-10 排水管道纵断面图

雨水系统：各建筑物屋面雨水经房屋雨水管流至室外地面，汇合庭院雨水经路边雨水口进入雨水道，然后经由两路 Y1—Y2 向东和 Y3—Y4 向南排入城市雨水管。

5.3 供暖、通风与空调系统施工图

我国北方的冬季天气寒冷，为了保证人们正常的生产和生活，进行室内供暖是必要的。供暖同时为提高室内的空气质量，有利人们的身体健康，为人们提供舒适的休息、工作场所，通风系统也是不可缺少的。

5.3.1 供暖系统施工图

供暖系统主要由三大部分组成：（1）热源；（2）热循环系统；（3）散热设备。根据热源的不同分为热电厂供暖、区域锅炉房供暖、集中供暖。供暖系统根据所用热媒不同，又可分为三类：热水供暖系统、蒸汽供暖系统和热风采暖系统。热水供暖系统的排布一般具有四种形式：上供下回系统、下供下回系统、上供中回系统、下供上回系统，根据支管的布置情况，可分为单管系统和双管系统。

随着人们生活水平的提高，对供暖方式的选择也愈发受到关注。地板辐射供暖系统（简称地暖），由于具有环保、卫生、使用寿命长等优点逐渐被人们所接受。地暖是以整个

地面为散热器，通过地板辐射层中的热媒均匀加热整个地面，比普通供热设备使用寿命更长，管道系统中无接头，不会产生渗漏，免除挖开地面维修的烦恼。地板辐射供暖所具有的种种优势使之在北方的供暖市场上具有良好的发展前景，本节以低温热水地板辐射供暖系统为例来进行供暖系统施工图的识读。供暖系统施工图分为室内和室外两部分。室内部分主要包括：供暖系统平面图、轴测图、详图以及设计施工说明。室外部分主要包括：总平面图、管道横剖面图、管道纵断面图、详图和施工说明。在供暖系统施工图中，各零部件均采用图例符号表示。一般常用的暖通空调设备图例符号见表 5-2。

暖通空调设备常用图例　　　　　　　　　　　表 5-2

序号	名称	图例	备注
1	散热器及手动放气阀	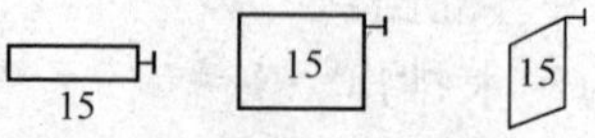	左为平面图画法，中为剖面图画法，右为系统图（Y 轴侧）画法
2	散热器及温控阀	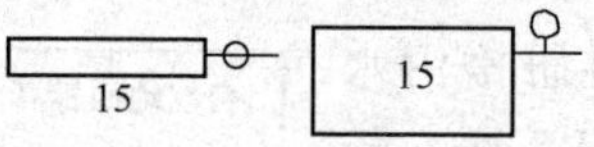	—
3	轴流风机	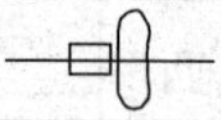	
4	轴（混）流式管道风机	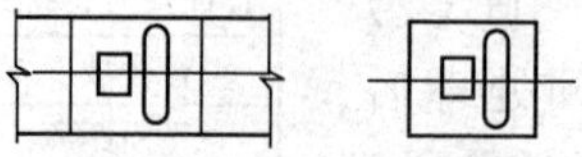	
5	离心式管道风机	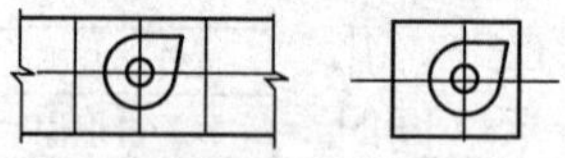	
6	吊顶式排气扇	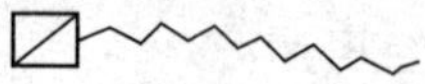	
7	水泵		
8	手摇泵	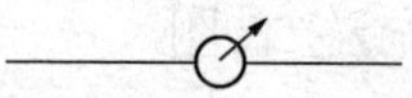	
9	变风量末端	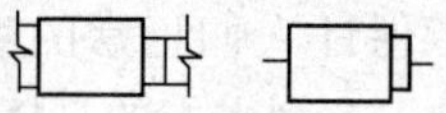	
10	空调机组加热、冷却盘管		从左到右分别为加热、冷却及双功能盘管
11	空气过滤器	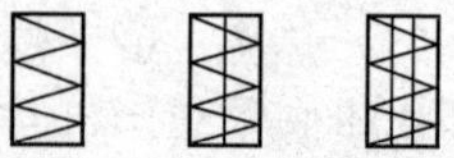	从左至右分别为粗效、中效及高效
12	挡水板		—

序号	名称	图例	备注
13	加温器	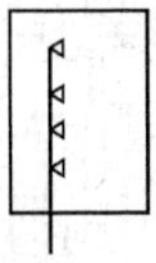	—
14	电加热器	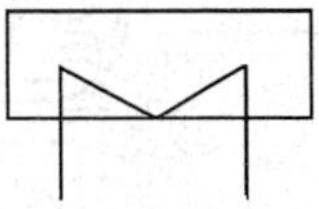	—
15	板式换热器	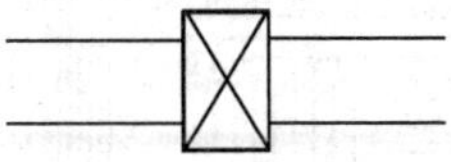	—
16	立式明装风机盘管	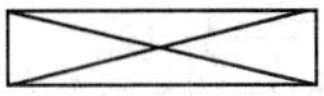	—
17	立式暗装风机盘管	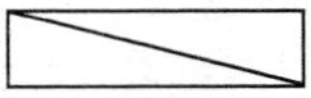	—
18	卧式明装风机盘管	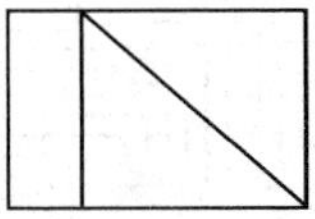	—
19	卧式暗装风机盘管	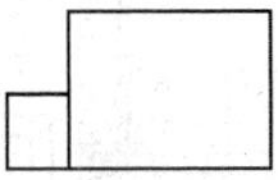	—
20	窗式空调器	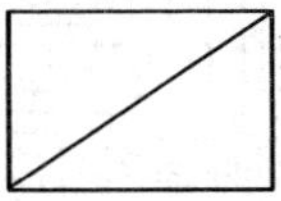	—
21	分体空调器	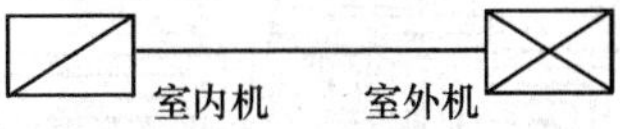 室内机　　室外机	—
22	射流诱导风机	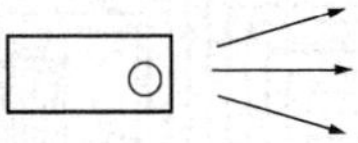	—
23	减振器		左为平面图画法，右为剖面图画法

1. 供暖系统平面图

供暖系统平面图主要表示供暖系统的平面布置，其内容包括管线（供热干管、回水干管）的走向、尺寸及位置等。在识图时，若按照供热干管的走向顺序读图，则较容易看懂。图 5-11、图 5-12 分别为某小区住宅楼标准层（1～5 层）和顶层的供暖管道平面图，图中标注了加热盘管的布置情况，包括盘管走向以及盘管尺寸等。供热干管的管道布置情况见图 5-13。图 5-13 为该住宅楼一层供暖干管平面图，其位于地下室的主干管借由此平面图表示其走向及供暖立管的编号。

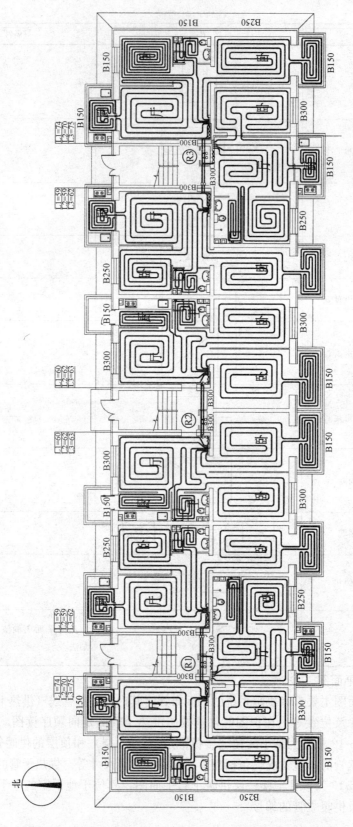

图 5-11　某住宅楼 1~5 层地板辐射供暖管道平面图

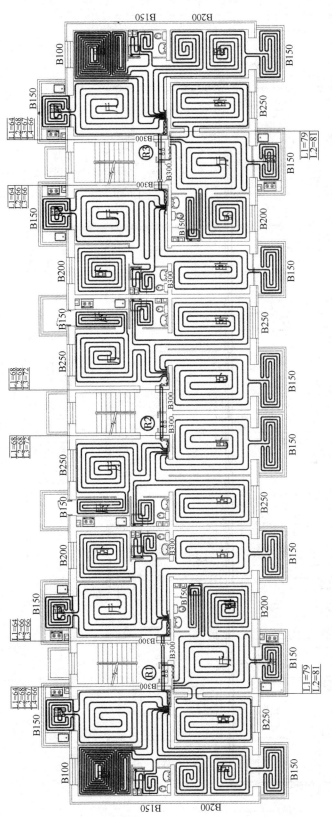

图5-12 某住宅楼顶层地板辐射供暖管道平面图

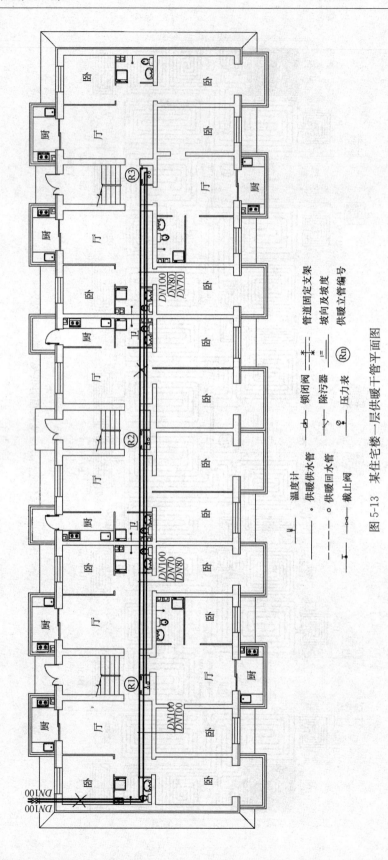

图 5-13　某住宅楼一层供暖干管平面图

2. 供暖系统轴测图

供暖系统轴测图是用正面斜轴测投影绘制的供暖系统图，图中也标明各层支管的位置、阀门数量以及各立管的位置、管径、编号等。与平面图对照，沿供热干管走向顺序读图，可以看出供暖系统的空间相互关系。图 5-14 为下供下回式供暖系统轴测图。在识读供暖施工图时，首先应分清供水干管和回水干管，按供、回水干管的布置位置和供水方向识读，分清是上供下回、下供下回式中的哪种形式；然后查清各分集水器的位置、数量以及其他元件（如阀门等）的位置、型号；最后再按供热管道的走向顺次读图。

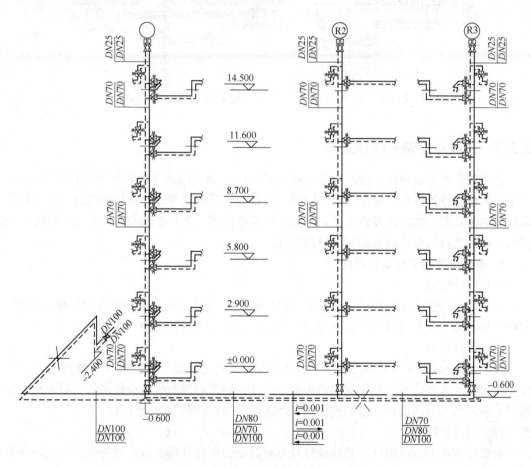

图 5-14 供暖系统轴测图

由图 5-14 可知，供水主干管为直径 100mm，把热能沿管线输送到各立管及加热盘管，然后再沿各回水支管回到回水干管。图中标明了入室热水干管的高度为 -0.600m，各立管的管径均已标出，而且还标明了阀门的位置等一些重要的尺寸和数据，从而将整个供暖系统展现在读者面前。

3. 供暖系统详图

供暖详图用以详细体现各零部件的尺寸、构造和安装要求，以便施工安装时使用。如图 5-15 和图 5-16 所示。

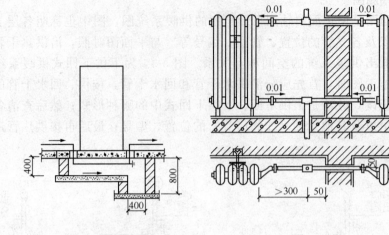

图 5-15　回水管跨门做法　　　　图 5-16　散热器安装详图

5.3.2　通风与空调系统施工图

通风与空调系统的施工图由文字说明、平面图、剖面图及系统轴测图、详图等组成。文字说明包括设计说明、施工说明、图例、设备材料明细表等。详图包括部件的加工制作和安装的节点图、大样图及标准图，如采用国家标准图、省标准图及参照其他工程的标准图时，在图纸目录中应附有说明，以便查阅。

1. 通风与空调工程设计说明

（1）设计依据

一般通风与空调工程设计是根据甲方提供的委托设计任务书及建筑专业提供的图纸，并依照供暖通风专业现行的国家颁布的有关规范、标准进行设计的。

（2）设计范围

说明本工程设计的内容，如包括集中冷冻站、热交换站设计，餐厅、展览厅、大会堂、多功能厅及办公室、会议室的集中空调设计，地下车库及机电设备机房、卫生间、垃圾间、厨房等的通风设计，防烟楼梯间、消防电梯等房间的防排烟设计。

（3）设计资料

根据建筑物所在的地区，说明设计计算时需要的室外计算参数。说明建筑物室内所要求的计算参数。

如在北京地区夏季室外计算参数有：空调计算干球温度为 33.5℃，空调计算湿球温度为 26.4℃，空调计算日均温度为 29.6℃，通风计算干球温度为 29.7℃，夏季室外平均风速为 2.1m/s，风向为 N，大气压力为 100.02kPa。

在北京地区冬季室外计算参数有：空调计算干球温度为 −12.0℃，空调计算相对湿度为 45％，通风计算干球温度为 −5.0℃，采暖计算干球温度为 −9.9℃，平均风速为 2.6m/s，风向为 NNW，大气压力为 102.17kPa。

同时还要说明建筑物内的空调房间室内设计参数，如室内要求的温度（℃）、相对湿度（％）、新风量（m³/p.h）、换气次数（次/h）、室内噪声标准 dB（A）等。

（4）空调设计

说明空调系统冷源和热源，本工程选用的冷水机组和热交换站的设置。说明空调水系统设计、空调风系统设计，列出空调系统编号、风量（m³/h）、风压（Pa）、服务对象、安装地点及详细材料表。

（5）通风设计

说明建筑物内设置的机械排风（兼排烟）系统、机械补风系统，列出通风系统编号、风量（m³/h）、风压（Pa）、服务对象、安装地点及详细材料表。

（6）自控设计

说明本工程空调系统的自动调节，控制室温、湿度的情况。

（7）消声减振及环保

说明风管消声器或消声弯头设置，说明水泵、冷冻机组、空调机、风机作减振降噪或隔振处理的情况。

（8）防排烟设计

说明本工程加压送风系统和排烟系统的设置，列出防排烟系统的编号、风量（m³/h）、风压（Pa）、服务对象、风口设置、安装地点及详细材料表。

2. 通风与空调工程施工说明的内容

（1）通风与空调工程风管管材及保温

通风及空调系统风管一般采用镀锌钢板制作；排烟风管采用普通钢板制作，外刷防火漆；在需要软接时采用金属软风管。

若采用土建风道，应保证风道内壁光滑，严密不漏风，在穿过楼板、顶棚和墙壁处，风道应连续。砖砌风道内壁应抹不小于 10mm 厚的水泥砂浆。风管构件与土建风道的连接方法详见建筑设备施工安装有关图集。

通风空调系统风管所采用的保温材料、保温厚度及保温做法；风管穿越机房、楼板、防火墙、沉降缝、变形缝等处的做法；风管施工的质量要求。

（2）空调水管管材

明确冷水管道、热水管道、蒸汽管道、蒸汽凝结水管道的管材和管道连接方式。

空调水管道安装完毕后，应进行分段试压和整体试验。空调水系统的工作压力和试验压力值。水管道冲洗、防腐、保温要求及做法、质量要求等。

（3）其他

说明图中所注的平面尺寸是以"mm"计的，标高尺寸是以"m"计的。风管标高一般指管底标高，水管标高一般指管中心标高。

在标注管道标高时，为便于管道安装，地上层管道的标高可标为相对于本层地面的标高，地下层管道的标高可按建筑标高标注。

空调机组、新风机组、热交换器、风机盘管等设备安装要求。通风空调工程施工过程中，要与土建专业密切配合，做好预埋件及楼板孔洞的预留工作。

其他未说明部分，可按国家标准或行业标准进行施工。

3. 设备材料明细表

设备材料明细表见表 5-3。需注明通风空调系统中主要设备的名称、规格、数量，如通风机、电动机、过滤器、阀门等设备。

设备及主要材料明细表

表 5-3

系统编号	设备编号	名称	型号规格	单位	数量	安装位置	服务区域	备注

设备及主要材料表

设备和材料明细表是作为工程订货的依据，施工预算的参考。

5.3.3　通风与空调系统施工图的识读

1. 通风与空调系统平面图

通风与空调系统平面图是表示通风与空调系统管道和设备在建筑物内的平面布置情况，并注明有相应的尺寸。在平面图中，建筑物的建筑轮廓线是用细线绘制的，而通风空调系统的管道是用粗线绘出的。在平面图中，通风空调系统的设置要用编号标出，如空调系统 K—1、新风系统 X—1、排风系统 P—1、排烟系统 PY—1 等。

平面图中的工艺设备和通风空调设备，如风机、送风口、回风口、风机盘管等均应分别标注或编号，要列入设备及主要材料表，说明型号、规格、单位和数量。平面图中应绘出设备的轮廓线，注明设备的定位尺寸。

平面图中的通风空调系统管道，应标注风管的截面尺寸和定位尺寸。同时应绘出通风空调管道的弯头、三通或四通、变径管等；在平面图中还应绘出通风空调管道上的消声弯头、调节阀门、风管导流片、送风口、回风口等，标注或编号，并要列入设备及主要材料表内说明型号、规格、单位和数量。风口旁标注的箭头方向，表明风口的空气流动方向。

在平面图中，如通风管道系统比较复杂，在需要的部位画出剖切线，利用剖切符号表明剖切位置及剖切方向，把复杂的部位在剖面图上表示清楚。图 5-17 所示是某建筑物一层的集中式空调系统平面图。

（1）系统设置

此建筑物一层为办公大堂，空调系统设为集中式空气空调系统，空调机房设在建筑物二层，处理后的空气由二层经竖井风道送入一层，一层的气流组织主要为圆形散流器顶送、吊顶条形散流器顶部回风和单层百叶回风，回风经风道再回到二层机房。

（2）空调管道与设备

1）送风。从图 5-17 上所示平面图看出：由 E—D 轴东侧的竖井风道（1600mm×630mm）接断面尺寸为 1000mm×400mm 的风管，标高＋3.23m，末端风管为 320mm×320mm，标高＋3.36m。分支管路上设置有圆形散流器送风口，$\phi250$，$L=500\text{m}^3/\text{h}$，共 10 个。其他分支略。

2）回风。一层的回风管道设在办公大堂的北侧，吊顶上设置条形散流器回风口，宽 150mm；同时设置单层百叶回风口 400mm×300mm，共 8 个，回风经管道送入 1600mm

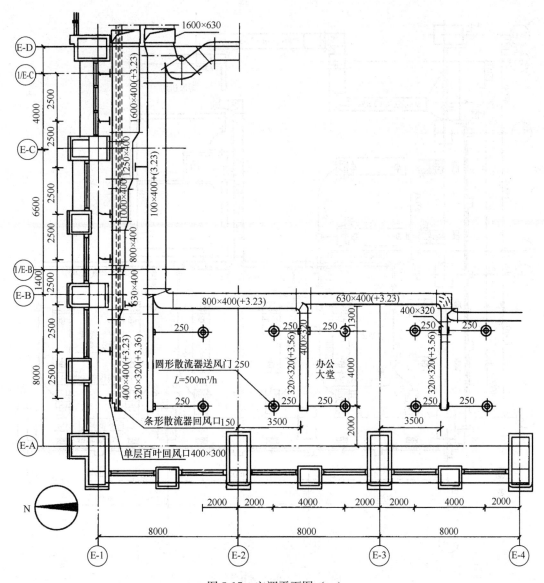

图 5-17 空调平面图（一）

×630mm 的竖井风道。

2. 举例

图 5-18 所示是某建筑物标准层设置的半集中式空调系统平面图。

（1）系统设置

此建筑标准层空调系统采用风机盘管加新风系统，逐层设置新风机组，处理风量为 $L=4000\mathrm{m}^3/\mathrm{h}$。

（2）空调管道与设备

新风系统采用新风百叶窗进风，在 E-C 轴和 1/E-C 轴之间，尺寸为 2500mm×150mm，底标高为 +2.68mm。新风管道断面尺寸为 800mm×200mm，底标高为 +2.85m。新风由管道进入新风机房，经过新风机组处理（过滤、加热或冷却、加湿、消声）后，经

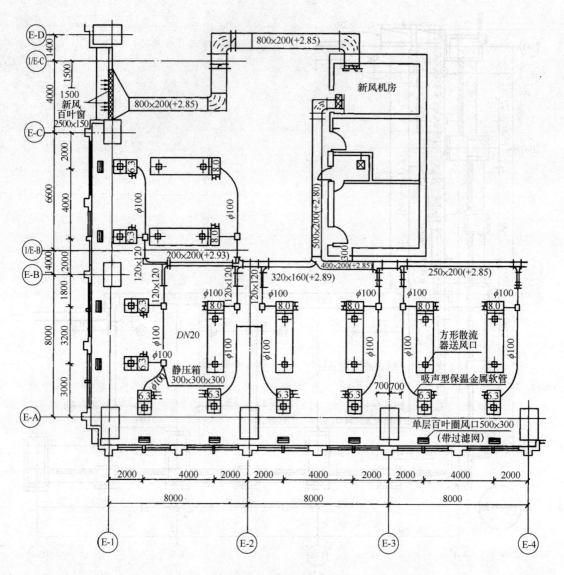

图 5-18　空调平面图（二）

风道送入各个空调房间，保证房间的新风和湿度要求。

从新风机房送出的新风管道，断面尺寸为 500mm×200mm，底标高为 +2.80m，送至各空调房间，末端管道断面尺寸为 120mm×120mm。设置 300mm×300mm×300mm 的静压箱，接直径为 100mm 的圆形风管。在各空调房间设有风机盘管，利用方形散流器送风口 240mm×240mm 送风，利用单层百叶回风口 550mm×300mm 回风。室内空气由回风口进入吊顶，经过风机盘管处理（加热或冷却）后，由送风口送入室内，不断循环往复，以保证室内的设计温度要求。

房间的风机盘管是根据室内的设计负荷确定。本图所示的工程风机盘管为卧式安装型，图中风机盘管型号为 FP6.3WA，FP 指风机盘管机组，6.3 指名义风量，即风量为 6.3×100m³/h＝630m³/h，A 指暗装，W 指卧式。

3. 通风与空调系统剖面图

剖面图是表示通风与空调系统管道和设备在建筑物高度上的布置情况,并注明有相应的尺寸。在剖面图中,建筑物的建筑轮廓线也是用细线绘制的,而剖切出的通风空调系统管道是用粗线绘出的。剖面图中应标注建筑物地面和楼面的标高,应标注通风空调设备和管道的位置尺寸和标高,标注风管的截面尺寸,标出风口的大小。

4. 通风与空调系统轴测图

系统轴测图又叫透视图。通风与空调系统管路纵横交错,在平面图和剖面图上难以表达管线的空间位置。通风与空调系统轴测图是表示通风与空调系统管道和设备在空间的立体走向,并注有相应的尺寸。系统图是把整个通风与空调系统的管道、设备及附件采用单线图或双线图,用轴测投影方法形象地绘制出风管、部件及附属设备之间的相对位置的空间关系,如图 5-19 所示。

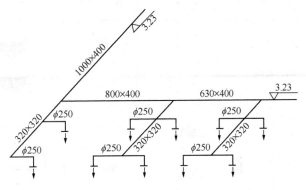

图 5-19 空调系统轴测图

在系统轴测图中,要标出通风与空调系统的设置编号,如空调系统 K—1、新风系统 X—1、排风系统 P—1、排烟系统 PY—1 等。要画出系统主要设备的轮廓,注明编号或标出设备的型号、规格等。画出通风空调管道及附件,标注通风管断面尺寸和标高,画出风口及空气的流动方向。

5. 详图

详图是表示通风与空调系统设备的具体构造和安装情况,并注明相应的尺寸。详图上可表明风管、部件及附属设备制作安装的具体形式和方法,在通风与空调工程中,常需画出如制冷机房的安装详图、新风机房的安装详图等。通风空调系统设备及附件安装可选用标准图,需注明标准图编号。对于特殊性的工程设计,则由设计部门设计施工详图,以指导施工安装。

5.4 电气系统施工图

电在人们的生产、生活中起着极其重要的作用。在工程建设中,电气设备及其安装是必不可少的。电气设备一般可分为:照明设备,如节能灯等;电热设备,如电热水器等;动力设备,如电动机等;弱电设备,如电话等;防雷设备,如接闪器等。本节主要介绍照明设备、防雷设备和弱电系统的电气施工图。

5.4.1 图例与符号

电气系统施工图中的各电气元件线路一般都采用图例与符号来表示。表 5-4~表 5-9 分别列出了常用的电气图形符号、电气设备图形符号、导线型号的代号表、导线敷设方式的文字符号表、导线敷设部位标注文字符号表和灯具安装方式标注的文字符号表。

常用电气图形符号　　　　表 5-4

名称	图例	名称	图例	名称	图例
配电箱	▬	普通照明灯	 ⊗	明装单极开关	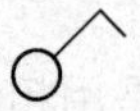
电度表	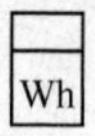 Wh	单管荧光灯	 ⊢──┤	暗装单极开关	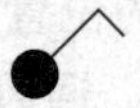
接地线	 ⏚	双管荧光灯		暗装双极开关	
熔断器	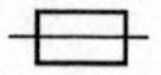	壁灯		暗装三极开关	
明装单相双极插座		吸顶灯		暗装四极开关	
暗装单相双极插座		一根导线	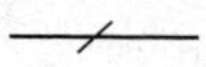 ─/─	接线开关	
暗装单相三极插座		两根导线	 ─//─	延时开关	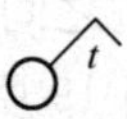 t
电话插座	 TP　TP	三根导线	 ─///─	向上引线 向下引线	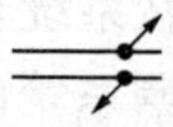
电视插座	 TV　TV	n 根导线	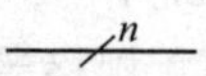 ─/ⁿ─	由上引线 由下引线	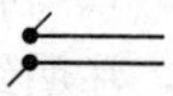

常用电气设备文字符号　　　　表 5-5

文字符号	设备装置及元件	文字符号	设备装置及元件
AH	35kV 开关柜	SF	控制开关
AL	照明配电箱	SB	按钮开关
BP	压力传感器	TA	电流互感器
BT	温度传感器	TM	电力变压器
FA	熔断器	TV	电压互感器
PA	电流表	WL	照明线路
PJ	电度表	X	插头
PV	电压表	XD	插座、插座箱
QA	断路器		

常用导线型号的代号表　　　　表 5-6

文字符号	导线型号	文字符号	导线型号
BV	铜芯聚氯乙烯绝缘线	RVB	铜芯聚氯乙烯绝缘平型软导线
BLV	铝芯聚氯乙烯绝缘线	RVS	铜芯聚氯乙烯绝缘绞型软导线
BLX	铝芯橡皮绝缘线	BXF	铜芯氯丁橡皮绝缘线
RV	铜芯聚氯乙烯绝缘软导线	BLXF	铝芯氯丁橡皮绝缘线

常用导线敷设方式的文字符号表　　　　　　　　　　表 5-7

文字符号	敷设方式	文字符号	敷设方式
PR	塑料线槽敷设	M	钢索敷设
SC	穿焊接钢管敷设	DB	直埋敷设
PC	穿聚氯乙烯管敷设	CP	穿金属软管敷设
TC	电缆沟敷设	CE	电缆排管敷设
FPC	穿阻燃半硬聚氯乙烯管敷设	MT	穿电线管敷设
CT	电缆托盘敷设		

常用导线敷设部位标注文字符号表　　　　　　　　　　表 5-8

序号	名称	文字符号	序号	名称	文字符号
1	线吊式	SW	7	吊顶内安装	CR
2	链吊式	CS	8	墙壁内安装	WR
3	管吊式	DS	9	支架上安装	S
4	壁装式	W	10	柱上安装	CL
5	吸顶式	C	11	座装	HM
6	嵌入式	R			

灯具安装方式标注的文字符号表　　　　　　　　　　表 5-9

序号	名称	文字符号	序号	名称	文字符号
1	沿或跨梁（屋架）敷设	AB	7	暗敷设在顶板内	CC
2	沿或跨柱敷设	AC	8	暗敷设在梁内	BC
3	沿吊顶或顶板面敷设	CE	9	暗敷设在柱内	CLC
4	吊顶内敷设	SCE	10	暗敷设在墙内	WC
5	沿墙面敷设	WS	11	暗敷设在地板或地面下	FC
6	沿屋面敷设	RS			

5.4.2　电气系统施工图的内容

电气系统施工图的内容主要包括目录、电气设计说明、电气规格做法表、电气外线总平面图、电气系统图、电气施工平面图以及电气大样图。

1. 目录

一般与土建施工图同用一张目录表，目录应有编号、图纸名、张数、引用图集等内容。

2. 电气设计说明

电气设计说明都放在电气施工图之前，说明设计要求，如说明：

（1）电源来路、内外线路、强弱电及电气负荷等级。

（2）建筑构造要求、结构形式。

（3）施工注意事项及要求。

（4）线路材料及敷设方式。

（5）各种接地方式及接地电阻。

（6）需检验的隐蔽工程和电器材料等。

3. 电气规格做法表

主要是说明该建筑工程的全部用料及规格做法。

4. 电气外线总平面图

大多采用单独绘制，有的为节省图样就在建筑总平面图上标志出配线走向、电杆位置，就不单绘电气总平面图。如在旧有的建筑群中，原有电气外线均已具备，一般只在电气平面图上建筑物外界标出引入线位置，不必单独绘制外线总平面图。

5. 电气系统图

主要是标志强电系统和弱电系统连接的示意图，从而了解建筑物内的配电情况。图上标志出配电系统导线型号、截面、采用管径以及设备容量等。

6. 电气施工平面图

包括动力、照明、弱电、防雷等各类电气平面布置图。图上标明电源引入线位置、安装高度、电源方向；配电盘、接线盒位置；线路敷设方式、根数；各种设备的平面位置、电器容量、规格、安装方式和高度；开关位置等。

7. 电气大样图

凡做法有特殊要求而无标准件的，图样上就要绘制大样图，注出详细尺寸，以便制作。

5.4.3 7种常用电气施工图的识读

识读电气系统施工图应按以下步骤进行：（1）熟悉各种电气工程图例与符号。（2）了解建筑物的土建概况，结合土建施工图识读电气系统施工图。（3）按照设计说明→电气外线总平面图→配电系统图→各层电气平面图→施工详图的顺序，先对工程有一个总体概念，再对照着系统图，对每个局部进行细致的理解，深刻领会设计意图和安装要求。（4）按照各种电气分项工程（照明、动力、电热、弱电、防雷等）进行分类，仔细阅读电气平面图，弄清各种电气的位置、配电方式及走向，安装电气的位置、高度，导线的敷设方式、穿管管径及导线的规格等。

本节主要介绍配电系统图、配电平面图、车间动力线路平面图、电气系统图、电气外线总平面图、住宅照明线路平面图和建筑防雷接地工程图等7类常用电气施工图的识读。

5.4.3.1 配电系统图识读

识读配电系统图应注意：（1）电源进户线情况。（2）配电箱情况。（3）干线到支线情况。（4）支线到用电设备情况。

下面通过实例讲解怎样识读配电系统图，见图5-20。从图中可以看出以下内容：

1. 该照明工程采用三相四线制供电。

2. 配电箱动力线路采用 BV-(4×50)-SC80-FC，表示四根铜芯聚氯乙烯绝缘线，每根截面为 $50mm^2$，穿在一根直径为 80mm 的水煤气管内，埋地暗敷设，通至配电箱，内有漏电开关，型号为 HSL1-200/4P120A/0.5A。

3. 从总配电箱引至二、三、四层供电干线为 BV-4×50-SC70-WC，表示有四根铜芯聚氯乙烯绝缘线，每根截面为 $50mm^2$，穿在直径为 70mm 的水煤气管内，沿墙暗敷设。

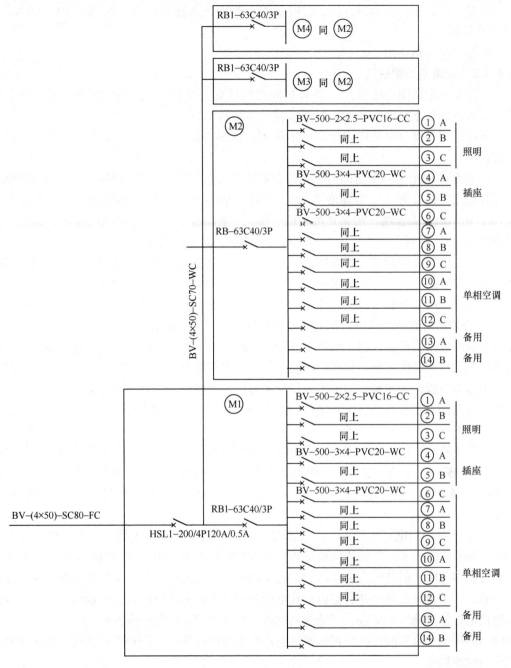

图 5-20 配电系统图

4. 底层为总配电箱，二、三、四层为分配电箱。每层的供电干线上都装有漏电开关，其型号为 RB1-63C40/3P。

5. 各配电箱引出 14 条支路。其配电对象分别为：①、②、③支路为照明和风扇供电，线路为 BV-500-2×2.5-PVC16-CC，表示两根铜芯聚氯乙烯绝缘线，每根截面为 2.5mm²，穿直径为 16mm² 的阻燃型 PVC 管沿顶板暗敷。

6. ④、⑤支路向单相五孔插座供电，线路为 BV-500-3×4²-PVC20-WC。

7.⑥、⑦、⑧、⑨、⑩、⑪、⑫向室内空调用三孔插座供电，线路为 BV-500-3×4-PVC20-WC。

8.⑬、⑭支路备用。

5.4.3.2 配电平面图识读

识读配电平面图应注意：1. 各楼层的照明灯具、控制开关、电源插座等的数量、种类、安装位置和互相连接关系。2. 各支路的连接情况。

下面通过实例讲解怎样识读配电平面图，见图 5-21～图 5-23。从图中可以看出以下内容：

1. 底层平面图中每个房间内都布置有单管荧光灯、吊扇、单相五孔插座、空调插座。荧光灯采用吊链安装，安装高度 3.0m，灯管功率 40W；吊扇采用吊链安装，安装高度 3.1m，用吊扇开关控制；吊扇开关采用暗装，安装高度 1.4m；单相五孔插座，暗装，安装高度 0.5m；空调用插座采用单相三孔空调插座，暗装，安装高度 1.8m。

2.④、⑦轴线间的房间内有四盏单管荧光灯，由南边门侧的暗装双极开关控制；吊扇两台，由南边门侧的两个暗装吊扇开关控制；接在②支路上。暗装单相五孔插座四个，接在④支路上；暗装单相三孔空调插座一个，接在⑥支路上。

3. 楼梯间对面的房间内有两盏单管荧光灯，由门旁的暗装双极开关控制，吊扇一台，用门旁的暗装吊扇开关控制，接在③支路上；暗装单相五孔插座三个，接在⑤支路上；暗装单相三孔空调插座一个，接在⑩支路上。走廊内布置有八盏天棚灯，吸顶暗装，每盏灯由一个暗装单极开关控制，两个出入口处各有一盏天棚灯，所有这些都接在①支路上。盥洗间内较潮湿，装有四盏防水防尘灯，用 60W 节能灯泡吸顶安装，各自用开关控制，接在①支路上。

4.①支路向一层走廊、盥洗室和出入口处的照明灯供电；②支路向⑦轴线西部的室内照明灯和电扇供电；③支路向⑦轴线东部Ｅ轴线南部的室内照明灯和电扇供电；④支路向⑦轴线西部的室内单相五孔插座供电；⑤支路向⑦轴线东部和Ｅ轴线南部单相五孔插座供电。

5. 由于空调的电流比较大，一般情况下一个支路上只有一个插座，有时也可有两个插座。如⑥支路向④、⑦轴线间的单相三孔空调插座供电，图中此处线路比较多，把⑥支路画在了墙体中，但其仍是沿墙暗敷；⑦支路向楼梯间北的三孔空调插座供电；⑧支路向东部Ｅ、Ｊ轴线间的两个办公室内三孔空调插座供电；⑨支路向Ｅ、Ｃ轴线间的三孔空调插座供电；⑩支路向东部Ａ、Ｃ轴线间的两个房间内三孔空调插座供电；⑪支路向②、④轴线间的两个办公室内三孔空调插座供电；⑫支路向西部Ｄ、Ｊ轴线间的两个办公室内三孔空调插座供电。

6. 各支路的连接，即①、④、⑦、⑩接 A 相，②、⑤、⑧、⑪接 B 相，③、⑥、⑨、⑫接 C 相。

5.4.3.3 车间动力线路平面图识读

识读车间动力线路平面图应注意：1. 文字符号的意思。2. 动力线路走向。3. 入室内总电柜的线路走向。

下面通过实例讲解怎样识读车间动力线路平面图，见图 5-24。从图中可以看出以下内容：

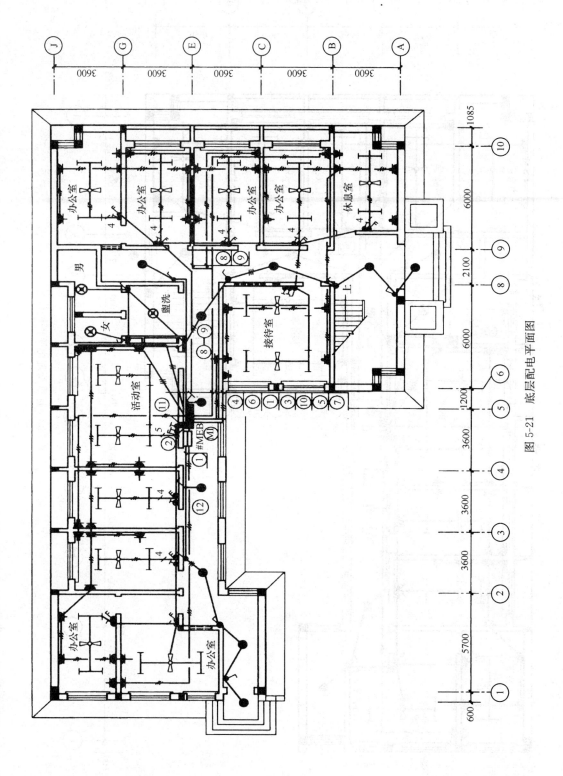

图 5-21 底层配电平面图

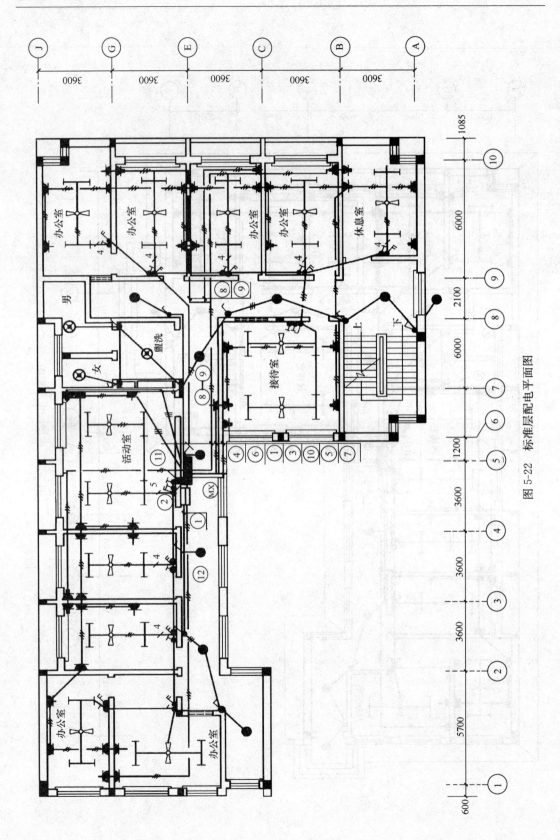

图 5-22 标准层配电平面图

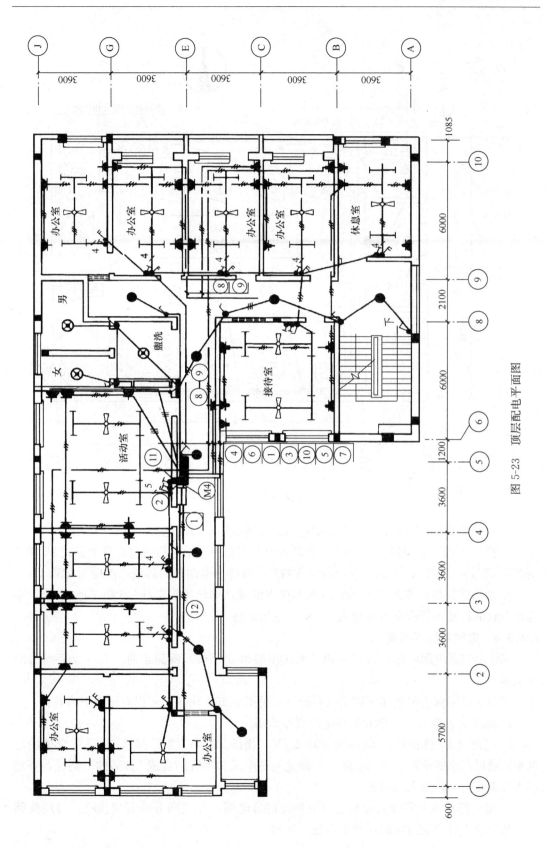

图 5-23 顶层配电平面图

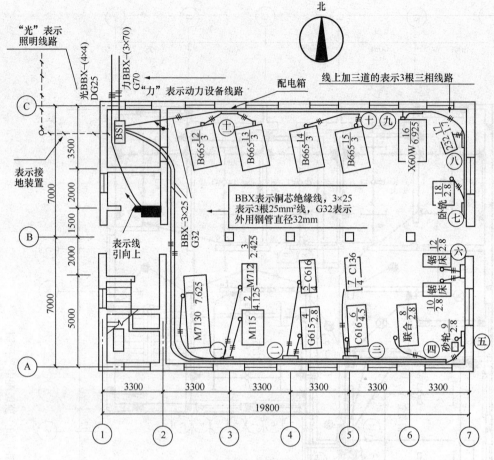

图 5-24 车间动力线路平面图

1. 室内共有 18 台设备，11 个分配电箱，分别供给动力用电。

2. 图中 M7130、M115、M712 三台设备由西南面一号配电箱供电，其中分式 1/7.625 及 2/4.125，3/2.425，意思是分子为设备编号，分母为电动机的容量，单位为 kW。

3. 动力线路由西北角引入 BBX（铜芯橡皮绝缘玻璃丝编织电线）3 根 70mm² 线，穿直径 70mm 焊接钢管敷设方式输入 380V 的三相电路。

5.4.3.4 电气系统图识读

识读电气系统图应注意：（1）电气系统图的组成。（2）线路走向。（3）文字符号的意义。

下面通过实例讲解怎样识读电气系统图，见图 5-25。从图中可以看出以下内容：

1. 此图为五层、三个单元的住宅电气系统图。

2. 进户线为三相四线，电压为 380/220V（相压 380V，线压 220V），通过全楼的总电闸，通过三个熔断器，分为三路：一路进入一单元和零线结合成 220V 的一路线，一路进入二单元，一路进入三单元。

3. 每一路相线和零线又分别通过每单元的分电闸，在竖向分成五层供电。每层线路又分为两户，每户通过熔断器及电表进入室内。

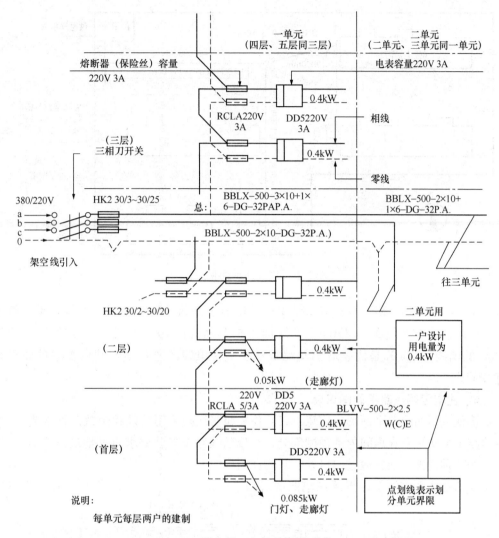

图 5-25 电气系统图

4. 首层中 BLVV-500-2×2.5W（C）E，意义是：聚氯乙烯绝缘电线 500V 以内 2 根 2.5mm² 线路用卡钉，沿墙、顶明敷。

5.4.3.5 电气外线总平面图识读

识读电气外线总平面图应注意：（1）电气外线图组成。（2）供电走向线路。（3）文字符号的意义。

下面通过实例讲解怎样识读电气外线总平面图，见图 5-26。从图中可以看出以下内容：

1. 该图是一个新建住宅区的外网平面图。图上有甲、乙、丙、丁四栋住宅，一栋门卫室。

2. 当地供电局供给的电源由东面进入门卫室，在门卫室内有总电闸控制，再把电输送到各栋住宅。院内有两根电杆，分两路线架空引入到甲、乙、丙、丁四栋住宅。

3. 图上标出了电线长度，如 $l = 27000mm$、15000mm 等，在房屋山墙还标出支架

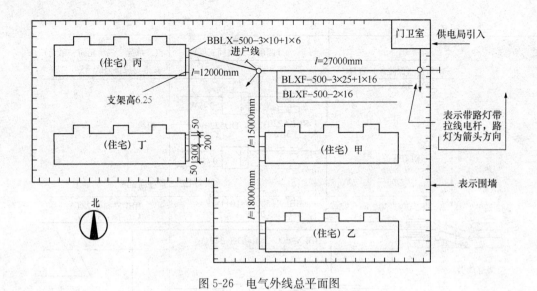

图 5-26　电气外线总平面图

高度 6.25m，其中 BLXF-500-3×25＋1×16 的意思是氯丁橡皮绝缘架空线，承受电压在 500V 以内，3 根截面为 25mm² 电线加 1 根截面为 16mm² 的电线，另外还有两根 16mm² 的辅线，BBLX 是代表玻璃丝编织橡皮绝缘电线的进户线，其后数字的意思与上述相同。

5.4.3.6　住宅照明线路平面图识读

识读住宅照明线路平面图应注意：（1）住宅照明线路采用暗敷和明敷两种方式。（2）这些线路平面实际是在房间内的顶棚部分，沿墙的线路按安装要求应离地最少 2m，在中间位置均在顶棚上。线路通过门口处实际均在门口的上部通过。

下面通过实例讲解怎样识读住宅照明线路平面图，见图 5-27。从图中可以看出以下

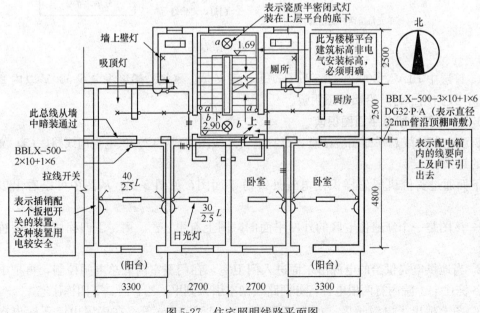

图 5-27　住宅照明线路平面图

内容：

1. 此图采用的是暗配管敷设。

2. 进线位置从西侧引入。

3. 在楼梯间有一个配电箱，室内有日光灯、吸顶灯、壁灯，楼梯间有吸顶灯，有插座、拉线开关，连接这些灯具线路的走向。

5.4.3.7 建筑防雷与接地工程图识读

雷云的放电是常见的自然现象，它所产生的强烈闪光、霹雳，有时落到地面上，会击毁房屋、杀伤人畜，其危害性与破坏性非常大。特别是高层建筑如何防雷，成为建筑电气设计中一个重要组成部分。

1. 建筑物易受雷击的部位

建筑物的性质、结构以及建筑物所处位置等都对落雷有着很大影响，特别是建筑物屋顶坡度与雷击部位关系较大。建筑物易受雷击部位如图 5-28 所示。

（1）平屋面或坡度不大于 1/10 的屋面——檐角、女儿墙、屋檐（见图 5-28a、b）。

（2）坡度大于 1/10 且小于 1/2 的屋面——屋角、屋脊、檐角、屋檐（见图 5-28c）。

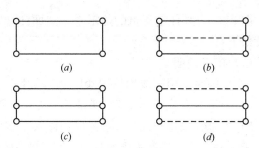

—— 易受雷击部位　--- 不易受雷击部位　○ 雷击率最高部位

图 5-28　建筑物易受雷击的部位

（3）坡度不小于 1/2 的屋面——屋角、屋脊、檐角（见图 5-28d）。

2. 建筑物的防雷装置

防雷装置主要包括接闪器、引下线和接地装置三部分：

（1）接闪器。直接接收雷击的金属导体称为接闪器。它能将空中的雷云电荷接收并引入大地。接闪器一般有接闪针、接闪带（网）、架空接闪线，以及用作接闪的金属屋面和金属构件等。所有接闪器都必须经过接地引下线与接地装置相连接，共同组成防雷装置。接闪器比较常用的是接闪针和接闪带（网）。

接闪针宜采用镀锌圆钢（针长 1m 以下时，直径不小于 12mm；针长 1～2m 时，直径不小于 16mm）制作。可安装在电杆（支柱）、构架或建筑上，下端经引下线与接地装置焊接。接闪带（网）是建筑物防雷较普遍采用的方法。接闪带一般应采用直径不小于 8mm 的圆钢或截面不小于 48mm²、厚度不小于 4mm 的扁钢制作。接闪带应按图 5-28 所示沿屋角、屋脊、屋檐和檐角等易受雷击部位敷设，高出屋面 100～150mm，支持卡间距为 1～1.5m。

（2）引下线。连接接闪器与接地装置的金属导体，一般采用圆钢或扁钢制作。所用圆钢直径不应小于 8mm，扁钢截面不应小于 48mm²，厚度不小于 4mm。当引下线沿建筑物外墙明敷时，以最短路径接地，固定点间距为 1.5～2m。也可以利用建筑物的金属构件或钢筋混凝土柱内钢筋作为引下线，但所有金属部件之间必须焊接连成电气通路。

（3）接地装置。对埋入地下的接地体和垂直打入地内的接地体的总称。它的作用是把引下的雷电流流散到大地土壤中去。接地体宜采用圆钢、扁钢、角钢或钢管。圆钢直径不小于 10mm；扁钢截面不小于 100mm²，厚度不应小于 4mm；角钢厚度不应小于 4mm；钢管壁厚不应小于 3.5mm。

接地体有垂直接地体和水平接地体。垂直接地体的长度一般为 2.5m，其顶距地面可取 0.6～0.7m。水平及垂直接地体应离建筑物外墙、出入口、人行道不小于 3m，以防雷击时跨步电压伤人。

3. 建筑防雷接地工程图的识读

建筑防雷与接地工程图一般包括防雷工程图和接地工程图两部分，及施工说明与个别详图。

图 5-29 为某住宅建筑的防雷平、立面图和接地平面图，并附有施工说明。现对该图识读如下：

（1）施工说明

1）接闪带、引下线均采用 Φ10 镀锌圆钢。

2）引下线在地面上 1.7m 至地下 0.3m 一段，用 Φ50 硬塑料管保护，防机械损伤。

3）本工程采用－25×4 镀锌扁钢做水平接地体。围绕建筑物一周埋设，其接地电阻不大于 10Ω。施工后达不到要求时，可适当增设接地极。

（2）防雷工程图

防雷工程图由接闪器和避雷网的平面图、立面图与侧立面图组成。

1）屋面图

该住宅防雷采用沿屋面四周女儿墙顶和楼梯间小屋面四周墙顶敷设避雷带。避雷带采用 Φ10 圆钢。屋面避雷带与高出的小屋面避雷带牢固相连。引下线设置在 4 个墙角处，分别在两面山墙上敷设，并由此通向接地装置。

2）立面图

从立面图上可以看到避雷带敷设在女儿墙和突出的小屋面墙顶上，二者正面相连。避雷带用支持卡子固定，卡子间距为 1000mm。避雷带与引下线连接成一体。引下线敷设在山墙侧，采用 Φ10 圆钢制作，支持卡子间距为 1500mm。引下线与接地装置在断接卡子处连接。

3）侧立面图

将侧立面图与立面图对应来看，可清楚地看到避雷带在山墙顶和小屋侧面墙顶的敷设位置；有连接避雷带的引下线 4 条，位于山墙侧，与接地体在断接卡子处相连。

（3）接地工程图

接地工程图是通过基础平面图和它的详图来表达的。

由图 5-29 中的基础平面图可知，该住宅建筑接地体为水平接地体，且敷设于建筑基础四周，形成一个环形闭合的电气通路，并且在靠外基础墙面处与引下线相接于断接卡子处。接地装置施工应在基础完工后，还未回填土之前进行，所以要和土建施工配合好。

基础详图给出了接地装置的埋设深度和断接卡子的高度。在女儿墙压顶处，画出避雷带、支架和螺栓的安装尺寸和材料规格。图 5-30 为断接卡子连接示意图。

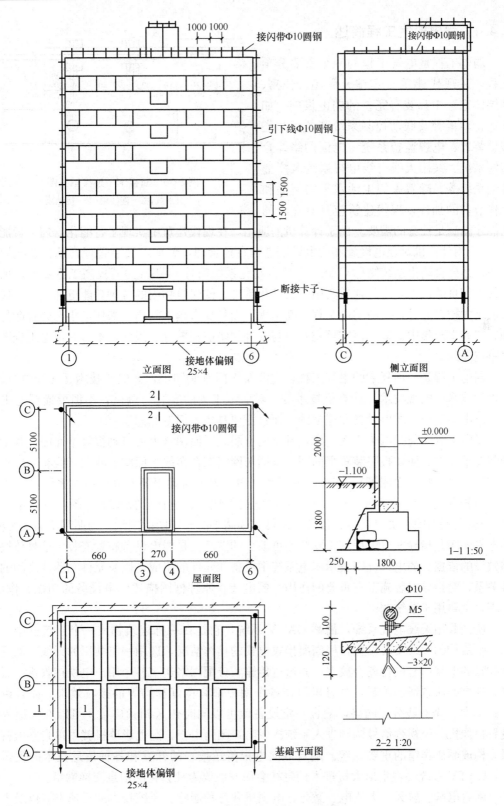

图 5-29 建筑物防雷接地工程图

5.4.4　弱电电气工程简述

弱电工程是电气工程的一个重要分项工程，在现代建筑（宾馆、商场、公寓、高层住宅）中都装有完善的弱电设施。如火灾自动报警及联动控制系统装置、防盗报警装置、电视监控系统、电话网络综合布线系统、共用天线有线电视系统及广播音响系统等。随着人们生活水平的提高和工作节奏的加快，现代建筑应具有完善的

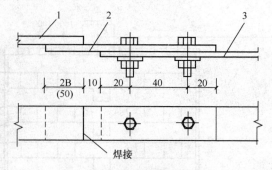

图 5-30　断接卡子连接示意图
1—引下线；2—连接板；3—接地线

功能才能满足社会的需要。由于计算机的应用，在现代建筑中实现了智能化管理（智能化大楼），用计算机对强电设施和弱电设施进行自控管理，例如，楼宇管理自动化系统简称 BAS，办公自动化系统简称 OAS，通信自动化系统简称 CAS。为了提高工作效率，加强与外界信息的传递，现代建筑实施了自动化管理，使建筑物内的各种功能更加完善，成为智能化大楼。此外，新的弱电工程不断出现，而且要求越来越高，如住宅小区的智能化管理、三表出户集中计量、楼宇可视对讲与红外线防盗报警等。因此，本节对弱电工程图做一重点介绍。

弱电工程是一项复杂的电气工程，它涉及多门专业知识，如电子技术、无线电技术、电声学技术、电视技术、计算机技术等。对弱电工程的安装与调试，不但要懂弱电平面图、弱电系统图、弱电设备原理框图，而且需要具备各门专业知识。

弱电工程图与强电工程图一样，常见的有弱电平面图（火灾自动报警平面图、联动控制装置平面图、防盗报警装置平面图、电话与网络综合布线平面图、共用天线有线电视平面图、广播音响平面图等）、弱电系统图和框图（火灾自动报警及联动控制系统图、火灾自动报警及控制原理框图、共用天线有线电视系统图、电视监控系统框图、电话系统图等）、弱电平面图是决定装置、设备、元件和线路平面布置图的图纸，与照明平面图类似。弱电平面图是指导弱电工程施工安装不可缺少的图纸，是弱电设备布置安装、信号传输线路敷设的依据。弱电系统图表示弱电系统中设备和元件的组成，以及元件和器件之间的连接关系，对指导安装施工有重要的作用。弱电装置原理框图描述弱电设备的功能、作用、原理，主要用于系统调试。

所谓共用天线电视系统，简称 CATV 系统，它是在一栋建筑物或一个建筑群中，挑选一个最佳的天线安装位置，根据所接收电视的具体情况，选用一组共用的天线，然后将接收到的电视信号进行混合放大，并通过传输和分配网络送至各个用户电视接收机。很明显，这个办法省钱、美观，并且可以使各个用户都有良好和均等的接收效果。而且由于CATV 是一个有线分配网络，配合一定设备就可以同时传送调频广播。可以在大厦入口设置摄像机，经视频信号调制进入系统构成防盗闭路电视，配上影碟机就可以自办电视节目，构成酒店宾馆的重要系统。随着双向电视传送技术的开发和各种信息技术的飞跃发展，CATV 系统必将走出大楼进入信息社会而发展成为社会化的信息交换网络。

随着电脑、航天、无线电、激光、电视机和各种遥感、遥控技术的迅速发展以及人类社会的高度信息化，现代通信技术正在发生深刻的变化，无线电话、激光电话、电视电

话、电脑电话，以及各种功能的传感电话已经相继问世，它展示了人类信息社会发展的光辉前景。现代建筑，特别是商业性现代建筑是人员社交活动频繁的地方，因此也是信息社会的一个集中点。通信技术对于现代建筑就犹如耳目对人体一样，是一项至关重要的技术装置，因此应当尽量采用现代化的通信设备。

建筑电讯工程主要包括电话、电传、无线传呼等。

电声学包括了传声器或声音再生装置、功率扩大装置到扬声装置以及各种设备和空间音场的组织，高层建筑的声场设计主要包括有线广播、背景音乐、客户音乐、舞台音乐、多功能厅的扩音系统以及会议厅的扩声和同声传译系统等。

由于高层建筑人员集中，疏散不易，因此消防扑救十分困难。为了追求经济效益，有些建筑将变配电设备安装在地下室，这就增加了建筑的火灾危险性和消防扑救的难度，而且地下室的热浪、浓烟以及能见度差都会给消防工作带来许多困难，妨碍消防人员迅速找出起火部位。此外，由于当前采用的装饰材料大多为化学合成物质，燃烧时散发的有毒气体有致命的危险，因此早期火情自动报警极为重要。火灾自动探测报警系统用以监视安装现场的火情，以通知消防控制中心及时处理并自动执行消防的前期准备工作。火灾自动报警与自动灭火装置联动，组成火灾自动报警灭火系统。

5.4.5 电话通信系统施工图

电话通信系统由电话交换设备、传输系统和用户终端设备三部分组成，是各类建筑物的必备设备。交换设备主要是电话交换机，是接通电话用户之间通信线路的专用设备。电话传输系统传输媒介分为有线传输和无线传输，有线传输按传输信息工作方式又分为模拟传输和数字传输两种。普通电话采用模拟语音信息传输，程控电话交换机则采用数字传输各种信息。用户终端设备是指电话机、传真机、计算机终端等。

如果与交换机连接的是一个小的内部系统，这台交换机被称为总机，与它连接的电话机被称为分机，如果电话机直接到电话局的交换机上，这样的电话被称为直拨电话。

交换机之间的线路是公用线路，由于各部电话机不会都同时使用线路，因此公用线路的数量要比电话机的门数少得多，一般只有电话机门数的 10‰左右、由于这些线路是公用的，就会出现没有空闲线路的情况，这就是占线。

如果建筑内没有交换机，那么进入建筑物的就是直接连接各电话机的线路，建筑物内有多少部电话机，就需要有多少条线路引入。

5.4.5.1 电话机的分类

自电话机发明以来，从模拟电话机发展到今天的数字电话机，新技术的出现和应用层出不穷。

1. 模拟电话机

模拟电话机传输的信号是模拟信号，在连续的时间内对语音进行处理变为电信号传送给对方，电话机的送话器是对语音进行处理的设备。连续时间内处理的信号称为连续的模拟信号，时间上不连续的称为离散的模拟信号。

现在许多家庭使用的普通话机就是模拟电话机。

模拟电话机有以下几种：

（1）拨号盘式电话机。拨号盘式电话机是利用电结构和声电互换原理来完成拨号、响铃、通话。它的优点是经济、耐用，现已很少使用。

（2）按键脉冲式电话机。按键脉冲式电话机采用导电橡胶作为接点和 CMOS 集成电路构成的电子拨号器，当按下数字键（0～9）时，就能发出相应的直流脉冲。脉冲式电话机由于采用全电子线路器件，一般都具有存储和重拨号码性能，有的还具有指示、扬声和音乐铃声装置，因此适合于办公室、住宅、公用电话服务站使用。

（3）双音多频（DTMF）式电话机。双音多频电话机的发话、受话、消侧音等电路与拨号式电话机相同，不同的是取消了拨号盘。而多音双频（DTMF）数字键盘，其信号由高低两个音频组成。用户每按一个数字键，它就向外线发出相应的双音频信号组，代表一位拨号数字或符号。

（4）无绳电话。无绳电话由主机和副机两部分组成。使用时将主机接入市话网内，副机由用户随身携带，可在离主机 200～300m 的任何地方，利用副机收听和拨叫市话网内电话用户。

2. 数字电话机

数字电话机是 ISDN 最常用的一种终端。它不仅能够提供基本的电话服务，而且还提供许多 ISDN 补充业务（图像、传真等）。数字电话机采用的是数字信号，数字信号是一种不连续变化的脉冲信号。

数字电话机在普通双绞线上实现端到端的全数字连接，适用于家庭用户、小型办公室和公司。

3. 程控交换机

（1）电话交换机的基本功能

电话交换机的任务是完成任意两个电话用户之间的通话连接。其基本功能有：呼出检出功能；接受被叫号码功能；对被叫进行忙、闲检测功能；如果被叫空闲则做好通话准备功能；向被叫振铃，向主叫送回铃声功能；被叫应答，通话功能；及时发现通话结束进行拆线功能等。

（2）程控数字交换机的服务功能

程控用户交换机是使用计算机进行程序控制，程控用户交换机可根据不同需要实现众多的服务功能，它的主要服务功能分为三大类。

1）系统功能

① 编号功能。程控交换机的编号方案可根据用户单位的具体要求来确定。

② 话务等级功能。程控交换机可以为每一个分机用户规定一个话务等级，确定其通话范围。

③ 直接拨入功能。具有直接拨入功能的数字交换机，外线用户呼叫时，可直接拨入所要的分机用户号码，系统可直接将外线用户与其所要的分机接通，无需话务员转接。

④ 迂回路由选择功能。如果交换机系统到同一目的地有多条路由，当主路由很忙时，其他路由都可作为迂回路由使用。

⑤ 截接服务功能。此功能也称为截答或中间服务。如果交换系统在接续过程中遇到空号、久叫不应、系统阻塞或主叫话务等级不够等情况，而使用户的呼叫不能完成时，则系统将会自动截住这些呼叫，并以适当的方式（一般专用信号音，但也可以由话务员处

理）向主叫用户说明未能接通的原因。

⑥ 数字号码转换功能。这一功能常用于不同交换机间的互联，它可以使分布在不同交换机上的用户之间相互透明拨号。

⑦ 等级设定功能。对分机用户设定功能等级加以限制，具有相应功能等级的分机用户才能有权使用相应的服务。

⑧ 铃流识别功能。根据呼叫类型向用户提供不同的振铃信号，使用户了解情况，作出相应处理，例如内线呼叫、外线呼叫、自动回铃功能产生的回叫等，其振铃信号都可以有所不同。

⑨ 超时功能。对操作设置时间限制，如果超时，不向该用户提供进一步服务，从而有效地利用系统公共的硬件、软件资源。

⑩ 集中用户交换机功能。该功能也叫做分区使用，指交换机上同一个区域内的分机可直接互相呼叫，不同区域的分机用户则要通过中继线拨号另一个用户所在区域的中继线号码进行呼叫。

2）话务台功能

① 显示功能。话务台上配有指示灯和数码显示器，可使话务员在进行电话接续时，了解用户和系统的当前状态信息。

② 简单的运行维护功能。如显示用户状态、更改用户电话号码。

③ 话务台专有的服务功能等。

3）用户功能

包括自动回铃功能、来电显示功能、电话转接功能、三方通话功能、跟随电话功能、无人应答呼叫转移功能、分组寻找功能、热线电话功能、呼叫代应功能、插入功能、电话会议功能、定时呼叫功能、恶意电话追踪功能、寻呼电话功能等。

4. 程控数字交换机

程控用户交换机按信息传送方式可以分为程控模拟交换机和程控数字交换机，由于程控数字交换机将程控、时分、数字技术融为一体，可灵活增加功能，提供服务项目多，便于维护管理，而且有可靠性高、通话质量好、体积小、耗电少、保密性强和便于向综合数字网方向发展等优点，与程控模拟交换机相比有更多的优势，因此程控数字交换机成为目前的主流交换机。程控数字交换机的结构分为话路设备和控制设备两部分，程控数字交换机的结构如图 5-31 所示。

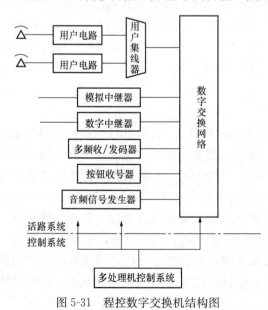

图 5-31　程控数字交换机结构图

5.4.5.2　建筑物内电话通信线路使用的器材

1. 电话电缆

电话系统的干线使用电话电缆。这里所说的干线是指同一起止点间的线路，室外埋地敷设时使用铠装电缆，架空敷设时用钢丝绳悬挂普通电缆或全塑自承电话电缆；室内埋地敷设时使用普通电缆。

常用电缆有：HYA 型聚烯烃绝缘挡潮层市内通信电缆、HPVV 型铜芯全聚氯乙烯配线电缆、HYV 型铜芯聚乙烯绝缘聚氯乙烯护套室内电话电缆和 HPVC 型阻燃护套室内电话电缆。

电缆内电话的对数有 5～2400 对多种，线芯直径有 0.5mm 和 0.4mm 两种规格。

在选择电缆时，电缆对数要比实际设计用户数多 20％左右，作为线路增容和维护时使用。

2. 电话线

电话线暗敷设在线管内，常用的电话线是 RVB 型铜芯聚氯乙烯绝缘平行软导线或 RVS 型铜芯聚氯乙烯绞形软线，规格为 $2×0.2～2×2.5\text{mm}^2$，也可以使用其他型号的双绞线。

3. 光缆

光缆是数据通信中传输容量最大、传输距离最长的新型传输媒体。它的芯线是在特定环境下由玻璃或塑料制成，采用不同的包层、结构及护套制成光缆。

光缆的信号载体不是电子而是光，因此具有很高速率，信号传输速度可达每秒数百兆位，所以它具有很大传输容量。光缆按光纤种类分多模光纤及单模光纤。单模光纤用于局与局之间、局与用户之间的室外长距离传输，多模光纤用于室内传输。

4. 电话组线箱

电话系统进户电缆与户内主干线电缆连接要使用电话组线箱，也称为电话分线箱或电话交接箱。建筑物内电缆及电话线连接要使用电话组线箱，电话组线箱按要求安装在需要分接线的位置，建筑物内的电话组线箱暗装在楼道墙上，高层建筑物内有电话组线箱安装在电缆竖井中。电话组线箱的型号为 STO，有 10 对、20 对、30 对等规格，按需要分接线的进线数量选择适当规格的电话组线箱。电话组线箱用来连接导线，箱内装有一定数量的接线端子。

5. 电话出线盒

用户要安装电话出线盒，电话出线盒也称为用户出线盒。电话出线盒面板规格与室内开关插座面板规格相同，如 86 型、75 型等。电话出线盒面板分为无插座型和有插座型两种。无插座型电话出线盒面板只是一个塑料面板，中央留 1cm 的圆孔，管路内电话线与用户电话机线在盒内直接连接，适用于电话机位置距电话出线盒较远的用户，用户可以用 RVB 型导线做室内线，连接电话机接线盒。有插座型电话出线盒面板又分为单插座型和双插座型两种。如果电话出线盒面板上使用通信设备专用 RJ-11 插座，则要使用带 RJ1-11 插头的专用导线与之连接，新电话机都使用这种插头连接电话机话筒与机座。使用插座型面板时，管路内导线直接接在面板背面的接线螺钉上，插座上有 4 个接点，接电话线使用中间两个。

5.4.5.3　电话通信系统施工图

1. 电话通信系统施工图常用图形符号

电话通信系统施工图常用图形符号见表 5-10。

序号	图例	说明	备注
		电话通信系统常用图形符号	表 5-10
1	 ⊠	架空交接箱	
2	 ⊠	落地交接箱	
3	 ⊠	壁龛交接箱	
4	 ⊠	墙挂交接箱	
5	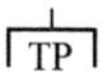 TP	地面安装的电话插座	
6	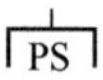 PS	直通电话插座	
7	⊕	室内分线箱	可加注 $\dfrac{A-B}{C}D$
8	⊖	室外分线箱	A：编号 B：容量 C：线号 D：用户数
9	PBX	程控交换机	
10	•	电话出线盒	
11	☎	电话机	
12	 ⊡	电传插座	
13	▭	传真收报机	

2. 电话通信系统施工图主要包括电话系统图和电话平面图

某住宅楼电话通信系统施工图如图 5-32 所示。

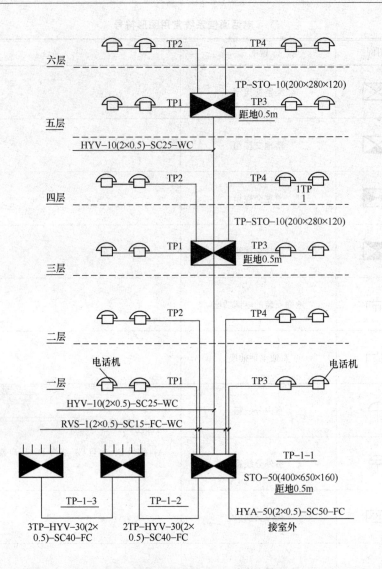

图 5-32　某住宅楼电话通信系统施工图

从施工图中可以看到，进户使用 HYA 型电话电缆，埋地敷设，规格为 50 对线 2×0.5mm² 电缆。电话组线箱 TP-1-1 为一个 50 对线电话组线箱，型号为 STO-50。进线电缆通过 STO-50 组线箱将信号分送到各单元。单元干线使用 HYV 型 30 对电缆。从电话组线箱 TP-1-1 引出一、二层用户线，各用户线使用 RVS 型双绞线，每条为 2×0.5mm²。在三层和五层各设一个电话组线箱，型号为 STO-10（10 对线电话组线箱）。从三层及五层电话组线箱引出用户线至上层各 2 户的用户电话出线盒，用户线均使用 RVS 型 2×0.5mm² 双绞线。

从施工图中可以看到，电话组线箱安装在楼道内，每户有两个电话出线盒，两个电话出线盒为并联关系。

某住宅楼的弱电系统平面图如图 5-33 所示，从图上可看出用户电话出线盒的具体安装位置。

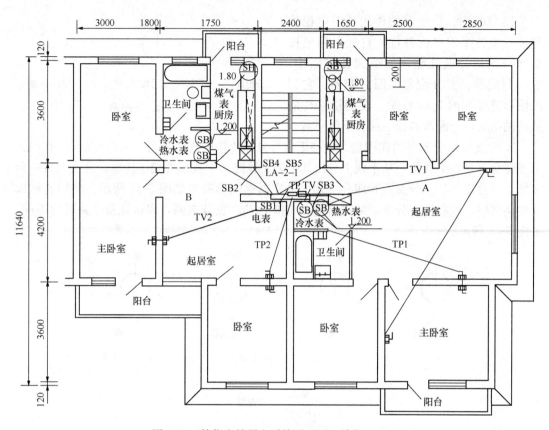

图 5-33 某住宅楼弱电系统平面图（单位：mm）

5.4.6 室内有线电视系统施工图

5.4.6.1 室内有线电视系统所用到的器件及其图形符号

室内有线电视系统施工图与室内电话系统施工图表达方法类似，其图形符号如表 5-11 所示。

室内有线电视和电话系统器件及其图形符号
表 5-11

序号	图例	名称	序号	图例	名称
1		壁龛电话交接箱	10		三分支器
2		落地电话交接箱	11		四分支器
3		二分配器	12		放大器
4		三分配器	13		电话机
5		四分配器	14	VP	共用电视天线分配器箱
6		终端串接电阻	15	FD	宽带网楼层配线架
7		用户输出端	16	TV	电视插座
8		一分支器	17	TP	双联电话插座
9		二分支器	18	TO	信息输出端

1. 分配器。分配器的作用是将电视信号分配给各个用户的器件；它把一路电视信号平均地分成几路，传输到各支路中。有二分配器、三分配器、四分配器。它们的图形符号如图 5-34 所示。在使用这种形式的网络时，分配器的任一端口不能空载。

二分配器 三分配器 四分配器

图 5-34 分配器

2. 分支器。分支器的作用也是一种把信号分开传输的连接器件，与分配器不同的是，分支器是串接在干线里，从干线上分出几个分支线路，干线还要继续传输。分支器有一分支器、二分支器、三分支器和四分支器。分支器的图形符号如图 5-35 所示。使用这种形式的网络时，最后一个分支器的输出端必须接上 75Ω 负载电阻，以保证整个系统的匹配，如图 5-36 所示。

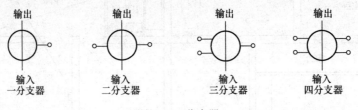

图 5-35 分支器

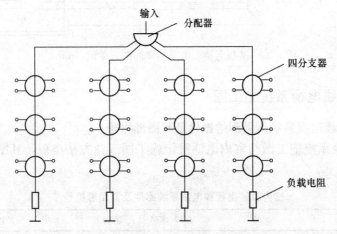

图 5-36 分支器终端上串接的负载电阻

3. 放大器。放大器的作用是放大电视信号。放大器的放大倍数叫增益，单位用 DB 表示。

4. 传输线。电视信号使用专门的传输线传输，有线电视室内传输线通常使用阻抗为 75Ω 的同轴电缆。

5.4.6.2 室内有线电视系统施工图的识读

室内有线电视图包括平面图和有线电视系统图。平面图主要表明楼层内配线箱及电视插座的位置、从配线箱到电视插座的传输线的走向。而系统图则表明整个楼房的电视信号传输电缆的接入、信号从接入端到各户的分配及传输、线路的敷设情况等。图 5-39 为某四层住宅楼的有线电视系统图。

从图 5-37～图 5-39 可知，住宅楼有线电视引入线采用两根直径为 9mm 的同轴电缆

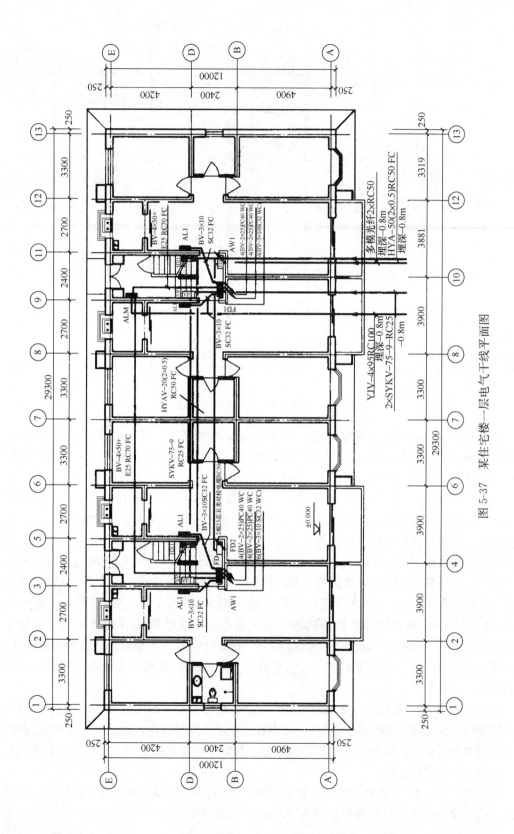

图 5-37 某住宅楼一层电气干线平面图

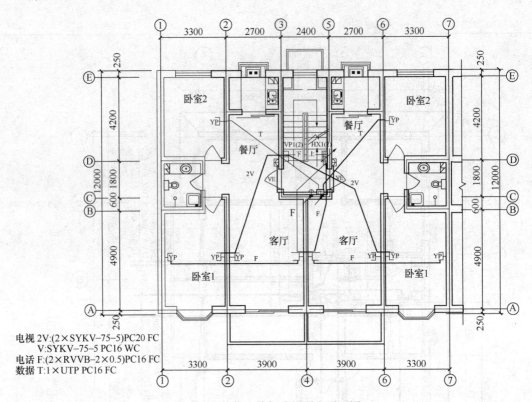

图 5-38　某住宅楼标准层弱电平面图

（2×SYKV-75-9）电视电缆，分别穿直径为 25mm 的水煤气干管，从⑩号轴线墙左边、房屋南侧地下（标高为-0.8m）引入地下室，然后向上进入主分配器箱 VP1，主分配器箱 VP1 的箱体尺寸 250mm×400mm×160mm，安装在楼梯间左侧⑨号轴线墙上，箱底距地 0.5m 暗装。箱内安装有一只二分配器和一只四分支器。由二分配器分出两路，一路接箱内的四分支器，另一路向左通往西边单元的分支器箱 VP2（安装在③号轴线墙壁上）。箱内的四分支器分出四条支钱，每户两条支线。经过四分支器后单元干线继续向上通往二层有线电视分支器箱 VP2，VP2 箱体尺寸 250mm×300mm×160mm，箱底距地 0.5m 暗装。二层到四层每层都装有一个分支器箱，箱内装有一只四分支器，每户有两条分支线。从一层的主分配器箱到二层的分支器箱的干线电缆采用 SYKV-75-9，穿钢管沿地沿墙暗敷（SC25 FC，WC）。从二层分支器箱到四层分支器箱的干线电缆采用 SYKV-75-5 同轴电缆，穿直径为 20 的钢管沿墙暗敷（SC20 WC），而从每层的分支器箱到户内的电视插座，则采用两根同轴电缆（2×SYKV-75-5），穿直径为 20mm 的聚氯乙烯硬质塑料管沿地板暗敷（PC20 FC）。

　　从图 5-38 可知，每层的分支器箱（VP2）安装在楼梯间左侧的墙上。对于左边一户，由 VP2 向左引出二根电视电缆，穿在一根聚氯乙烯硬质塑料管中，到达客厅左侧墙侧面，其中一根电缆接到客厅插座，另一根连接卧室 1 与客厅一墙之隔的另一个插座。右边单元与左边单元电缆走法相仿。

　　图 5-40～图 5-42 为某物业楼的电视工程图。从图 5-40 可知，有线电视由室外有线电视网接口引来，进楼处预埋两根直径为 40mm 的水煤气钢管（RC40）。从图 5-41 可知有

线电视入口位于房屋左侧，通过 SYWV-75-12 电缆引到位于走廊②~③号轴线之间的墙上的主分支分配箱 VP1-1，箱内装有一只放大器及电源、一只二分配器和一只四分配器。电视信号在主分支分配箱内放大，并通过二分配器分成两路，一路引到一层走廊右端 B 轴线墙上的另一个分支分配箱 VP1-2，一路接箱内的四分支器，经四分支器后继续向上进入二层分支分配箱 VP2-1。二、三层的分支分配箱各安装两个四分支器。从一层到三层间的电缆采用 SYWV-75-9，穿直径为 25mm 的焊接钢管。从每层的分支分配箱到电视插座之间的电缆采用 SYWV-75-5，穿直径为 15mm 的焊接钢管。

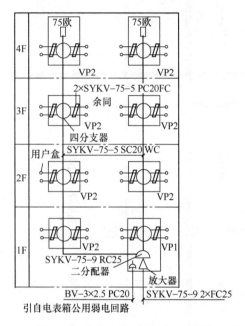

图 5-39 某住宅楼有线电视系统图

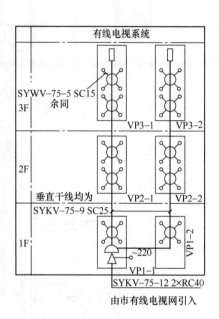

图 5-40 某物业楼电视系统图

从图 5-41 可知，从一层主分支分配箱内共引出 5 条线路，其中 1 条连接一楼的另一个分支分配箱 VP1-2，另外 4 条分别连接办公室 1、办公室 2、办公室 5、办公室 6 的四个电视插座；从一楼分支分配箱 VP1-2 引出 4 条线，分别连接办公室 3、办公室 4、办公室 7、办公室 8 的 4 个电视插座。

从图 5-42 可知，二、三层房屋结构相同。左边的分支分配箱 VP2,3-1 共引出 8 条线路，基中有 4 条分穿在两根钢管中，分别连接办公室 1、办公室 2、办公室 8、办公室 9 的电视插座。其他 4 条线路分别连接办公室 3、办公室 10、办公室 11、办公室 12 的电视插座；右边的分支分配箱共引出 8 条线路，分别连接办公室 4、办公室 5、办公室 6、办公室 7、办公室 13、办公室 14、办公室 15、办公室 16 的电视插座。

5.4.7 防盗安保系统施工图

防盗安保系统是现代化管理、监测、控制的重要手段之一，能防止对建筑物的非法入侵，对管理人员和设备的安全保护，监视系统能形象、真实地反映被监视控制的对象，提高管理效率和自动化水平。

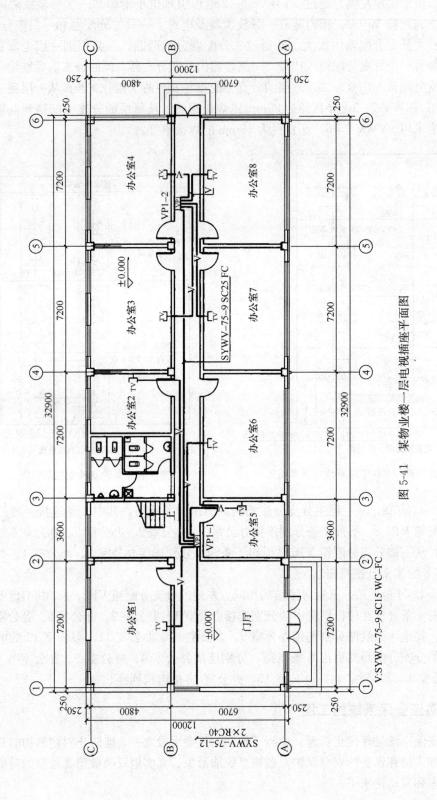

图 5-41　某物业楼一层电视插座平面图

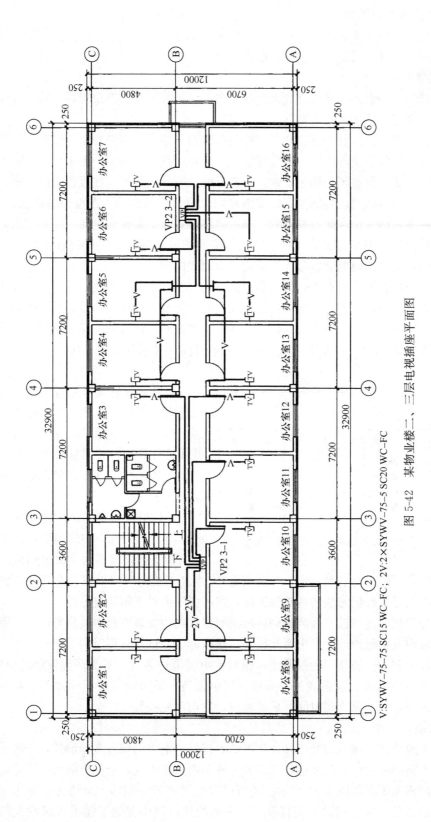

图 5-42 某物业楼二、三层电视插座平面图

V:SYWV-75-75 SC15 WC-FC; 2V:2×SYWV-75-5 SC20 WC-FC

5.4.7.1　防盗安保系统的内容

防盗安保系统主要有两大内容，其一是防盗报警系统，其二是监视及安全管理系统。主要有防盗报警器、电子门锁、摄像机、监视器等。

1. 防盗报警器

防盗报警器的种类很多，有红外线报警器、超声波报警器、微波报警器、玻璃破碎报警器、电磁式报警器、感觉式报警器等。

电磁式防盗报警器由报警传感器和报警控制器两部分组成。报警控制器设置有报警扬声器、报警指示、报警记录等内容；报警传感器主要是一只电磁开关，由永久磁铁和干簧管继电器组成。干簧管触点闭合则为正常，干簧管触点断开则报警。在报警器信号输入回路可以串若干个防盗传感器，传感器可以安装在门、窗、柜等部位。在报警布防状态时，当有人打开门或窗，则发出声光报警信号，显示被盗位置，记录被盗时间。

红外线报警器是利用不可见光——红外线制成的防盗报警器，是非接触警戒型报警器，可昼夜监控。红外线报警装置分为主动式和被动式两种。

主动式红外线报警器由发射器、接收器和信息处理器三个部分组成，是一种红外线光束截断型报警器。红外线发射器发射一束红外线光束，通过警戒区域，投射到对应定位的红外线接收器的敏感元件上，当有人入侵，红外线光被截断，接收器电路发出信号，信息处理器识别是否有人入侵，并发出声光报警，记录时间，显示部位等。接线图如图 5-43所示。

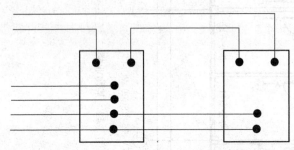

图 5-43　主动式红外线防盗报警器接线图

被动式红外线报警器不发射红外线光束，而是装有灵敏的红外线传感器，当有人入侵时，人身体发出的红外线被红外线传感器接收到，便立即报警，是一种室内型静默式防入侵报警器。

玻璃破碎报警器是一种探测玻璃破碎时发出特殊声响的报警器，主要是由探头和报警器两个部分组成。探头设在被保护的场所附近（玻璃橱窗、玻璃窗等），当玻璃被敲碎时，探头将其特殊的声响信号转化为电信号，经信号线传输给报警器，提示保安人员采取防盗措施。

超声波报警器利用超声波来探测运动目标。当建筑物内安装有超声波报警器时，发射器便向警戒区域内发射超声波，发出声光报警，显示部位，记录入侵时间。

微波报警器是利用微波技术的报警器，相当于小型雷达装置，不受环境气候的影响，工作原理是报警器向入侵者发射微波，入侵者反射微波，被微波控制器所接收，经分析后，判断有否入侵，并记录入侵时间，显示地点，发出声光报警。

2. 电子门锁

电子门锁一般设在大楼入口处或办公区域的入口处。电子门锁有多种形式，一种是采用数字编码，当密码按对后，门才能打开。另一种采用磁卡方式，当磁卡插入，门才能打开。磁卡电子门锁系统图如图 5-44 所示。还可以设置对讲机控制箱，来访者按探访对象的按钮，相互通话后，电子门锁方能打开。还有指纹锁，锁中存储了能进入房间人的指

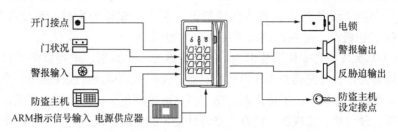

图 5-44 磁卡电子门锁

纹，当进入者的指纹与存储指纹一致时，锁方能打开。

3. 摄像机

监视系统中所用的摄像机有黑白摄像机和彩色摄像机，摄像机所使用的镜头有定焦距镜头、自动光圈的定焦距镜头及焦距、光圈均可遥控的变焦距镜头。

4. 云台

云台是监控系统的配套设备之一，它与摄像机的配合使用能扩大监视范围，提高摄像机的使用价值。云台的种类很多，有室外型和室内型，有手动固定式和遥控电动式等。电动式云台又可分为平摆式电动云台和全方位电动云台两种。

平摆式电动云台是以电动机为驱动，具有水平方向旋转能力的遥控电动云台，它能使安装在云台支架上的摄像机在预定的角度范围内进行录像或跟踪。水平方向的旋转角度可以通过机械限位预先设定，云台的垂直方向靠手工固定，在摄像机系统调试时按实际需要来调节固定。

全方位电动云台是以电动机作为驱动，云台具有水平和垂直两个相互独立的旋转自由度，通过两个自由度的旋转组合，使摄像机获得跟踪活动目标，或根据遥控信号，搜寻所在范围内的任一监控景物。

5. 监视器

监视器是监视系统的终端显示设备。整个系统的状态都体现在监视器的屏幕上，监视器是整个系统的关键设备之一。监视器有黑白和彩色两类，通过录像机还能把监视器中的内容记录在磁带上。

6. 视频信号分配与切换装置

视频信号分配器是将一路视频信号分配为多路信号，在视频信号分配时，要遵守信号幅度相适应和阻抗匹配的原则，否则会引起信号失真、反射和重影等。常用的有视频信号二分配器、视频信号四分配器等。

视频信号切换可手动切换或自动切换，自动切换器有继电器切换器、集成电路模拟开关切换器等。

7. 控制器

控制器一般都采用以微型计算机为中心的控制单元，视频信号切换、电动云台全方位转动、变焦镜头的控制都采用计算机自动控制。

5.4.7.2 防盗安保系统施工图的主要内容

防盗安保系统施工图主要有防盗报警系统框图、电视监视系统框图、保安巡逻系统框图、出入管理系统框图、车位管理系统框图、防盗监视系统设备及线路平面图。

平面图主要用于设备的安装和线路的敷设，配合土建预埋配管，系统框图可用于分析、了解系统工作概况，是系统调试不可缺少的图纸。

图 5-45 为某大楼防盗安保系统框图，图中有球形、半球形、电视摄像机和带云台的摄像机多台，经解码器、分配器至矩阵切换控制器，并有被动型红外线探测器配合报警，提醒值班人员注意观察。系统中还有传声器、扬声器，可使巡更人员与控制室联系，其他还有计算机、打印机、录像机、监视器、键盘，将每日发生的情况记录、打印下来，用以备查。

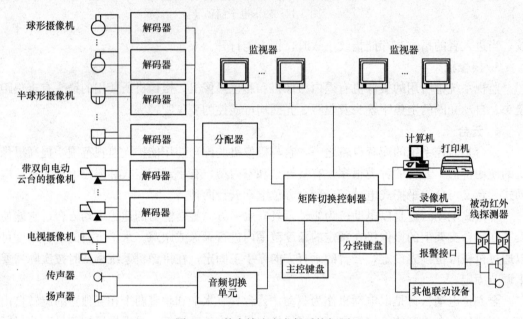

图 5-45　某大楼防盗安保系统框图

图 5-46 为某地下车库电视监视系统入口处部分。一个监视点，安装一个全方位云台和一个摄像机，敷设 2 根Φ25 的钢管，1 根钢管穿视频信号电缆 SYV-75-5，1 根钢管穿控制电缆 KVV-10×1.0。所有的控制电缆和视频电缆全部接至监控中心。

图 5-47 为某大楼电视监视及防盗报警系统图，控制室设置在一层，有控制器 1 台、14 英寸显示器 10 台、21 英寸显示器 2 台、16 画面分割器 2 台、录像机 2 台。一层楼面共有摄像机 12 台，其中 4 台带全方位云台，地下一层和二层有摄像机 9 台，二层以上每楼面有 3 台摄像机。在每层的重要部位（财务室、电脑机房、楼梯口等）还装有红外线、微波双监报警器，当有人入侵时报警，提醒值班人员注意。

5.4.8　火灾自动报警及联动控制系统图

火灾自动报警及联动控制系统图，主要由系统图、系统平面图组成，图中采用的设备均用图形符号表示，读图时应先熟悉图中列出的图形符号及其含义，才能更顺利地读懂图样。

1. 火灾自动报警及联动控制系统图

如图 5-48 所示为 JB-1501A 火灾自动报警及联动控制系统图，它主要由以下几部分组成。

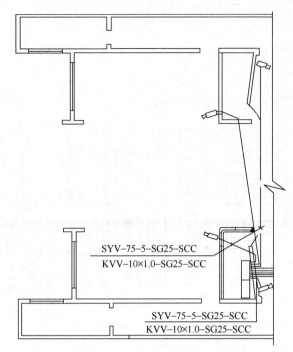

SYV–75–5–SG25–SCC
KVV–10×1.0–SG25–SCC

SYV–75–5–SG25–SCC
KVV–10×1.0–SG25–SCC

图 5-46 某地下车库电视监视系统（部分）

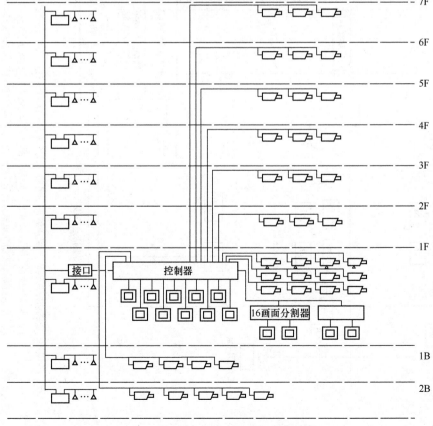

图 5-47 某大楼电视监视及防盗报警系统图

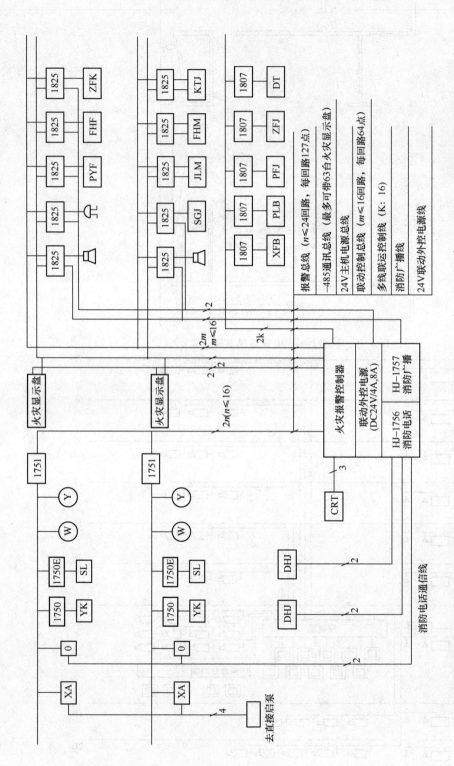

图例：Ⓨ 感烟探测器 Ⓦ 感温探测器 Ⓓ 手动报警按钮 ⊠ 消火栓按钮 1807 多线模块
　　　SL 水流指示器 YK 压力开关 1750 压力开关（配水流指示器）FHF 防火阀 ZFK 正送风阀 SCJ 声光警报器 PYF 排烟阀
　　　(75) 短路隔离器 DHJ 电话分离器 1750E 输入模块 1809 多线控制模块 1825 控制模块
　　　△ 广播喇叭　🔔 警铃　SCJ 声光警报器　PYF 排烟阀

　　　1807 多线模块　1750E 输入模块　FHM 防火门 JLM 卷帘门 KTJ 空调机
　　　ZFK 正送风阀（配水流指示器）FHF 防火阀 ZFK 正送风阀 XFB 消火栓系统 (配消火栓系统)
　　　XFB 消火栓系统 PLB 喷淋泵 PFJ 排烟泵 ZFJ 正送风机 DT 电梯

消防电话通信线

图 5-48　JB-1501A 火灾报警控制系统图

报警总线（m≤24回路，每回路127点）
-485通讯总线（最多可带63台火灾显示盘）
24V主机电源总线
联动控制总线（m≤16回路，每回路64点）
多线联动控制线（K：16）
消防广播线
24V联动外控电源线

（1）火灾探测器。在火灾初期阶段，一般会产生烟雾、高温、火光及可燃气体。利用各种不同敏感元件将探测到的各种火灾参数转换成电信号的传感器，称为探测器。从图5-48中可以读到感烟探测器、感温探测器、声光报警器的图形符号，其工作原理见有关资料。

（2）火灾报警控制器。火灾报警控制器主要由 JB-1501A 火灾报警控制器、联动外控电源［DC24V/4A（8A）］、HJ-1756 消防电话、HJ-1757 消防广播组成，是建筑火灾报警联动系统的核心部分。它起到将火灾探测器在监控现场检测到的火灾信号进行分析、判断、确认并发布控制命令的作用。

（3）火灾通报与消防系统。主要由消防广播、消防电话通信、声光报警器、手动报警、警铃、消防泵、喷淋泵等组成。

（4）联动系统。火灾自动报警及联动控制的对象有灭火设施（消防泵等）、防排烟设施、防火卷帘、防火门、水幕、电梯、非消防电源的断电控制等。

2. 火灾报警及消防联动控制系统楼层平面图

平面图所表达的是火灾探测器、消火栓按钮、火灾控制系统等器件的平面布置图，类似于电气照明平面布置图。通常是将建筑物某一平面划分为若干探测区域，所谓"探测区域"是指热气流或烟雾能充满的区域，该区域一般指建筑物内被墙壁隔开的房间，或在同一房间内被突出安装面（如横梁）隔开的区域。

图 5-49 所示的火灾自动报警及消防联动控制系统楼层平面图，是某大楼火灾报警及消防联动控制系统楼层平面布线图（镜像）。火灾报警线路中安装了感烟探测器、感温探测器、手动火灾报警按钮、警铃等元器件。

在平面图中，除了用图形符号表示火灾报警控制器所采用的各种设备外，还用文字符号说明不同设备的名称、安装位置、布线方式等。

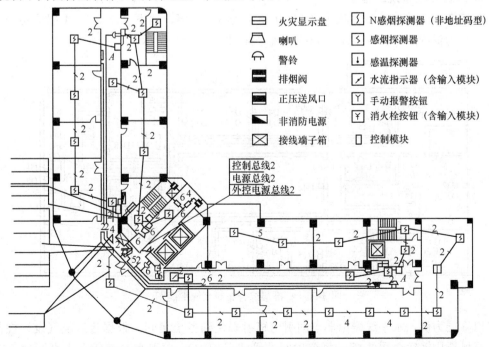

图 5-49　火灾自动报警及消防联动控制系统楼层平面图

5.4.9 综合布线系统工程图

1. 综合布线系统工程图常用图形符号

综合布线系统工程图常用图形符号见表 5-12。

综合布线系统常用图形符号 表 5-12

序号	图形符号	说　明	序号	图形符号	说　明
1	MDF	主配线架	8	■	综合布线接口
2	IDF	楼层配线架	9		计算机
3	CDF	建筑群配线架	10		摄像机
4	LIU	光缆配线设备	11		监视器
5	HUB	集线器	12		切换器
6		双口信息插座 CAT5I/O 五类信息插座 CAT3I/O 三类信息插座	13	LAM	适配器
7		单口信息插座			

2. 综合布线系统工程图

某综合办公楼建筑总面积为 2.26 万 m^2，地上 16 层，地下 2 层，1～4 层为裙楼，5 层以上均为标准层，标准层综合布线系统平面图如图 5-50 所示。

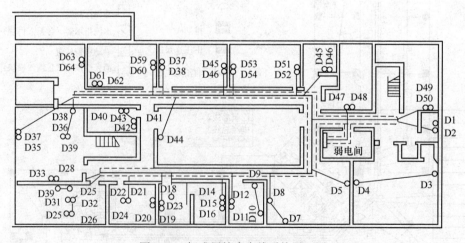

图 5-50　标准层综合布线系统平面图

以 6 层为例，水平线槽由弱电间引出辐射安装到各个房间。根据建筑电气设计规范，水平线槽选用镀锌金属线槽，每个房间的管线采用 JDG 薄壁型金属管，引至距地 0.3m

的信息插座、交换机均位于大楼 5 层，监控系统主机房位于 1 层大厅值班室，1～2 层为营业大厅。

该办公楼综合布线系统包括计算机网络系统、语言系统和保安监控系统三大部分。大楼的整个布线系统由工作区子系统、水平干线子系统、管理子系统、垂直干线子系统和主设备间子系统 5 个部分构成，充分考虑了高度的可靠性、高速率传输特性、可扩充性，并考虑到了与其他建筑物连接成建筑群布线系统的可能性。

计算机主干网采用适合光纤分布式数据接口（FDDI）标准的布线方式，使主网带宽达到 500Mb/s 以上，可高速传输数据及图像，能够大大提高信息传输质量和可靠性，同时，也考虑了各楼层工作站进入 FDDI 主网的通道。

计算机网络主干线系统采用光纤，所有与计算机网络相连的布线硬件均为 5 类（100Mb/s）产品，即 5 类信息插座、5 类快速跳线、5 类双绞线等，从而为高速数据传输打下基础。

电话系统由主机房统一管理，每条线路均按八芯配备，设计宽带为 10Mb/s，既满足了目前需求，又为将来发展多媒体数字电话打下基础。保安监控系统可传输视频监控信号及保安传感器信号，综合布线系统总体方案图如图 5-51 所示。

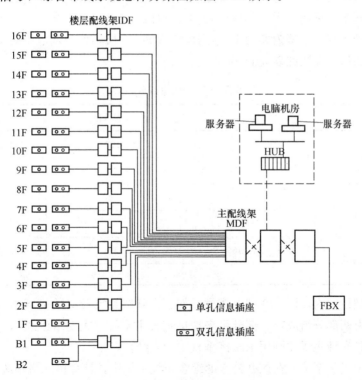

图 5-51　综合布线系统总体方案图

布线系统选用星型的物理结构，可以通过不同的适配器或网络设备构成不同的逻辑结构，既适合于电话系统的需求，又适合计算机网络系统、保安监控系统，以及楼宇控制系统的要求。整个布线系统的结构分为两级星型——主干部分为一级，水平部分二级。主干部分的星形结构中心在主机房，向各个楼层辐射，传输介质为光纤和大对数双绞线；水平部分的星形结构中心在各层配线间，由配线架引出水平双绞线到各个信息点，如图 5-52

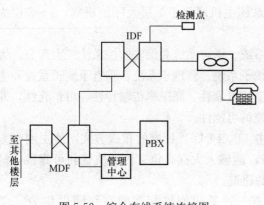

图 5-52 综合布线系统连接图

所示。这样便通过两级星形的两点式管理方式，实现了整个布线系统在连接、配置上的灵活性。

3. 综合布线系统子系统的构成情况

（1）工作区子系统。工作区子系统由各个办公区域构成，按具体需求分设 1～4 孔信息插座，5 类信息插座可支持 10Mb/s 及以下的高速数据通信、图像通信和语音通信。

每一信息插座，均可通过 400K 分插座支持一部低速数据终端或两部电话（终端）。

（2）水平干线子系统。根据该综合办公楼的具体土建结构特点、弱电间的位置、信息出口的位置，并考虑到端接裕量，水平干线子系统的平均长度为 45m，数据及视频传输采用超 5 类八芯双绞线，可支持 10Mb/s 传输速率。超 5 类双绞线具有很强的抗干扰性，具有很高的设备冗余，从而使系统具有很高的可靠性。

（3）管理子系统。在楼内共设 15 个弱电管理间（5 层不单设弱电管理间），各配线间的编号及管理的信息点数如表 5-13 所示。

管理子系统信息点分布 表 5-13

编 号	位置（层）	每层数量	备 注
F1	1	100	含地下 1 和地下 2 层
F2～F4	2～4	64	
F5	5	160	不单独设配线间
F6～F12	6～16	64	
F13～F16	13～16	50	
		1100	

在各层的配线间内，设 110 型电缆跳线架、光纤跳线架及必要的网络互联设备。110 型电缆跳线架由两部分组成：一部分用来端接垂直主干线（大对双绞线），另一部分用来端接水平干线。光纤跳线架则用来端接垂直主干光纤。

（4）垂直干线子系统。在该办公楼的综合布线系统中，计算机网络系统干线采用六芯 $62.5/125\mu m$，多模光纤光缆，传输速度可达 500Mb/s 以上。电话系统主干线采用 3 类 100 对大对数双绞线，每层由设备间配出一条线缆，可支持 10Mb/s 传输速率。保安监控系统采用 5 类 25 对双绞线缆，每层由配电间配了一条线缆，可支持 100Mb/s 传输速率。

（5）设备间子系统。计算机网络采用了 2 个光纤跳线架（400A2）对整个大楼内的计算机进行统一管理，通过简单的跳线管理，可很方便地配置楼内计算机网络的拓扑形式。

电话系统和保安监控系统仍采用 110 型电缆配线架，通过跳线进行管理。

5.5 燃气系统施工图

5.5.1 燃气系统概述

由于城镇燃气管网的建设以及为了给居民更为方便的生活设施，燃气安装已成为现代住宅建设的重要组成部分。燃气是优质而理想的燃料，它比液体、固体燃料的热能利用率高，燃烧温度高，火力调节容易，使用方便，易于实现燃烧过程自动化，燃烧无灰渣，清洁卫生，且可利用管道输送，故被人们在生活中广泛应用。

1. 燃气的种类与性质

燃气的种类主要有天然气、人工煤气、液化石油气和沼气四种。燃气的性质：一是毒性大；二是易燃易爆。特别是人工煤气具有强烈毒性，容易引起中毒事故。所以设计、安装、使用燃气供应系统，要特别重视安全要求。

2. 城市燃气的供应方式

天然气或人工燃气经过净化处理后输入城市管网。城市燃气管网一般包括街道燃气管网和庭院燃气管网。城市燃气按高压、中压、低压分段输送至用户，即燃气由街道高压管网，经燃气调压站，进入街道中压管网，然后又经过区域的调压站，进入街道低压管网，再经庭院管网而接入用户。有关图例见表5-14、表5-15。

燃气用具图例　　　　　　　　　　　　　表5-14

序号	名称	图例	序号	名称	图例
1	燃气表	◪　⊠	4	热水器	▯
2	单眼灶	○	5	燃气炉	 ○　⌂
3	双眼灶	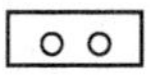 ▭ ○ ○	6	烘烤箱	 □　▽

室内燃气管路图例　　　　　　　　　　　表5-15

序号	名称	图例	序号	名称	图例
1	焊接管	 ——	4	旋塞	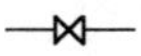 —⋈—
2	铸铁管	 —⊂	5	火嘴	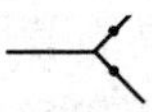 —<
3	橡胶管	 ∿	6	管堵	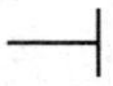 —⊣

3. 室内燃气管道系统的组成与布置

室内燃气管道系统由用户引入管、干管、立管、用户支管、燃气计量表、用具连接管和燃气用具等组成，如图 5-53 所示。

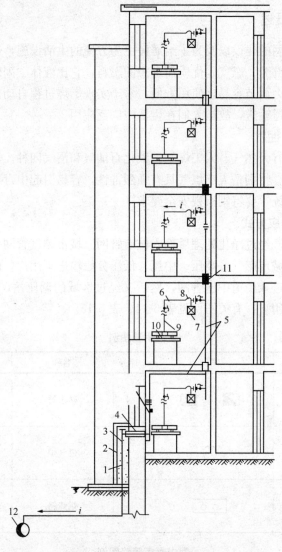

图 5-53 室内燃气管道的组成

1—用户引入管；2—砖台；3—保温层；4—引入管总阀门；
5—水平干管及立管；6—用户支管；7—计量表；8—软管；
9—用具连接管；10—用具；11—套管；12—分配管道

引入管是指室内管道与城市或庭院低压分配管道的连接管。引入管的方式有矮立管引入管和高立管引入管。引入管垂直段顶端须采用三管与横向管段连接，其目的是减少燃气中的杂质和凝液进入用户并便于疏通。

引入管进入室内后与立管相接。当一个引入管连接数个立管时，应在较低层平面处用水平管相互连接。一般情况下，同一竖向位置的各层燃具，用同一供气立管，且立管一般敷设于厨房或走道内。当由地下引入室内时，立管在第一层处应设阀门。立管的顶端与低端均装三通。

在厨房内，用户支管距地的高度不应低于 1.7m；器具连接管距地的高度应为 1.5m。

5.5.2 民用燃气施工图的内容

燃气管道施工图主要由各层平面图、系统图、详图与技术说明组成。

1. 平面图

平面图主要表明建筑物燃气管道和设备的平面布置，一般应包括以下内容：

（1）引入管的平面布置及与家庭管道的关系。

（2）燃气设备类型与平面位置。

（3）各干管、立管、支管的平面位置，管径尺寸以及各立管编号。

（4）各种阀门、燃气表的平面布置及规格。

2. 系统图

系统图是表示燃气管道系统空间管道连接的立体图，主要表明燃气管道系统的具体方向、管路分支情况、立管编号、管径尺寸、管道各部分标高等。

3. 详图

详图用来表明某一具体部位的组成和做法，一般没有特殊要求时不绘施工详图，参阅有关《建筑设备施工安装图册》即可。

5.5.3 燃气管道施工图的识读

首先识读平面图，以了解引入管、干管、立管、燃气设备的平面位置，然后将系统图与平面图对照进行。识读时，沿着燃气流向，从引入管开始，依次读各立管、支管、燃气表、器具连接管、灶具等。举例说明：如图 5-53～图 5-55 为住宅燃气管道施工图。

图纸设计说明：引入管采用无缝钢管，焊接连接。室内燃气管道，采用低压流体输送，用镀锌焊接钢管，螺纹连接。燃气系统中的阀门采用内螺纹旋塞阀 X13F-1.0 型。燃气表采用 LML2 型民用燃气表，流量为 3.0m³/h。灶具选用自动点火双眼烤排燃气灶。

由图 5-54（a）、图 5-55 看出，在③轴与④轴间于©轴墙北侧，有一标高为 −0.900m，规格为 D57×3.5 的无缝钢管由北到南埋地敷设，邻近©轴墙外表时，转弯垂直向上敷设，穿出室外地面至标高为 0.800m 处，又转弯穿©轴墙进入一层厨房内。这部分管道称引入管。从系统图中引入管各部分标高看出，该引入管的方式为地上低立管引入方式。

引入室内（一层厨房）后，沿©轴墙由下向上沿墙明敷，管道为镀锌焊接钢管，管径为 DN50，管道明敷至 2.600m 时，转弯沿墙水平往南敷设，至一层厨房门口处又水平转弯由西往东走，接 ML₁ 立管。该立管在二层至三层之间，立管管径为 DN40。在标高为 5.400m 处分别引出支管接至 ML₂、ML₃ 立管。立管穿过各层楼楼板至顶部，各立管在各层楼分别接出支管到住户用气灶具。

由标准层平面图和系统图看出，ML₁ 立管在标高为 5.400m 处接出 DN40 的分支管，由北到南沿④轴墙明敷至 ML₂ 立管。在④轴与©轴的交角处，从 DN40 管道上又接一 DN40 的管子沿⑧轴墙由西到东敷设至⑤轴墙，转弯接至 ML₃ 立管。

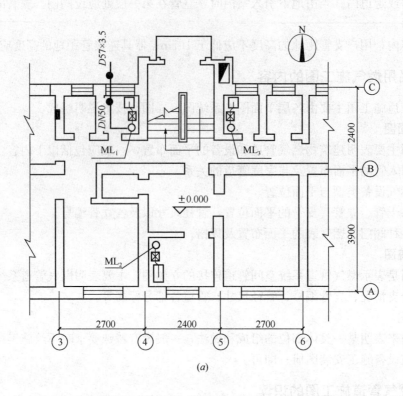

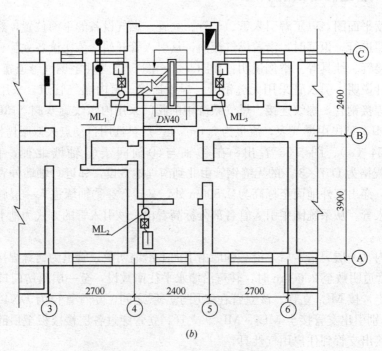

图 5-54　室内燃气管道平面图

(a) 底层燃气管道平面图；(b) 二～六层燃气管道平面图

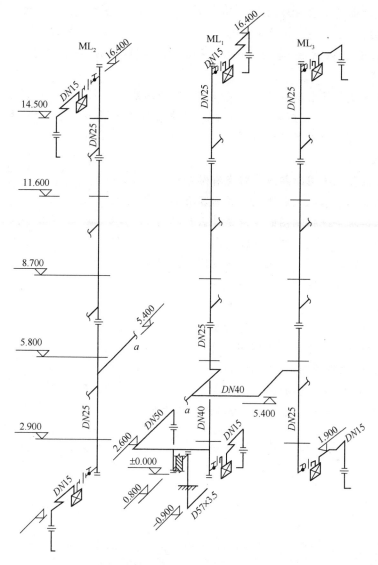

图 5-55　室内燃气管道系统图

ML$_2$ 立管上，从 5.400m 处即三层楼板板底以下的立管部分，管径为 $DN25$，分别接二层、一层的用气支管至灶具。ML$_2$ 立管上，从标高为 5.400m 起向上的立管部分，管径均为 $DN25$，在各层楼距楼地面为 1.900m 处分别接用气支管到灶具。

ML$_3$ 立管上的接管情况与 ML$_2$ 立管上的接管相同。

由上述可见，该工程引入管布置在厨房处用低立管引入的方式；燃气立管是布置在厨房内的一个墙角处；各燃气支管全部设于厨房内；仅有同三根立管相连的水平管敷设在二层走道、厅的楼板下面。

思考练习题

1. 填空题

（1）整套的设备工程图主要包括（　　）、（　　）、（　　）、（　　）等。

(2) 建筑设备施工图一般由（　　）和（　　）两部分组成。

(3) 室内给水排水施工图主要包括（　　）、（　　）、（　　）及（　　）。

(4) 给水排水系统图是（　　）图简称，主要表示给水排水管道的（　　）和（　　）。

(5) 供暖平面图是表示（　　）及（　　）的图纸。

(6) 供暖系统图是根据各层供暖平面图中管道及设备的（　　）和（　　），用（　　）投影以单线绘制而成的图样。

2. 问答题

(1) 建筑设备施工图的组成与特点有哪些？

(2) 室内给水排水施工图所包含的内容有哪些？

(3) 给水排水系统轴测图的特点是什么？

(4) 室内给水排水施工图的识读要点是什么？

(5) 熟记室内给水排水施工图的常用图例。

(6) 室内供暖施工图的识读要点是什么？

(7) 熟记室内供暖施工图的常用图例。

(8) 简述电气系统施工图的内容和识读步骤。

(9) 熟记电气施工图的常用图例与符号。

(10) 识读配电平面图应注意什么？

(11) 防雷装置主要包括哪几部分？

(12) 试比较室内燃气施工图与给水施工图的异同。

第6章　识读装饰施工图

6.1　装饰施工图概述

随着人们物质生活水平的不断提高，以及建筑新材料、新技术、新工艺、新结构的不断发展，在原建筑施工图上难以兼容复杂的装饰要求，从而出现了建筑装饰设计，用其来表达建筑室内外装饰的造型构思和施工工艺等。建筑装饰设计一般要经过两个阶段：一是方案设计阶段，一是施工图设计阶段。在方案设计阶段，要画出方案图和效果图。方案确定后，根据确定的方案绘制施工图，以此指导施工和编制工程预算。建筑装饰的作用，一方面是保护建筑主体结构，使主体结构在室内外各种环境因素作用下具有一定的耐久性；另一方面是为了满足人们的使用要求和精神要求，进一步实现建筑的使用和审美功能。

建筑装饰工程图一般包括图纸目录、装饰设计施工说明、基本图和详图。将图纸中未能详细标明或图样不易标明的内容写成装饰设计施工说明；基本图包括装饰平面图、装饰立面图、装饰剖面图；详图包括构配件详图和装饰节点详图。本章简要介绍室内装饰图的识读。

6.2　室内装饰施工图的特点

室内装饰施工图概括地讲仍属于建筑工程施工图，因此其画法要求及规定应与建筑施工图相同。但由于两者表达的内容侧重点不同，因此在表现方法、画图要求及一些表达方式也不完全相同。另外由于室内装饰设计在我国尚属发展初期，目前，国家还没有统一的绘图标准与规则，在实际应用中参照《房屋建筑制图统一标准》执行。它与建筑工程施工图的差别主要表现在以下方面：

1. 省略原有建筑结构材料及构造。由于室内装饰是在已建房屋中进行二次设计，即只在房屋表面进行装饰，因此在装饰设计、施工中只要不改变原有建筑结构，画图时便可省略原建筑结构的材质及构造而不予表现。

2. 装饰工程施工图中尺寸的灵活性。在建筑施工图中尺寸必须完整、准确，不同工种施工时对尺寸的要求也不同。然而在装饰工程施工图中，特别是其基本图样中，可只标注影响施工的控制尺寸。对有些不影响工程施工的细部尺寸，图中也可不必细标，允许施工操作人员在施工中按图的比例量取或依据实际现场确定。

3. 装饰工程施工图中图示内容的不确定性。装饰设计中对家具、家电及摆设等物品在施工图中只提供大致构想，具体实施可由用户根据爱好自行确定。

4. 装饰工程施工图中表示方式的不统一性。建筑装饰施工图图例部分无统一标准，多是在流行中互相沿用，各地多少有点大同小异，有的还不具有普遍意义，不能让人一望而知，需要文字说明。另外，由于可采用的标准图不多，致使基本图中大部分局部和装饰配件都需要专画详图来表达其构造。

5. 装饰工程施工图中常附以效果图。效果图也是进行装饰工程设计的基础和依据，施工图是设计效果的具体再现。为保证准确再现装饰设计的效果，在装饰工程施工图中多附上效果图或直观图，帮助施工人员理解设计意图，以便更好地进行工程施工。特别是在家具、摆设及一些固定设施等设计时，多配以透视图。

6.3 装饰平面图

装饰平面图包括装饰平面布置图（也称平面图）和顶棚平面图（也称天花平面图）。

装饰平面布置图是假想用一个水平剖切平面，在窗台上方位置，将房屋的水平方向剖开，移取上面部分所得到的正投影。它的作用主要是用来说明房屋内各种家具、家电、陈设及各种绿化、水体等物体的大小、形状、所用材料和相互关系，同时它还具有能体现出装饰后房屋能否满足使用要求及建筑功能的优势。另外平面图也是集建筑艺术、建筑技术与建筑经济于一体的具体表现，是整个室内装饰设计的关键。

顶棚平面图有两种形式方法：一是采用仰视投影方法，即假想房屋水平剖开后，移取下面部分向上作正投影而成。二是镜像投影法，即将地面视为整片的镜面，对镜中顶棚的形象作正投影而成。顶棚平面图一般采用镜像投影法绘制，因为镜像视图所显示的图形的纵横轴线的位置与房屋的建筑平面图完全相同，看图十分方便。顶棚平面图的作用主要是用来表明顶棚装饰的平面形式、尺寸、材料以及灯具和其他各种室内顶部设施的位置和大小等。

上述两种平面图，其中装饰平面布置图的内容尤其繁杂，加上它控制了水平方向纵横两轴的尺寸，其他视图又多由它引出，因此是学习的重点和基础。一般来说，房屋有几层，就应画出几层的平面图，并在图的下方注明相应的图名，如首层平面图、二层平面图等。如建筑平面较长较大时，可分段绘制，并在每一个分段平面的右侧绘出整个建筑外轮廓的缩小平面，明显表示该段所在的位置。

6.3.1 平面布置图

室内平面布置图是建筑装饰施工图的主要图样，图 6-1 为某住宅的室内设计平面布置图。它是根据室内设计原理中的使用功能、精神功能、人体工程学以及用户的要求等，对室内空间进行布置的图样。由于空间的划分、功能的分区是否合理会直接影响到使用效果和精神感受，因此在室内设计中平面布置图通常是首先设计的内容。

图 6-1 中所示的客厅是家庭生活活动的中心，它与餐厅、阳台连接在一起，从而具有延伸、宽敞、通透的感觉。客厅平面布置的功能分区主要有：主座位区、视听电器区、空调机、主墙面、人行通道等方面。根据客厅的平面形状、大小以及家具、电器等的基本尺寸，将沙发、茶几、地柜、电视、通道等布置为图示中的客厅部分。其中的主墙面为 3 轴墙（即 A 向立面），在此墙面上将作重点的装饰构造处理，详见"装饰立面图"一节（图6-5）。客厅的地面铺 800mm×800mm 的地面砖。在室内平面图不太复杂时，楼地面装饰图可直接与其合并（例如本图所示），如复杂时也可以单独设计楼地面装饰图。如果地面

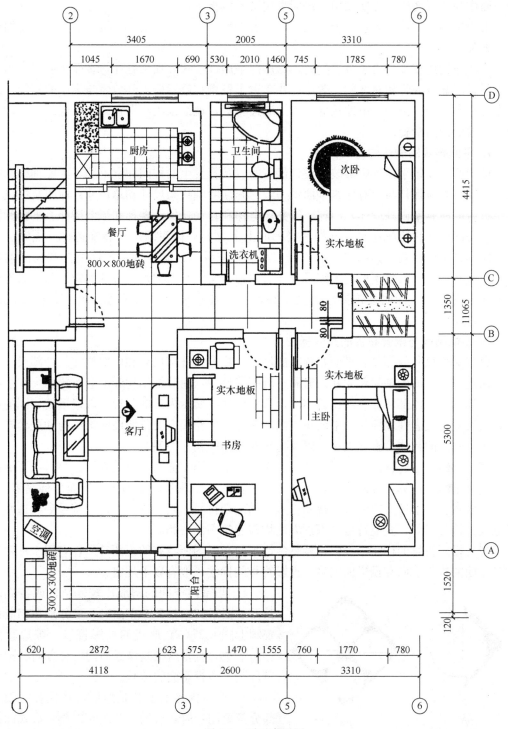

图 6-1　平面布置图

各处的装饰做法、材质不同,为了使平面图更加清晰,可不必满堂都画,一般选择图像相对疏空处部分画出,如卧室、书房的地面就是部分画出。

主卧室与次卧室,主要家具有床、床头柜、梳妆台、嵌墙衣柜等。其中床头靠墙,其余三面作为人行通道，方便使用。地面采用实木地板。

书房主要分阅读和休息两个功能区，配有沙发、茶几、书桌、微机、书柜等，地面铺实木地板。

餐厅与厨房相连，为了节省空间，厨房门采用推拉式，加之餐厅与客厅相通，使本来不大的餐厅显得视野相对宽阔。餐厅主要布置了餐桌和就餐椅，其地面与客厅的相同。厨房主要有操作台、橱柜、电冰箱等，均沿墙边布置，地面采用防滑瓷砖。卫生间按原建筑布置，地面铺防滑瓷砖。

1. 平面布置图表达的主要内容

标明原有建筑平面图中被装饰设计保留的以及新发生的柱网和承重墙、主要轴线和编号。轴线编号应保持与原有建筑平面图一致，并注明轴线间尺寸和总尺寸；标明装饰设计变更过后的所有室内外墙体、门窗、管井、电梯和自动扶梯、楼梯和疏散楼梯、平台和阳台等。房间的名称应标注全，并注明楼梯的上下方向；标明固定的装饰造型、隔断、构件、家具、卫生洁具、照明灯具、花台、水池、陈设以及其他固定装饰配置和物品的位置；标注装饰设计新发生的门窗编号及开启方向，对家具的橱柜门或其他构件的开启方向和方式也应标明；标明装饰要求等文字说明；标注索引符号及编号、图纸名称和制图比例。

2. 装饰结构与配套布置的尺寸标注

（1）平面尺寸的标注。平面布置图的尺寸标注分为外部尺寸和内部尺寸。外部尺寸一般套用建筑平面图的轴间尺寸和门窗洞、洞间墙尺寸，而装饰结构和配套布置的尺寸主要在图内部标注。内部尺寸一般比较零碎，直接标注在所示内容的附近。若遇重复相同的内容，其尺寸可代表性地标注。平面布置图尺寸标注的作用主要是明确装饰结构和配套布置在建筑空间内的具体位置和大小，以及与建筑结构的相互关系。

（2）其他尺寸的标注。为了区分平面布置图上不同平面的上下关系，必要时也要标出标高。为了简化计算，方便施工，装饰平面布置图一般取各层室内主要地面为标高零点。另外平面布置图上还应标注各种视图符号，如剖切符号、索引符号、投影符号等。这些符号除投影符号以外，其他符号的识别方法均与建筑平面图相同。

（3）投影符号的标注。投影符号是装饰平面布置图所特有的视图符号，它用于标明室内各立面的投影方向和投影面编号。投影符号的标注一般有以下规定：

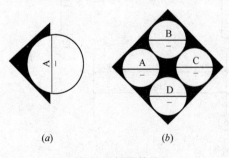

(a)　　　　(b)

图 6-2　投影符号

1）当室内空间的构成比较复杂，或各立面只需要图示其中某几个立面时，可分别在相应位置画上图 6-2（a）形式的投影符号。等边直角三角形中，直角所指是该立面的投影方向，圆内字母表示该投影面的编号。

2）当室内平面形状是矩形，并且各立面大部分都要图示时，可用一个图 6-2（b）形式的投影符号，四个直角标明四个立面的投影方向，四个字母表示四个投影面的编号。

绘制投影符号时，应注意等边直角三角形的水平边或正方形的对角中心线应与投影面平行，投影符号编号一般用大写拉丁字母表示，并将投影面编号写在相应立面图的下方作为图名，如 A 立面图（见图 6-5）。

装饰平面布置图还应标明室内家具、陈设、绿化、配套产品和室外水池、装饰小品等配套设施的平面形状、数量和位置。这些布置不能将实物原形画在平面布置图上，借助一些简单、明确的图例表示。目前国家还没有统一的装饰平面图例，在表 6-1 中列举了部分室内常用的平面图例。

装饰平面图常用图例 表 6-1

序号	图 例	说明	备注
1	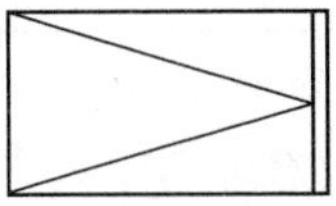	双人床	
2	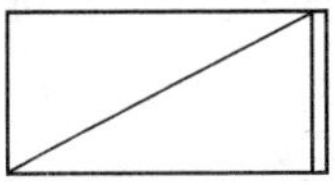	单人床	
3	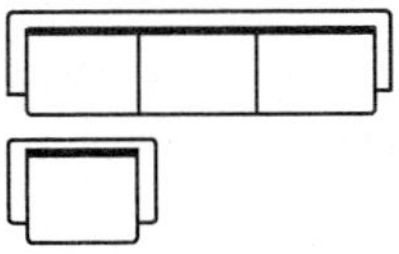	沙发（特殊家具根据实际情况绘制其外轮廓线）	
4		坐凳	
5		桌	
6	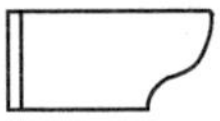	钢琴	
7	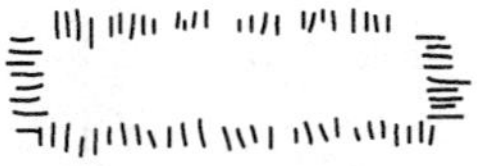	地毯	
8		盆花	
9	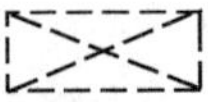	吊柜	
10	食品柜 茶水柜 矮柜	其他家具可在柜形或实际轮廓中用文字注明	

续表

序号	图 例	说明	备注
11	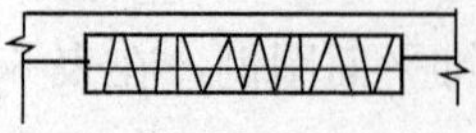	壁橱	
12	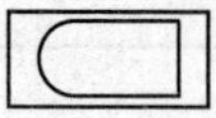	浴盆	
13		坐便器	
14		洗脸盆	
15	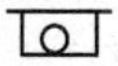	立式小便器	
16	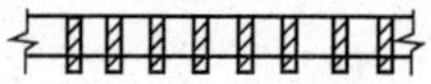	装饰隔断（应用文字说明）	
17	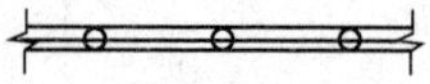	玻璃栏板	
18	 ACU	空调器	
19		电视	
20	 W	洗衣机	
21	 WH	热水器	
22	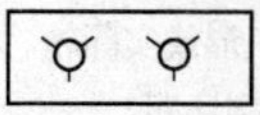	灶具	

序号	图 例	说 明	备注
23		地漏	
24		电话	
25		开关（涂墨为暗装，不涂墨为明装）	
26		插座（同上）	
27		配电盘	
28		电风扇	
29	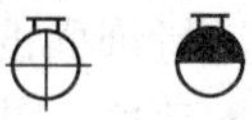	壁灯	
30		吊灯	
31	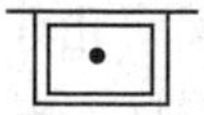	洗涤槽	
32	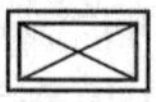	污水池	
33	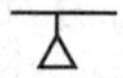	淋浴器	
34	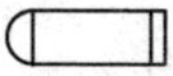	蹲便器	

3. 平面布置图的识读要点

（1）先看图名、比例、标题栏，弄清该图是什么平面图。

（2）阅读各个房间的名称，通过房间名称，了解各个房间的功能、面积。

（3）了解各个房间满足功能对装饰面的要求。通过装饰面的文字说明，了解各饰面对材料规格、品种、色彩和工艺制作要求，明确各装饰面的结构材料与饰面材料的衔接关系与固定方式。

（4）面对众多的尺寸，要注意区分建筑尺寸和装饰尺寸。注重装饰的细部尺寸标注。为了避免重复，同样的尺寸往往只代表性地标注一个，读图时要注意将相同的构件或部位归类。

（5）读图时分清平面布置图上的各种视图符号，如剖切符号、索引符号、投影符号等，通过阅读，明确剖切位置和方向、明确索引部位和详图所在位置、弄清投影面的编号和投影方向，为进一步地识读剖面图、投影图做好准备。

概括地讲，识读装饰平面布置图应抓住面积、功能、装饰面、设施以及与建筑结构的关系五个要点。

6.3.2　顶棚平面图

顶棚（又称天花）的功能综合性较强，其作用除装饰外，还兼有照明、音响、空调、防火等功能。顶棚是室内设计的重要部位，其设计是否合理，对于人们的精神感受影响非常大。由于其特殊的部位，施工的难度较大。顶棚的装饰通常分为悬吊式和直接式两种。悬吊式顶棚造型复杂，所涉及的尺寸、材料、颜色、工艺等的表达较多，造价较高，主要有板条抹灰顶棚、钢板网抹灰顶棚、石膏板材顶棚、矿棉纤维板顶棚、玻璃纤维板顶棚、金属板顶棚等。直接式顶棚是利用原主体结构的楼板、梁进行饰面的处理，其造型、工艺做法等较为简单，造价较低，主要有直接抹灰顶棚、喷刷类顶棚、裱糊类顶棚、直接铺设龙骨顶棚、结构式顶棚等。

在顶棚的装饰施工中，顶棚与墙面的连接、顶棚与灯具的连接、顶棚与通风口的连接、顶棚与检修孔的连接、不同材质顶棚的连接以及与顶棚相关的顶棚内检修通道、自动消防设备安装等特殊部位的施工，都要认真按施工要求处理好。

图 6-3 是对应图 6-1 室内平面布置图的"顶棚平面图"。由于室内的净空高度较低（2.65m），为了避免影响采光或有压抑感，卧室、客厅、餐厅、书房的顶棚均做直接式，即在结构层上刮腻子、涂刷乳胶漆；为了增加立面造型，客厅影视墙顶用石膏线和造型灯处理，其他各顶棚用石膏做双层顶角线处理，以增加其温馨的气氛；厨房、卫生间由于油烟、潮气较大，为了便于清洁和防潮，选用 PVC 金属塑料扣板作为悬挂式顶棚材料。

顶棚平面图的主要内容和表示方法

1. 标明墙柱和门窗洞口位置。顶棚平面图一般不图示门窗及其开启方向线，只图示门窗过梁底面。为了区别门洞与窗洞，窗扇用一条细虚线表示或用建筑图中的画法表示。

2. 标明顶棚造型（如跌级、装饰线等）、灯饰、空调风口、排气扇、消防设施等的轮廓线，条块状饰面材料的排列方向线。

3. 顶棚的尺寸标注。顶棚平面图一般都采用镜像投影法绘制。用镜像投影法绘制的顶棚平面图，其图形上的前后、左右位置与装饰平面图布置图完全相同，纵横轴线的排列

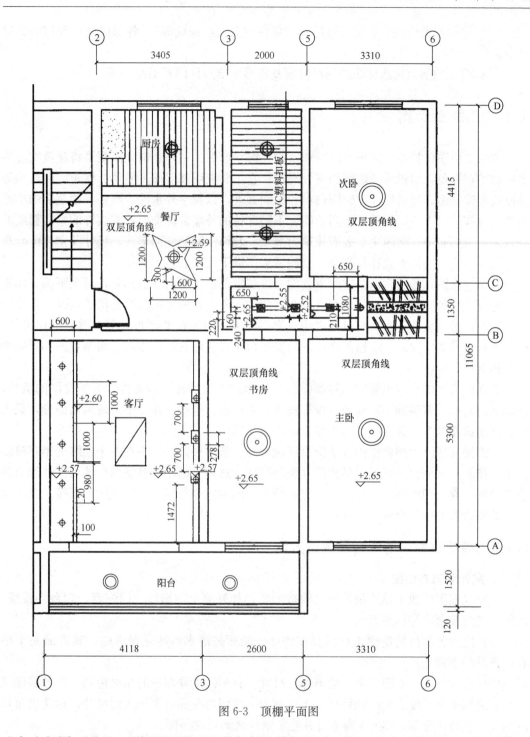

图 6-3 顶棚平面图

也与之相同。因此，顶棚平面图不必重复标注轴间尺寸、洞口尺寸和洞间墙尺寸，这些尺寸可对照平面布置图识读。定位轴线和编号也不必每轴都标，只在平面图的四周部分标出，能确定它与平面布置图的对应位置即可。标明顶棚造型及各类设施（如灯具、空调风口、排气扇等）的定形定位尺寸和标高。顶棚的跌级变化应结合造型平面分区线用标高形式表示，由于所注是顶棚各构件底面的高度，因而标高符号的尖端应向上。

4. 顶棚的各类设施、有关装饰配件（如窗帘盒、挂镜线等）、各部位的饰面材料、涂料的规格、名称、工艺说明等。

5. 标明顶棚剖面构造详图的剖切位置及符号、节点详图索引符号等。

6.4　装饰立面图

装饰立面图包括室外装饰立面图和室内装饰立面图。室外装饰立面图是将建筑物经装饰后的外观形象，向铅垂投影面的正投影图。它主要表明外墙面、屋顶、檐头、门窗面等部位的装饰造型、装饰尺寸、装饰材料和饰面处理，以及室外水池、雕塑等建筑装饰小品布置等内容。对于不同性质、不同功能、不同部位的外墙装饰饰面，其装饰的繁简程度差别较大。室内装饰立面图主要表明建筑内部某一装饰空间的立面形式、尺寸及室内配套布置等内容。室内装饰形式比较复杂，目前常采用以下几种表达形式：

内视立面图。假想将室内空间垂直剖开，移取剖切平面前面的部分，对余下部分作正投影而成。这种立面实质上是带有立面图示的剖面图。它所示图像的进深感较强，并能同时反映顶棚的跌级变化。其缺点是剖切位置不明确，因为在平面布置图上没有剖切符号，仅用投影符号表明视向，所以剖切面图示安排似乎有些随意，较难与平面布置图和顶棚平面图相对应。

墙立面投影图。假想将室内各墙面沿面与面相交处拆开，移去暂时不予投影的墙面，将剩下的墙面及其装饰布置向铅直投影面作投影而成。这种立面图不出现剖面图像，只出现相邻墙面及其上面装饰构件与该墙面的表面交线。

立面展开图。假想将室内各墙面沿某轴拆开，依次展开，拉平在一个连续的铅直投影面上，像是一条横幅的画卷，形成的立面展开图。这种立面图能将室内各墙面的装饰效果连贯地展示在人们眼前，以便人们研究各墙面之间的统一与反差，以及相互衔接关系，对室内装饰设计和施工有着重要作用。

6.4.1　装饰立面图的内容及表达方法

1. 室外装饰立面图

（1）立面图反映了建筑物的外貌构造形状，如外墙上的檐口、门窗套、阳台、腰线、雨篷、花台及台阶等构造形状。

（2）反映各部位构造建筑材料及作法，如墙面是清水墙还是混水墙，其饰面是干粘石，还是贴面砖等。

（3）尺寸标注。立面图上一般不标注尺寸，只标注主要部位的相对标高。如各层建筑标高、房屋的总高度、室外地坪标高等。有的立面图也在侧边采用竖向尺寸，标注出窗口的高度、层高尺寸等。图 6-4 为某公共建筑室外装饰正立面图。

2. 室内装饰立面图

（1）墙柱装饰面造型（如壁饰、装饰线、固定于墙身的柜、台、座等）的轮廓线、壁灯、装饰件等。

（2）吊顶及吊顶以上的主体结构（如梁、板等）。

（3）墙柱面的饰面材料、涂料的名称、规格、颜色及工艺说明等。

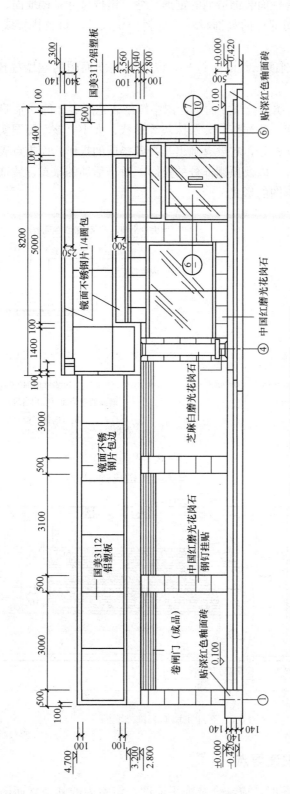

图 6-4 某公共建筑室外装饰立面图

（4）尺寸标注。表明墙柱面装饰造型的定形尺寸、定位尺寸；楼地面、吊顶天花的标高等；标注立面和顶棚剖切部位的装饰材料、材料分块尺寸、材料拼接线和分界线定位尺寸。

（5）标注详图索引、剖面、断面等符号，以及标注立面图两端墙柱体的定位轴线、编号。

图 6-5 所示为客厅的主墙面装饰立面图，图中详细表达了客厅的③轴墙面上的装饰造型，如地柜、壁龛、装饰面、装饰灯、装饰抹灰等形状、大小。该立面图实质上是客厅的剖面图。与建筑剖面图不同的是，它没有画出其余各楼层的投影，而重点表达该客厅墙面的造型、用料、工艺要求等，以及顶棚部分的投影。对于活动的家具、装饰物等都不在图中表示。它属于墙立面投影图的形式。

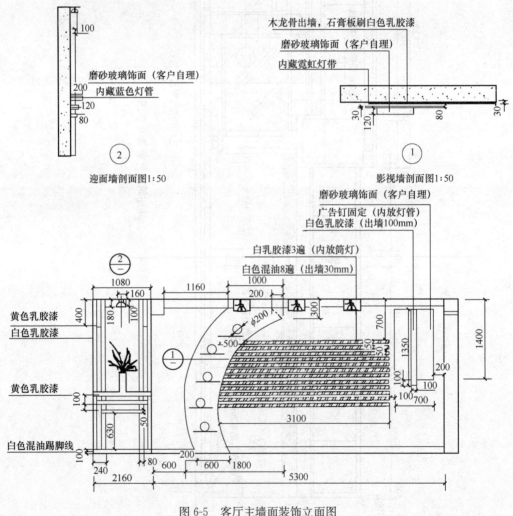

图 6-5　客厅主墙面装饰立面图

6.4.2　装饰立面图的识读要点

1. 阅读室内装饰立面图时，应结合装饰平面图、该室内的其他立面图对照，明确该室内的整体做法与要求，并搞清楚装饰立面视向图标在平面布置中的位置。

2. 明确建筑装饰立面图上与该工程有关的各部分的尺寸和标高。

3. 清楚投影方向指定的墙面上不同线型的含义，清楚立面上各种装饰造型的凹凸起伏变化和转折关系，以及这些饰面所用材料和施工工艺要求。

4. 立面上各种不同材料饰面之间的衔接收口较多，要注意收口的方式、工艺和所用材料。这些收口方法的详图，可在立面剖面图或节点详图上找到。

5. 明确装饰结构与建筑结构的衔接，装饰结构之间的连接方法和固定方法，以便提前准备预埋件和紧固件。

6.5 装饰详图

装饰详图是指装饰细部的局部放大图、剖面图、节点详图等。由于在装饰施工中常有一些复杂或细小的部位，受图幅和比例的限制，在以上所介绍的平、立面图样中未能表达或未能详尽表达时，则需要使用装饰详图来表示该部位的形状、结构、材料名称、规格尺寸、工艺要求等。装饰详图主要包括装饰剖面详图（又称装饰剖面图）和装饰节点详图两种。

装饰剖面详图是用假想平面将室外某装饰部位或室内某装饰空间垂直剖开而得的正投影图。它主要表明上述部位或空间的内部构造情况，或装饰结构与建筑结构、建筑材料与饰面材料之间的构造关系等。

装饰节点详图是将两个或多个装饰面交汇点，或构造的连接部位，按垂直或水平方向剖开，并以较大比例绘制的详图或装饰构配件按较大比例放大的图样。它是装饰工程中最基本和最具体的施工图，见图 6-6 中的装饰剖面（门头节点）详图。节点详图的比例常采用 1∶1、1∶2、1∶5、1∶10，其中比例为 1∶1 的详图又称为足尺图。

6.5.1 装饰详图的表达方法和主要内容

建筑装饰详图的表达方法与建筑剖面图和建筑施工详图大致相同（见图 6-7～图 6-10）。其主要内容如下：

1. 表明图名、比例、装饰详图符号及编号。

2. 表明建筑装饰剖面基本结构和剖切空间的基本形状，并注出所需的建筑主体结构的有关尺寸和标高。

3. 表明装饰结构的剖面（或节点详图）形状、构造形式、大小和位置、材料组成及固定与支承构件的相互关系。

4. 表明装饰结构与建筑主体结构之间的剖面图与节点详图的衔接尺寸与连接形式。

5. 表明某些装饰构件、配件的尺寸，工艺做法与施工要求。

6. 表明节点详图和构配件详图的所示部位与详图所在位置。

6.5.2 装饰详图的识读要点

1. 识读装饰节点详图，首先要明确该图从何处剖切或放样而来。分清是从平面图，还是从立面图上剖切，了解该剖面的剖切位置、剖视方向、图示符号和编号等，并在平面图或立面图上找到相应的位置。

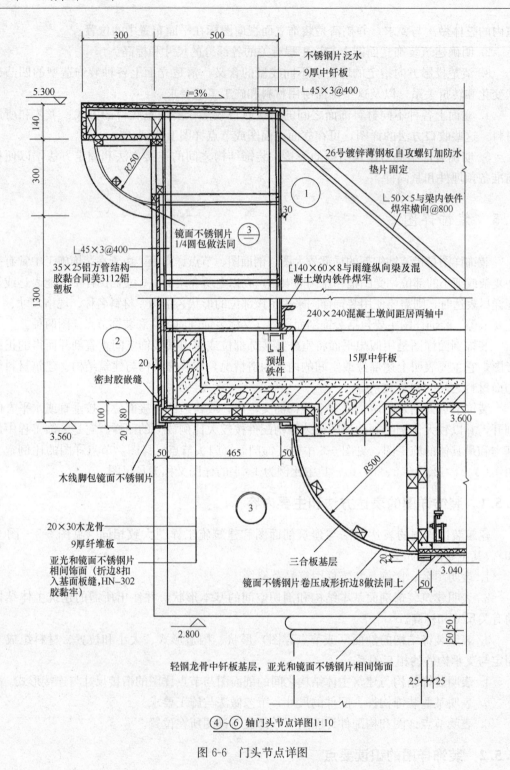

④~⑥轴门头节点详图1:10

图 6-6　门头节点详图

2. 识读装饰剖面图要结合平面图（平面布置图和顶棚平面图）进行。

3. 在众多图像和尺寸中，应分清楚建筑主体结构的图像和尺寸、装饰结构的图像和尺寸，达到正确地识读装饰详图的尺寸。

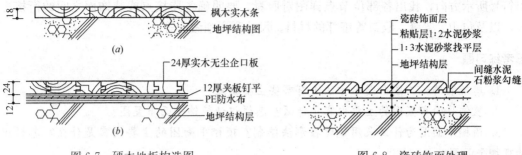

图 6-7 硬木地板构造图　　　　　　　　　　　图 6-8 瓷砖饰面处理

（a）基本构造层；（b）增设 CPE 防水布隔离层

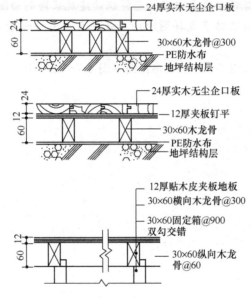

图 6-9 木搁栅架空木地板构造图

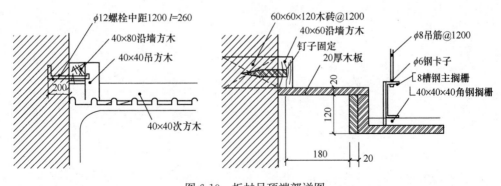

图 6-10 板材吊顶端部详图

4. 通过识读装饰详图，明确装饰工程各部位的构造方法和尺寸、材料的种类规格和色彩、工艺做法与施工要求等。

5. 剖面图、详图细部较多也较复杂，在识读建筑装饰剖面图时，还要注意按图中索引符号所示方向，找出各部位节点详图对照看。要明确各连接点或装饰面之间的衔接方式，以及包边、盖缝、收口等细部的材料、尺寸和详细做法等。

思考练习题

1. 建筑装饰施工图在图示方法上有哪些主要特点？

2. 装饰平面布置图的主要内容是什么？怎样识读装饰平面布置图？

3. 顶棚平面图为什么采用镜像投影法绘制？顶棚平面图的主要内容是什么？怎样识读顶棚平面图？

4. 室内装饰立面图有哪几种形成方法？它们各自的图示特点和效用是什么？

5. 建筑装饰立面图的主要内容是什么？怎样识读室内外装饰立面图？

6. 建筑装饰剖面图有哪些主要内容？怎样识读建筑装饰剖面图？

7. 装饰构配件详图与装饰节点详图的区别是什么？怎样识读装饰构配件详图和装饰节点详图？

8. 识读平面布置图（图 6-1）和装饰详图（图 6-7～图 6-10）。

附录 专业词汇中英文对照

A

圆弧连线	arc conjunction
轴测投影	axonometric projection
轴测图	axonometric drawing
轴侧轴	axonometric axis
轴间角	axis angle，angle between ales
投影轴	axis of projection
辅助面	auxiliary surface
辅助平面	auxiliary plane
圆弧	arc
旋转剖面视图	aligned section
建筑	architectural
粘附、附着	adhere
装饰、装饰物	adornment
集料、骨料	aggregate
阿拉伯字体书写	Arabic calligraphy
证明、表明	attest to
朴素的、无装饰的	austere
轴、轴线	axis
附属建筑	annexe
前厅、接待室、香客室	antechamber
拱廊	arcade
接合、连接方法	articulation
不对称	asymmetry
天井、中庭	atrium

B

波浪线	break line
折断线	break line
曲面立体	body of curved surface
基本几何体	basic body
相接	built-up
仰视图	bottom view
房屋建筑工程	building engineering
砖	brick
光束	beam
粗线条的	bold
栏杆、扶手	balustrade
筒形(桶形)拱顶	barrel vault
(建筑物等的)横梁	beam
承重墙	bearing wall
观景楼	belvedere
托架、支架、斗拱	bracket
砖模的	brick-molded
建筑管理官员、项目经理	building control officer

C

计算机绘图	computer graphics
实线	continuous line
粗实线	continuous thick line，full line
细实线	continuous thin line
投影中心	center of projection
斜二测	cabinet axonometric projection
轴向伸缩系数	coefficient of axial deformation
投影特性	characteristic of projection
不变性	characteristic of true
积聚性	characteristic of concentration
类似性	characteristic of similarity
重影	coincidence of projection
顶点	center vertex
组合体	complex
截平面	cutting plane
截平面方法	cutting plane method
圆	circle
重合断剖面	coincide section, revolved section
土木工程	civil engineering
建筑施工图	construction drawings
建筑平面图	construction plan
建筑立面图	construction elevation
建筑详图	construction detail
混凝土	concrete
水泥	cement
粗糙地	coarsely
可燃的、易燃的	combustible
连续体	continuum
汇聚、汇合	converge
达到顶点	culminate
人工栽培的	cultivated
弯曲、弯曲的形状	curvature
铸铁	cast iron
圆形模板	circle template
土木工程(学)	civil engineering
墙板、隔板	clapboard
(柱型)高大的	colossal
建筑群	complex
曲木屋架建筑	cruck building
小房间	cubby
圆柱体的	cylindrical
屋檐、房檐	caves

D

图样、工程图	drawing
虚线	dashed line，hidden line
单点长画线	dash and dot line
双点长画线	double dots line
尺寸标注	dimension
尺寸线	dimension line
装修施工图	decoration construction drawing
优美、精致	delicacy
对角的、斜的	diagonal
斜构体、斜撑	diagonal
天窗、老虎窗	dormer window

E

工程图学	engineering graphics
工程制图	engineering drawing
尺寸界线	extention tine
棱线	edge
椭圆	ellipse
阶梯剖面图	echelon section，offset section
设备施工图	equipment construction drawings
复杂精美的	elaborate
高贵的、抬高的	elevated
椭圆形的	elliptical
具体表现、体现	embodiment
节能建筑	energy efficient building

F

正面投影	frontal plane of projection
正面	frontal plane
正面投影	frontal projection
正平线	frontal line
侧垂线	frontal-horizontal line
主视图	frontal view
全剖面图	full section
基础	foundation
楼层	floors
花的、花图案的	floral
箔、金属薄片	foil
形状、结构	formation
规划、设计、构想	formulate
熔合、混合	fuse
（建筑物的）正面	faced
（起保护作用的）	
面层、饰面门厅	foyer
未来主义	futurism

G

几何作图	geometrical construction
地面	grounds

巨大的、庞大的	gigantic
宏伟的、壮丽的	grandiose
指示牌、路标	guidepost
玻璃覆盖的	glass-clad
釉面砖	glazed tile
交叉拱顶、十字拱顶	groin vault

H

水平面	horizontal plane
水平投影	horizontal projection
水平线	horizontal line
正垂线	horizontal-profile line
高度	height
双曲线	hyperbola
半剖面图	half section
标志、特点	hallmark
六角形、六边形	hexagon
水平的	horizontal
有斜脊的	hipped

I

正等侧	isometric projection
相交	intersection
交线	intersecting line
相交	inter section
相贯体	intersecting bodies
标高投影	indexed projection
锯齿状的	indented
填充	infill
填入、填入之物	infilling
装置、设备	installation
平面图	ichnography

K

凉亭、小亭子	kiosk

L

直线	line，straight line
长度	length
截交线	line of section
相贯线	line of intersection
左视图	left side view
梁	lintel
标高	level
纵向的	longitudinal
规划部门	local authority planner
设计的、布局的	laid-out
景观建筑、	
景观营造	landscape architecture
铅灰泥	lead mortar

壁架、窗台	ledge	棱柱	prism
		棱锥	pyramid
M		相贯	penetration
长轴	major axis	平面曲线	plane curve
短轴	minor axis	抛物线	parabola
建筑材料符号	material symbols	局部剖面图	partial section，
庄严的、雄伟的	majestic		broken-out section
显示、表明	manifestation	柱	pillars
毫米	milimeter	宏伟的、壮丽的	palatial
复折式屋顶、折线形屋顶	mansard roof	成直角的、垂直的	perpendicular
大理石	marble	多孔的、渗水的	porous
多层建筑	multi-storey building	安放、放置	position
		精确、精确性	precision
N		规定的、指示的	prescriptive
小圆块	nodal	法则、原则、原理	principle
计算能力	numeracy	原型	prototype
中堂、正厅、正殿	nave	长方格、窗格	pane
		基座、底座	pedestal
O		灰泥、灰浆	plaster
斜投影	oblique projection	底座、柱基	plinth
正投影	orthographic projection	(有圆柱的)门廊、柱廊	portico
一般位置直线	oblique line	柱子与横梁	post and lintel
一般位置平面	oblique plane		
轮廓线	outline, contour line	**Q**	
八角形、八边形	octagon	四边形	quadrangle
装饰品	ornament		
装饰华丽的	ornate	**R**	
椭圆形的	oval	右视图	right view
重叠的、交搭的	overlapping	后视图	rear view
突出的	overhanging	移出断剖面	removed section
		屋顶	roofs
		钢筋	reinforcing
P		撞击、夯入	ram
图	picture, drawing	使合理化、合理地说明	rationalize
投影	projection	矩形的、	
投影面	projection plane	具有矩形形状的	rectangular
投影线	projection line	加固的	re-enforced
中心投影法	perspective projection	使成粗面石工	rusticate
平行投影法	parallel projection	斜坡、坡道	ramp
轴测投影面	plane of axonometric projection	房地产	real estate
侧面投影面	profile plane of projection	屋脊	roof ridge
投影图	projection drawing	屋顶轮廓	roofline
侧面	profile plane	圆形建筑、圆形大厅	rotunda
侧面投影	profile projection	碎石	rubble
点	point		
侧平线	profile line	**S**	
平行	parallel	比例	scale
垂直	perpendicular	尺寸	size
交点	point of intersection	仪器图	standard drawing
平行线	parallel line	草图	sketch
平面立体	plane body		

交叉线	skew line	嵌入式	thrust type
立体	solid	多层建筑	tier building
回转面	surface of revolution	瓷砖	tile
边	side	瓷砖工艺	tilework
空间曲线	space curve	木材、木料	timber
剖面图	sectional view	横梁式结构	trabeated system
断面图	section，sectional view	透明性、透明度	transparency
剖面线	section line	（支撑屋顶、桥梁	truss work
结构施工图	structure drawings	等的）构架	
楼梯	stairs	角楼、塔楼	turret
地震的	seismic		
灌木丛	shrubbery	**U**	
倾斜	slope	未装饰的、朴实的	unadorned
范围	spectrum	尖端向上翻的檐，	upturned eaves
壮丽、壮观、辉煌	splendor	挑檐	
喷射	spurt	合一、联合	unification
流线型的、现代型的	streamlined	呈波浪形的	undulating
覆盖在……顶上	surmount		
用以支撑的	sustaining	**V**	
对称的或呈均匀状的	symmetrical	铅垂线	vertical line，frontal-profile line
对称	symmetry	视图	view
同义的	synonymous	植被	vegetation
综和、合成	synthesis	拱形屋顶	vaulted roof
测量员、检查员	surveyor	通风、空气的流通	ventilation
柱身	shaft	走廊、阳台	veranda
硅石、硅土	silica	孔隙	void
摩天大楼	skyscraper		
平板、平板状物	slab	**W**	
石板、石片瓦	slate	宽度	width
横跨	span	墙	walls
钢骨体系	steel-skeleton	木质构架	wooden truss
（涂建筑物外墙用	stucco		
的）灰泥			
基础、下层结构	substructure		
地下的	subterranean		

T	
底图	traced drawing
三面投影图	three plane projection drawing
实长	true length
实形	true shape
棱锥台	truncated pyramid
相切	tangent
俯视图	top view
第三角投影	third angle projection
正切的	tangential
终点、边界	terminus
地形、地势	terrain
起点、开端	threshold
三位一体、三合一	trinity

参 考 文 献

[1] 中华人民共和国国家标准. 建筑制图标准 GB/T 50104—2010. 北京：中国建筑工业出版社，2010.

[2] 中华人民共和国国家标准. 民用建筑设计通则 GB 50352—2005. 北京：中国建筑工业出版社，2005.

[3] 中华人民共和国国家标准. 建筑抗震设计规范 GB 50011—2010. 北京：中国建筑工业出版社，2010.

[4] 国家建筑标准设计图集 11G101-1. 北京：中国计划出版社，2011.

[5] 国家建筑标准设计图集 11G329-2. 北京：中国建筑工业出版社，2011.

[6] 魏琳. 建筑构造与识图. 郑州：黄河水利出版社，2010.

[7] 张会斌. 建筑工人看范例学识图. 北京：机械工业出版社，2010.

[8] 李国胜. 多高层建筑基础及地下室结构设计. 北京：中国建筑工业出版社，2011.

[9] 郭爱云. 建筑电气工程施工图. 武汉：华中科技大学出版社，2011.

[10] 夏玲涛，李燕. 建筑构造与识图. 北京：机械工业出版社，2011.

[11] 周坚，王红雨. 建筑结构识图与构造. 北京：中国电力出版社，2012.

[12] 支秀兰，邹爱华. 建筑识图与构造. 哈尔滨：黑龙江大学出版社，2013.

[13] 杜军. 建筑工程制图与识图. 上海：同济大学出版社，2014.

[14] 袁建新，沈华. 建筑工程识图及预算快速入门. 北京：中国建筑工业出版社，2014.

[15] 焦红. 钢结构工程识图与预算快速入门. 北京：中国建筑工业出版社，2015.

[16] 吴海瑛. 建筑工程制识图. 武汉：华中科技大学出版社，2015.